AF610387

OPUSCULES

MATHÉMATIQUES.

TOME VIII.

OPUSCULES

MATHÉMATIQUES,

OU

MÉMOIRES sur différens Sujets de GÉOMÉTRIE, de MÉCHANIQUE, d'OPTIQUE, d'ASTRONOMIE, &c.

Par M. D'ALEMBERT, *Secrétaire perpétuel de l'Académie Françoise, des Académies Royales des Sciences de France, de Prusse, d'Angleterre & de Russie, de l'Institut de Bologne, & des Sociétés Royales des Sciences de Turin & de Norwege.*

TOME VIII.

A PARIS, RUE DAUPHINE,

Chez CLAUDE-ANTOINE JOMBERT, fils aîné, Libraire du Roi, près le Pont-Neuf.

M. DCC. LXXX.

AVEC APPROBATION ET PRIVILÉGE DU ROI.

TABLE DES TITRES

Contenus dans ce huitiéme Volume.

CINQUANTE-SIXIÉME MÉMOIRE.

Recherches sur différens Sujets.

CINQUANTE-SEPTIÉME MÉMOIRE.

Nouvelles Recherches sur le mouvement des Fluides dans des Vases.

CINQUANTE-HUITIÉME MÉMOIRE.

Recherches ſur différens Sujets.

APPENDICE contenant quelques Remarques relatives à différens endroits de ce VIIIe Volume.

Fin de la Table.

OPUSCULES

OPUSCULES MATHÉMATIQUES.

LVI. MÉMOIRE.

Recherches sur différens Sujets.

§. I.

Nouvelles réflexions sur les loix de l'équilibre des fluides.

1. Soient les coordonnées rectangles $AP = x$, $PM = y$, R la force du fluide en M suivant MO, & parallèlement à AP (Fig. 1), Q la force en M suivant MN parallèle à PM, $MO = dx$, $MN = dy$, il est certain que $R\,dx$ ne représente la force du canal MO qu'à un infiniment petit du second ordre près, puisqu'on néglige les quantités infiniment petites du

premier ordre qui entrent dans R, pour en exprimer la valeur le long du canal MO; il eſt certain auſſi qu'il en eſt de même de Qdy; ne peut-on pas conclure delà, m'a objecté un habile Mathématicien, que l'équation $\frac{dR}{dy} = \frac{dQ}{dx}$ ne repréſente l'équilibre du canal rectangulaire $MNQO$, qu'à un infiniment petit du ſecond ordre près, & qu'ainſi elle ne repréſente pas rigoureuſement l'équilibre, qui doit exiſter *rigoureuſement* entre les parties du fluide, & qui ſeroit néceſſairement troublé, s'il n'étoit pas tel?

2. Cette objection eſt au fond la même, que celles qu'on a oppoſées tant de fois aux principes du calcul différentiel; & on peut y répondre de même & d'après les mêmes principes, que ſi le canal infiniment petit $MNQO$ eſt en équilibre à un infiniment petit du ſecond ordre près, le même canal, ſuppoſé fini, ſera en équilibre à un infiniment petit du premier ordre près, & que comme cet infiniment petit du premier ordre ne ſauroit être ſuppoſé exiſter, il s'enſuit qu'il eſt nul ou zero, & que l'équilibre eſt exact & rigoureux.

3. Mais pour répondre à l'objection d'une maniere encore plus ſatisfaiſante & plus directe, ſoient les quantités infiniment petites $MO = \alpha$, $MN = \beta$, & dx, dz, les particules infiniment petites de ces quantités; il eſt clair, 1°. que la force R répondante à $x + dx$, ſera rigoureuſement $R + \frac{dR}{dx} dx + \frac{ddR}{2dx^2} dx^2 + \frac{d^3R}{2.3dx^3} dx^3$, &c.

d'où il s'ensuit que la force en O sera $R + \frac{dR}{dx}\alpha + \frac{ddR}{2dx^2}\alpha^2 + \frac{d^3R}{2.3dx^3}\alpha^3$, &c. & par conséquent, comme il est aisé de le voir, le poids de MO sera $R\alpha + \frac{dR}{2dx}\alpha^2 + \frac{ddR}{2.3dx^2}\alpha^3 + \frac{d^3R}{2.3.4dx^3}\alpha^4$, &c. & la différence rigoureuse de poids de NQ & de MO, sera égale à la différence de cette derniere quantité, prise en ne faisant varier que y de la quantité $MN = \beta$, & en ne négligeant rien d'ailleurs. Donc cette différence sera

$$\frac{dR}{dy}\alpha\beta + \frac{ddR}{2dy^2}\alpha\beta^2 + \frac{d^3R}{2.3dy^3}\alpha\beta^3, \text{ \&c.}$$
$$+ \frac{ddR}{2dxdy}\alpha^2\beta + \frac{d^3R}{2.2dxdy^2}\alpha^2\beta^2 + \text{\&c.}$$
$$+ \frac{d^3R}{2.3dx^2dy}\alpha^3\beta + \text{\&c.}$$

4. On trouvera de même la différence entre le poids de OQ & celui de MN, en mettant dans la quantité précédente Q & ses différences, pour R & ses différences, β pour α, & α pour β, dy pour dx, & dx pour dy; ce qui donnera

$$\frac{dQ}{dx}\beta\alpha + \frac{ddQ}{2dx^2}\beta\alpha^2 + \frac{d^3Q}{2.3dx^3}\beta\alpha^3, \text{ \&c.}$$
$$+ \frac{ddQ}{2dydx}\alpha\beta^2 + \frac{d^3Q}{2.2dydx^2}\alpha^2\beta^2 + \text{\&c.}$$
$$+ \frac{d^3Q}{2.3dy^2dx}\alpha\beta^3, \text{ \&c.}$$

5. Or il eſt aiſé de voir que ſi les premiers termes $\frac{dR}{dy}$ & $\frac{dQ}{dx}$ de ces deux quantités ſont égaux, tous les autres le ſeront auſſi chacun à chacun, ſavoir, le terme $\frac{ddR}{2dy^2}\alpha\beta^2$ au terme $\frac{ddQ}{2dydx}\alpha\beta^2$, le terme $\frac{d^3R}{2.3dy^3}\alpha\beta^3$ au terme $\frac{d^3Q}{2.3dy^2dx}\alpha\beta^3$, &c. & ainſi du reſte, puiſque $\frac{dR}{dy}=\frac{dQ}{dx}$ (*hyp.*) donne en général $\frac{d^{n+m}R}{dy^ndx^m}$, ou ce qui eſt la même choſe, $\frac{d^{n+m}R}{dx^mdy^n}=\frac{d^{n+m}Q}{dx^{m+1}dy^{n-1}}$, ou $\frac{d^{n+m}Q}{dy^{n-1}dx^{m+1}}$. Donc les deux quantités ſont exactement égales, & l'équilibre eſt *rigoureux*.

6. Pour ne laiſſer aucun ſcrupule ſur la démonſtration précédente, & pour s'aſſurer que les deux quantités dont on s'eſt propoſé de démontrer l'égalité rigoureuſe, ont en effet un terme égal, chacun à chacun, on obſervera,

1°. Que le poids de MO étant $R\alpha+\frac{dR}{2dx}\alpha^2+\frac{ddR}{2.3dx^2}\alpha^3+\frac{d^3R}{2.3.4dx^3}\alpha^4$, &c. en prenant la différence rigoureuſe de cette quantité, en faiſant varier β, le terme de cette différence où eſt dR, contiendra $\alpha\beta$ au numérateur, & dy au dénominateur; le terme où eſt ddR contiendra $\frac{\alpha\beta^2}{2dy^2}$ & $\frac{\beta\alpha^2}{2dxdy}$; le terme où eſt dR^3 contiendra $\frac{\alpha\beta^3}{2.3\,dy^3}$, $\frac{\alpha^2\beta^2}{2.2\,dx.dy^2}$, $\frac{\alpha^3\beta}{2.3\,dx^2dy}$, &c.

2°. Que par la même raiſon, ſi on prend la différence de l'autre quantité, le terme où eſt dQ contiendra $\beta\alpha$ au numérateur, & dx au dénominateur, le terme où eſt ddQ contiendra $\frac{\beta\alpha^2}{2\,dx^2}$ & $\frac{\alpha\beta^2}{2\,dx\,dy}$; le terme où eſt d^3Q contiendra $\frac{\beta\alpha^3}{2.3\,dx^3}$, $\frac{\alpha^2\beta^2}{2.2\,dydx^2}$, $\frac{\alpha\beta^3}{2.3\,dy^2dx}$, &c. & ainſi de ſuite, en ſorte que d^nQ contient autant de termes que d^nR, & des termes qui ſont ſemblables, en ordre renverſé.

3°. Qu'en nommant A les quantités égales (*hyp.*) $\frac{dR}{dy}$ & $\frac{dQ}{dx}$, on aura en général $\frac{d^{p+r}A}{dy^p dx^r} = \frac{d^{p+r}A}{dx^r dy^p}$, par la raiſon que ſi une quantité A contient tant de variables, x, y, z, &c. qu'on voudra, & qu'on la différentie en faiſant varier ſucceſſivement x, y, z, &c. en négligeant les différences ſecondes, troiſiémes, &c. on aura le même réſultat dans quelqu'ordre qu'on différentie, c'eſt-à-dire, que, par exemple, $\frac{d^s A}{dx\,dy\,dz\,dt\,\&c.}$ $= \frac{d^s A}{dz\,dy\,dt\,dx\,\&c.}$ M. Euler a démontré cette propoſition dans ſon *Analyſe des infiniment petits*, mais par une eſpece d'induction. Pour en donner une démonſtration générale & rigoureuſe, nous conſidérerons,

1°. que $\frac{ddA}{dxdy} = \frac{ddA}{dydx}$, comme le ſavent les Géomètres. 2°. Nous allons démontrer que ſi en général les quantités $\frac{d^sA}{dxdydz\ \&c.}$ & $\frac{d^sA}{dzdxdy\ \&c.}$, ſont égales, la même égalité ſubſiſtera en faiſant varier une nouvelle variable t; ce qu'il eſt aiſé de voir en conſidérant, 1°. que la combinaiſon $dxdydz$, donne (*hyp.*) le même réſultat que la combinaiſon $dzdxdy$, la combinaiſon $dtdxdydz$ donne évidemment le même réſultat que $dtdzdxdy$; 2°. que $dtdxdydz$ donne le même réſultat que $dxdtdydz$, puiſque $dtdx$ donne le même que $dxdt$; 3°. que $dxdtdydz$ donne le même réſultat que $dxdydtdz$, & par la même raiſon, puiſque $dtdy$ donne le même que $dydt$, &c. Donc, &c. Donc puiſque le théorême a lieu lorſque $s=2$, il aura lieu lorſque $s=3$, & enſuite lorſque $s=4$, &c. & ainſi de ſuite.

7. L'équation $\frac{dR}{dy} = \frac{dQ}{dx}$ qui aſſure l'équilibre dans un canal *MONQ* rectiligne ou curviligne, fermé de toutes parts, n'aſſure pas pour cela dans tous les cas, & généralement l'équilibre dans une maſſe de fluide. Car on voit d'abord que ſi les parties du fluide étoient, par exemple, animées de la peſanteur naturelle, ſans aucune autre force, on auroit l'équilibre dans un canal fermé quelconque *MONQ*, ſans qu'il y eût pourtant équilibre dans la maſſe totale, en ſuppoſant le fluide

(fini ou indéfini) enfermé dans un vaſe qu'on ſuppoſeroit ouvert dans toute ſa longueur.

8. En général, il faut pour l'équilibre, non-ſeulement que $\frac{dR}{dy} = \frac{dQ}{dx}$, mais qu'en imaginant (ſi le fluide eſt fini) un canal libre à la ſurface ſupérieure, & à l'inférieure, la quantité $\int(R\,dx + Q\,dy)$ ſoit $= 0$, étant priſe dans toute l'étendue de ce canal; il faut de plus que la valeur de $\int(R\,dx + Q\,dy)$ ne ſoit négative dans aucune partie de ce canal, autrement l'équilibre ne feroit qu'imaginaire, & les parties du fluide ſe ſépareroient les unes des autres.

9. Si le fluide eſt indéfini, il faut que dans une étendue quelconque du canal que nous imaginons traverſant toute l'étendue de ce fluide, la quantité $\int(R\,dx + Q\,dy)$ ne ſoit jamais que finie; car cette quantité n'étant que finie, & le canal indéfini, il ne pourroit en réſulter dans le canal qu'un mouvement infiniment petit, c'eſt-à-dire, nul, au lieu que ſi la quantité dont il s'agit étoit infinie, il en réſulteroit un mouvement fini dans le canal.

10. Pour éclaircir cette remarque par un exemple très-ſimple, ſuppoſons un canal rectiligne qui s'étende dans toute la longueur du fluide ſuppoſée indéfinie; il eſt évident que s'il n'y a, par exemple, qu'une partie finie du fluide qui ſoit animée par une force g (que pour plus de ſimplicité nous ſuppoſerons conſtante), cette force ne peut produire dans toute la maſſe fluide

du canal entier qu'un mouvement infiniment plus petit que g, c'est-à-dire, nul ; & qu'en général la force finie $\int P\,dx$, distribuée à une masse infinie, ne peut y produire que zero de mouvement. Cette observation nous sera fort utile dans la suite.

11. Pour la rendre encore plus sensible, supposons le canal rectiligne, & de la longueur indéfinie h, & que $\int R\,dx$ soit la force qui agit pour mouvoir ce canal, on aura (par les principes exposés dans notre *Traité des Fluides*, & dans nos autres Ouvrages) $Qh = \int R\,dx$, Q étant le mouvement produit dans toutes les parties du canal, parallèlement à x. Donc $Q = \int \frac{R\,dx}{h}$, & comme $\int R\,dx$ est finie, & h infinie (*hyp.*) il s'ensuit que Q est infiniment petit ou zero.

12. Delà il s'ensuit que l'intégrale $\int(R\,dx + Q\,dy)$ doit être en général représentée par les ordonnées d'une courbe, qui dans un fluide fini, soient toujours finies & positives, & de plus nulles aux deux extrêmités, & que dans un fluide indéfini, les ordonnées qui représentent la valeur de $\int(R\,dx + Q\,dy)$ doivent toujours être finies, quelque longueur qu'on suppose au canal.

13. Il faut donc que du moins la quantité R qui marque les forces agissantes suivant la longueur du canal, soit exprimée par une quantité qui soit successivement positive & négative. Car si elle étoit toujours positive ou toujours négative, alors $\int R\,dx$ seroit infinie dans toute la longueur du canal, & le fluide se mouvroit

mouvroit ſuivant cette longueur, ou dans un ſens, ou dans le ſens contraire.

14. Pour que l'équation $\frac{dR}{dy} = \frac{dQ}{dx}$ ait lieu, ou, ce qui revient au même, pour que le fluide ſoit en équilibre, il n'eſt pas néceſſaire que les fonctions R & Q (Fig. 2) ſoient des fonctions continues. Car, 1°. imaginons que le fluide ſoit partagé par la courbe quelconque OMQ, & qu'à la gauche de cette ligne du côté de P, les fonctions R & Q ſoient exprimées par des quantités algébriques telles que $\frac{dR}{dy} = \frac{dQ}{dx}$, il eſt clair que dans toute la partie à gauche de OMQ le fluide ſeroit en équilibre, au moins ſi on ſuppoſoit que OMQ fût une paroi ſolide. 2°. Si à la droite de OMQ on ſuppoſoit deux autres fonctions algébriques R' & Q', telles que $\frac{dR'}{dy}$ fût $= \frac{dQ'}{dx}$, R' & Q' étant différentes de R & de Q, il eſt encore évident que dans cette partie il y auroit équilibre, en ſuppoſant toujours que OMQ fût une paroi ſolide. 3°. Imaginons à préſent que cette paroi ſoit détruite, & que ſur cette courbe OMQ qui fait la limite des deux parties, R' ſoit $= R$ & $Q' = Q$ (conditions abſolument néceſſaires, puiſque les forces R & Q ne doivent pas avoir deux différentes valeurs à un même point du fluide), il eſt évident que le poids du canal OMQ ſera $\int(R dx + Q dy) = \int(R' dx + Q' dy)$, c'eſt-

à-dire, qu'il ſera le même tant pour la partie droite, que pour la partie gauche, d'où il eſt aiſé de conclure qu'un canal de figure quelconque $abcd$, traverſant les deux parties, ſera en équilibre; car puiſque la partie adc ſera en équilibre avec ac, & que ac ſera auſſi en équilibre avec abc, il eſt clair que les parties abc & adc ſeront en équilibre entr'elles. 4°. Il faut donc ſimplement que $R'=R$ & $Q'=Q$, ſur la courbe de limite OMQ. Or ſoit $\varphi(x,y)=0$ l'équation de cette courbe de *limites*, & ſoit nommée A cette fonction $\varphi(x,y)$ de x & de y, & par conſéquent $A=0$, il eſt clair que ſur la courbe des limites on aura $R'=R$, & $Q'=Q$, ſi on ſuppoſe en général $R'=R+\Delta(x, y, A)$, & $Q=\Psi(x,y,A)$ les fonctions $\Delta(x,y,A)$ & $\Psi(x,y,A)$ étant ſuppoſées telles qu'elles ſoient $=0$, en faiſant $A=0$.

15. Maintenant, puiſque $Rdx+Qdy$ & $R'dx+Q'dy$ doivent être des différentielles exactes, il eſt clair, en mettant pour R' & Q' leurs valeurs, & en réduiſant, que $dx\Delta(x,y,A)+dy\Psi(x,y,A)$ doit être une différentielle complette.

16. Pour ſatisfaire à cette condition, & pour faire en ſorte en même-temps que les facteurs de dx & de dy ſoient $=0$ quand $A=0$, ſoit priſe une fonction quelconque de x, y, A, telle que cette fonction ait pour facteur A^{ρ}, ρ étant >1; différentions enſuite cette fonction, en mettant pour dA ſa valeur connue $Mdx+Ndy$, il eſt aiſé de voir que la différentielle

contiendra A^{t-1} à tous ſes termes, & que par conſéquent les deux facteurs de dx & de dy ſeront $=0$, ſi $A=0$.

17. Plus généralement encore ſoit ſuppoſé le coefficient de dx, ſavoir, $\Delta(x, y, A)$ égal à une fonction qui ait pour facteur A^t, & ſoit p le coefficient de dy dans la différentielle de cette fonction, en mettant pour dA ſa valeur Ndy, je dis que la fonction $\Psi(x, y, A)$ (coefficient de dy) ſera $=\int p dx$, en ne faiſant varier que x, & n'ajoutant rien.

18. Si la ligne des limites OMQ eſt une droite parallèle aux x ou aux y, à la diſtance b ou c, alors on aura $A=y-b$ ou $x-c$, & la ſolution devient plus ſimple.

19. Il peut ſe faire encore que R, par exemple, ſoit une fonction continue, & que Q ne le ſoit pas. Car ſoit la ligne des limites OMQ une droite parallèle aux x, en ſorte que y ſoit $=b$ à tous les points de cette ligne OMQ, & ſoit ſuppoſé $Q'=Q+\varphi(y-b)$, R & Q étant d'ailleurs tels que $Rdx+Qdy$ ſoit une différentielle complette, R demeurant, ainſi que Q, une fonction continue, & $\varphi(y-b)$ étant $=0$ lorſque $y-b=0$, il eſt clair que $Rdx+Q'dy$ ou $Rdx+Qdy+dy\varphi(y-b)$ ſera une différentielle complette.

20. Il eſt clair qu'on peut imaginer dans la longueur du fluide tant de courbes de limites OMQ qu'on voudra, avec des conditions analogues à celles de la première, & qu'en conſéquence les forces R & Q peuvent

changer d'expreſſion entre chacune de ces courbes, avec des conditions analogues à celles que nous avons données pour une ſeule.

21. Mais peut-on conclure delà que ces courbes de limites OMQ peuvent être auſſi proches qu'on le voudra les unes des autres, & qu'ainſi les forces R & Q peuvent être diſcontinues, non-ſeulement par ſauts & à certaines diſtances finies, mais continuement pour ainſi dire, & à des diſtances infiniment petites?

22. C'eſt ce qui eſt en effet très-poſſible. Car ſoit tracée, par exemple, à volonté & ſans regle une courbe dont les ordonnées X répondent aux abſciſſes x, & une autre courbe dont les ordonnées Y répondent aux abſciſſes y; il eſt clair que $\int X dx$, & $\int Y dy$ feront les aires de ces courbes; & ſi on fait $R = X$, & $Q = Y$, que $\int (R dx + Q dy)$ ſera pour chaque x, & chaque y, égale à la ſomme des aires correſpondantes $\int X dx$ & $\int Y dy$. Donc le poids d'un canal quelconque terminé à deux coordonnées quelconques x & y, & à deux autres telles qu'on voudra, ſera le même, quel que ſoit ce canal. Donc il y aura équilibre, les forces R & Q étant continuement diſcontinues.

23. On remarquera que les $\frac{dX}{dx}$ donnent les angles des tangentes de la premiere courbe, avec les abſciſſes x, & que les $\frac{dY}{dy}$ donnent les angles des tangentes de la ſeconde courbe avec les abſciſſes y, & que ces

quantités ne sont pas plus assujetties à la loi de continuité, que X & Y, donc si on fait $R = \frac{YdX}{dx}$, & $Q = \frac{XdY}{dx}$, R & Q seront des fonctions discontinues de x & de y à-la-fois, & $\int(R\,dx + Q\,dy)$ sera la même pour chaque valeur donnée de x & de y.

24. Il est aisé de généraliser cette observation en prenant pour R & pour Q des fonctions plus composées de x & de y, & qui soient continuement discontinues, sans que l'équilibre cesse d'avoir lieu.

25. En effet, soient supposées d'abord R & Q des fonctions algébriques & continues de x & de y, telles que $R\,dx + Q\,dy$ soit une différentielle complette, & soient mises dans R & dans Q, à la place de x & de y, les fonctions continuement discontinues X & Y, & leurs différences, il est évident que dans cet état $RdX + QdY$ sera une différentielle complette, & qu'on aura $\frac{dR}{dY} = \frac{dQ}{dX}$, ou $\frac{dR}{dy \times \frac{dY}{dy}} = \frac{dQ}{dx \times \frac{dX}{dx}}$; donc on aura $\frac{dR}{dy} \times \frac{dX}{dx}$, ou $\frac{d\left(\frac{RdX}{dx}\right)}{dy} = \frac{dQ}{dx} \times \frac{dY}{dy}$, ou $\frac{d\left(\frac{QdY}{dy}\right)}{dx}$. Donc il n'y a qu'à prendre pour les forces qui agissent sur le fluide, les fonctions continuement discontinues $\frac{RdX}{dx}$ & $\frac{QdY}{dy}$; ce qu'on peut encore voir aisément

en considérant que $RdX + QdY = \frac{RdX}{dx} \times dx + \frac{QdY}{dy} \times dy$.

26. Il faut seulement observer que les courbes dont les ordonnées sont X & Y doivent être tracées de maniere qu'il n'y ait aucun *saut* dans $\frac{dX}{dx}$, ni dans $\frac{dY}{dy}$, c'est-à-dire, que les portions contigues de ces courbes ne fassent nulle part un angle fini entr'elles; car autrement il y auroit deux valeurs de $\frac{dX}{dx}$, ou de $\frac{dY}{dy}$ pour une même x ou y, & par conséquent deux valeurs de $\frac{Rdx}{dx}$, & de $\frac{QdY}{dy}$; ce qu'on ne sauroit supposer.

27. On peut encore supposer que la courbe des limites OMQ ne soit pas continue elle-même, mais qu'elle soit, par exemple, composée de deux parties OM, MQ, dont la premiere ait pour équation $A = 0$, & l'autre $A' = 0$, A & A' étant deux fonctions différentes de x & de y, qui soient égales au point M. Ensuite on imaginera la courbe MK qui ait pour équation $A = A'$; & on pourra supposer que dans toute la partie à gauche de OMQ, les forces du fluide soient R & Q, dans toute la partie OMK, $R + \Delta(x, y, A)$, & $Q + \Psi(x, y, A)$ & dans toute

la partie à droite de KMQ, $R + \Delta(x, y, A')$, & $Q + \Psi(x, y, A')$; le tout avec les conditions indiquées ci-dessus, art. 14.

28. On pourroit, comme il est aisé de le voir, pousser beaucoup plus loin cette spéculation sur la discontinuité des fonctions R & Q; mais en voilà assez sur ce sujet. On voit seulement assez par tout ce qui précéde, les modifications & restrictions qu'on doit mettre à la loi de l'équilibre des fluides admise jusqu'ici, que $Rdx + Qdy$ doit être une différentielle complette, R & Q étant regardées comme des fonctions continues, algébriques ou transcendantes, de x & de y: cette continuité n'est nullement nécessaire. Il faut tout au plus que $Rdx + Qdy$ soit une différentielle complette dans une partie abc du canal rentrant, & une différentielle aussi complette dans l'autre partie adc, & que les intégrales soient égales & indiquent des forces contraires. On voit même que l'équation $\frac{dR}{dy} = \frac{dQ}{dx}$, n'auroit pas proprement lieu dans un petit canal rectangle qui seroit en partie dans la portion abc, en partie dans la portion adc; puisque R & Q ne seroient pas alors des fonctions continues, & qu'ainsi les expressions $\frac{dR}{dy}$ & $\frac{dQ}{dx}$ ne représenteroient point la vraie valeur de la différence des colonnes. Mais l'équilibre auroit pourtant toujours lieu, parce que les deux parties du rectangle à droite & à gauche de la courbe

akc, feroient l'une & l'autre en équilibre avec la partie de cette courbe akc qui les féparereoit.

29. Nous avons dit (art. 164 de notre *Effai fur la réfiftance des Fluides*) que les forces R & Q pouvoient être des fonctions d'autres quantités que de x & de y, par exemple, de x, y, & d'une troifiéme variable z. Mais il faut remarquer que fi z, par exemple, eft la quantité nouvelle qui doit entrer dans l'expreffion de R & de Q, cette quantité z doit avoir une relation avec x & y. En effet, imaginons qu'au point M on éleve perpendiculairement au plan APM une ligne $= z$, alors il eft évident que cette ligne devra être déterminée par x & par y, puifque fi elle ne l'étoit pas, il y auroit une infinité de z poffibles au point M, & qu'ainfi ce point M du fluide donneroit des valeurs différentes, pour R & pour Q, & non pas une valeur unique, ce qui feroit choquant.

30. Ainfi, comme z eft toujours exprimé ou cenfé exprimé en x & en y, on peut dire à la rigueur que R & Q ne font jamais réellement & ne peuvent être que des fonctions des feules variables x & y.

31. Mais comme la valeur de z en x & en y, peut être exprimée par une équation non algébrique, foit en général $dz = \theta dy + \omega dx$, (fans qu'il foit néceffaire que $\theta dy + \omega dx$ foit une differentielle complette), on aura, comme le favent les Géométres, $\frac{d\omega}{dy} +$ $\frac{\theta d\omega}{dz}$

$\frac{\theta d\omega}{dz} = \frac{d\theta}{dx} + \frac{\omega d\theta}{dz} \ldots (A)$. Il eſt de plus évident que dans le cas ſuppoſé d'une nouvelle variable z, on aura pour la condition de l'équilibre, $\frac{dR}{dy} dx dy + \frac{dR}{dz} dx dz = \frac{dQ}{dx} dy dx + \frac{dQ}{dz} dy dz$, ou (en mettant pour dz dans le premier membre θdy, & dans le ſecond ωdx, & réduiſant) $\frac{dR}{dy} + \frac{\theta dR}{dz} = \frac{dQ}{dx} + \frac{\omega dQ}{dz} \ldots (B)$, équation tout-à-fait analogue à l'équation de condition ci-deſſus entre ω & θ. Remarquons en paſſant qu'on peut, au lieu de l'équation $dz = \theta dy + \omega dx$ ci-deſſus, ſuppoſer plus généralement $dz = \theta dY + \omega dX$, ($X$ & Y étant, comme dans l'art. 25, des fonctions diſcontinues de x & de y), ou $\frac{\theta dY}{dy} \times dy + \frac{\omega dX}{dx} \times dx$, en mettant dans ω & dans θ, X & Y pour x & pour y.

32. En conſéquence des remarques précédentes, on voit aiſément que la nouvelle quantité variable ζ, que nous avons introduite (art. 164 de l'*Eſſai ſur la réſiſtance des fluides*) dans l'expreſſion de R & de Q, doit avoir une valeur en x & en y; & en effet, il eſt aiſé de voir que cette variable ζ dépendant des courbes de niveau que nous avons ſuppoſées dans cet article, on aura une équation entre $Qq = d\zeta$, & ces courbes de niveau, en ſorte que $d\zeta$ ſera $= R dx +$

Qdy d'une courbe de niveau à l'autre, & que dans chaque courbe de niveau en particulier, on aura $Rdx + Qdy = 0$.

33. Dans ce même art. 164 de notre *Essai sur la résistance des Fluides*, nous avons supposé le $d\zeta$ le même que le $d\zeta$ de l'art. 161 ; supposition légitime, puisque $d\zeta$ de l'art. 164 $= Qq$ (Fig. 3), & que MN de l'art. 161 devient $d\zeta$ ou Qq lorsque le point M tombe en Q, KQ parallèle à AP étant perpendiculaire à la courbe de niveau mMQ. D'où l'on voit, pour le dire en passant (δ étant supposé constant & $= 1$) que non-seulement au point Q on a $Q = 0$, mais encore $R = 1$.

34. On observera de plus que $Rdx + Qdy$ est le poids de la petite colonne MN, & que ce poids doit être égal à celui de Qq, c'est-à-dire, à $d\zeta$. Donc $d\zeta = Rdx + Qdy$. Donc par les loix connues pour les équations de condition des différentielles à trois variables, on a $\frac{dQ}{dx} - \frac{dR}{dy} + \frac{RdQ}{d\zeta} - \frac{QdR}{d\zeta} = 0$, équation qui est la même que celle de la page 198 du même Ouvrage pour l'équation de condition entre les forces.

35. Comme cette quantité $d\zeta$ est la même pour chaque courbe de niveau dont $Rdx + Qdy = d\zeta$ est l'équation, on pourroit croire qu'il en doit être de même dans l'art. 31 ci-dessus, de la quantité $dz = \theta dy + \omega dx$ relativement à chaque courbe de niveau, en sorte que dans chaque courbe de niveau la quantité z soit la même

par-tout. Mais il eſt aiſé de voir que z peut n'être pas conſtant pour chaque courbe de niveau. Car imaginons d'abord que dans $R\,dx + Q\,dy$, il n'y ait point de z, & que $da = R\,dx + Q\,dy$ ſoit l'équation de chaque courbe de niveau, en paſſant de l'une à l'autre; ſoit enſuite imaginée une équation quelconque (C) entre x, y, z, qui ne ſoit pas l'intégrale de $da = R\,dx + Q\,dy$, & ſoit priſe dans l'équation (C) une valeur de x en y, z. Soit enſuite ſubſtituée cette valeur de x, non dans tous les termes de R & de Q, mais dans quelques-uns de ces termes à volonté, en laiſſant ſubſiſter x dans les autres; & il eſt clair que dans l'équation $R\,dx + Q\,dy = 0$, des courbes de niveau, on aura des x, des y & des z, ſans que la quantité z ſoit la même par-tout.

36. Soit, par exemple, $xx + yy = a^2$, ou $x\,dx + y\,dy = 0$, l'équation des courbes de niveau, & ſoit ſuppoſé $xxyz = B$, d'où $x = \frac{B}{xyz}$, on aura $\frac{B\,dx}{xyz} + y\,dy = 0$; donc $R = \frac{B}{xyz}$, & $Q = y$; on a de plus $z = \frac{B}{xxy}$, & $dz = -\frac{B\,dy}{yyxx} - \frac{2B\,dx}{yx^3}$; donc puiſque $dz = \theta\,dy + \omega\,dx$, on aura $\theta = -\frac{B}{xxy^2}$, & $\omega = -\frac{2B}{yx^3}$, & l'on voit que ces quantités ω & θ ne ſont pas les mêmes que Q & R.

37. Ainſi, quoique les équations (A) & (B) de

l'art. 31 ci-dessus soient analogues quant à la forme, cependant elles ne sont pas réellement la même équation ; ce sont deux équations séparées qui doivent avoir lieu à-la-fois ; on voit aussi que la supposition de $dz = \theta dy + \omega dx$ est bien plus générale que celle de l'article 164 de l'*Essai sur la résistance des Fluides*.

38. Venons présentement au cas où le fluide est supposé animé par des forces P & Q, dont l'une P (Fig. 4) est dirigée vers un centre fixe, les rayons étant y, & l'autre Q est perpendiculaire à P, les angles correspondans aux rayons vecteurs étant x.

Nous remarquerons d'abord que le poids d'une petite particule du fluide est bien à la vérité $Pdy + Qydx$ (comme l'a supposé M. Clairaut, & comme nous l'avons nous-même supposé d'après lui, Tom. V de nos *Opusc.* pag. 15 & suiv.), mais seulement dans l'hypothèse que la force P tende de C vers R, afin que les poids des canaux Pp vers p, & pM vers M s'ajoutent ensemble comme on le suppose ; car si on suppose, comme on le doit ici, que la force P tende de R vers C, alors il faut évidemment prendre $Qydx - Pdy$ pour le poids de PM suivant PM.

39. Ainsi l'équation d'un sphéroïde fluide, en faisant abstraction de la force centrifuge, & en supposant x constant, sera $\int - Pdy = A$, en prenant le premier membre de maniere qu'il soit $= 0$ à la surface du fluide.

40. Nous avons donné dans le Tom. V de nos *Opusc.*

pag. 17, les conditions que doivent avoir les forces P & Q. Nous y ajouterons encore les obſervations ſuivantes.

1°. L'angle x ne doit entrer ni dans P ni dans Q; car autrement il y auroit au point où $x = 0$, deux valeurs différentes de P ou de Q; ſavoir, l'une pour $x = 0$, & l'autre pour $x = 360°$. D'ailleurs, quand on voudroit ſe reſtreindre à ne prendre pour la valeur de P ou de Q que celle qui répond à $x = 0$, & négliger celle qui répond à $x = 360°$, alors faiſant $x = 360 - \alpha$, & α étant ſuppoſé infiniment petit, les valeurs de P & de Q répondantes à $x = 0$, & à $x = 360° - \alpha$, c'eſt-à-dire, infiniment près de $x = 0$, différeroient d'une quantité finie, ce qui eſt choquant.

2°. Si la force Q eſt telle que Qy ne renferme point y au dénominateur, comme nous l'avons exigé dans l'endroit cité (pag. 17, Tom. V, *Opuſc.*), & que $\int Qy\,dx$ ne ſoit pas $= 0$ quand $x = 360°$, alors il eſt viſible que cette intégrale $\int Qy dx$, renferme néceſſairement un terme où ſe trouvera l'angle x; de plus, la quantité $Qy dx$ contiendra néceſſairement à tous ſes termes quelque puiſſance poſitive de y, condition indiſpenſable pour que $\int Qy dx = 0$, lorſque $y = 0$. Or puiſque $-P dy + Qy dx$ eſt (*hyp.*) une différentielle complette, on aura $\frac{d(Qy)}{dy} = -\frac{dP}{dx}$, & $P = -\int dx \frac{d(Qy)}{dy}$; donc puiſqu'il y a dans $\int Qy dx$ (*hyp.*)

un terme qui contient x & y, & qui n'est détruit par aucun autre, il s'ensuit que dans Qy, il y aura un terme qui contiendra y avec ou sans x, & qui ne sera détruit par aucun autre. Donc dans la valeur de $P = -\int dx \frac{d(Qy)}{dy}$, il y aura un terme qui contiendra x, ce qui ne doit pas être, comme on vient de le voir.

3°. Delà il s'ensuit que si les forces P & Q ne contiennent x ni l'une ni l'autre, comme il est nécessaire; que de plus Qy ne contienne point y au dénominateur, comme il est nécessaire aussi; & qu'enfin, comme il le faut encore, Qy renferme à tous ses termes quelque puissance positive de y, la quantité $\int Qydx$ ne contiendra point l'angle x, & que par conséquent il y aura équilibre, si $\int(-Pdy + Qydx)$ est une différentielle exacte.

4°. Aux observations que nous avons faites pour prouver que $\int Qydx$ ne doit pas contenir l'angle x, il faut ajouter que si cela étoit, l'équation générale du sphéroïde $\int(-Pdy + Qydx) = A$ seroit impossible, puisque cette équation contiendroit l'angle x, & qu'ainsi l'angle $x + 360°$ donneroit un rayon y différent de celui que donne le simple angle x.

41. Delà on voit que si les conditions naturelles à P & à Q, sont observées, c'est-à-dire, si P & Q ne renferment point x, & si Qy n'a point d'y au dénominateur, il n'y a point à craindre qu'il n'y ait de courant dans l'intérieur du fluide.

42. Au reste, ces observations n'ont lieu qu'en deux cas ; 1°. dans l'hypothèse que toute la masse soit fluide, & qu'il n'y ait point de noyau solide au centre ; car s'il en a un, alors (Tom. V, *Opusc.* pag. 20, art. 37) Qy peut contenir y au dénominateur sans inconvénient. 2°. Il faut encore que les deux parties du sphéroïde séparées par l'axe, soient supposées assujetties à la même équation. Car si elles ne l'étoient pas, alors il ne faudroit prendre les valeurs de P & de Q que depuis $x = 0$ jusqu'à $x = 180°$, & supposer dans l'autre partie des valeurs égales, avec un signe contraire pour celles de Q. Or cette supposition n'a rien d'impossible, ni même rien que de naturel.

43. Il faudra seulement observer qu'aux extrêmités de l'axe la force Q doit être supposée nulle, afin qu'à ces extrêmités les forces Q dirigées en sens contraires ne soient pas finies l'une & l'autre, ce qui seroit choquant, & aussi afin que l'extrêmité du sphéroïde répondante à l'axe, ne se termine pas par un angle fini, ce qui seroit choquant encore.

44. D'où l'on voit que dans cette hypothèse la force Q doit être $= 0$ quand $x = 0$, & quand $x = 180$, & que par conséquent elle doit avoir pour facteur quelque puissance positive de sin. x. Ainsi dans ce cas $\int Qydx$ ne renfermera point l'angle x. Car pour que $\int Qydx$ renferme l'angle x, il faut que Qy renferme un terme qui ne contienne ni sin. x, ni cos. x.

45. Il est aisé de voir de plus que $\int Qydx$ peut

contenir l'angle x ſans que Q contienne cet angle; & de maniere même que Q ſoit $=0$ lorſque $x=0$. Car il n'y a qu'à ſuppoſer $Q=$, par exemple, $(\text{ſin.}\, x)^2$, on aura $(\text{ſin.}\, x)^2 = \frac{1}{2} - \frac{1}{2}\, \text{coſ.}\, 2x$, & il eſt évident que l'intégrale de $Qydx$ renfermera le terme $\frac{yx}{2}$.

46. En général, pour que $\int Qydx$ renferme l'angle x ſans que Q renferme cet angle, il faut, en prenant les x pour les abſciſſes droites d'une courbe, que les ordonnées Qy de cette courbe ſoient celles d'une eſpece de cycloïde, ou en général d'une courbe trochoïdale, dont les branches alternatives au-deſſus & au-deſſous de l'axe des x ne ſoient pas égales & ſemblables; car il eſt clair qu'en ce cas Q ne contiendra point x, & que $\int Qydx$ ſera d'autant plus grand que x ſera plus grand; c'eſt-à-dire, que l'intégrale de $Qydx$ contiendra néceſſairement l'angle x.

47. On doit obſerver encore que ſi la maſſe fluide eſt compoſée de deux parties égales & ſemblables placées de part & d'autre de l'axe, & qui n'appartiennent pas à la même équation, alors comme Q doit être $=0$ lorſque $x=0$, & $x=180$, $\int Qydx$ ne contiendra point l'angle x, puiſque Q doit contenir à tous ſes termes une puiſſance poſitive de ſin. x qui devienne de ſigne contraire quand x eſt pris négativement.

48. On demande s'il peut y avoir équilibre à la ſurface du fluide, & en même-temps un courant dans l'intérieur? D'abord il réſulte de ce que nous avons remarqué

remarqué ci-dessus, que pour qu'il y ait un courant dans l'intérieur, il faut que $\int Qy\,dx$ renferme l'angle x, P & Q ne renfermant point d'ailleurs cet angle. En second lieu, pour que $\int Qy\,dx$ renferme l'angle x, & que le terme où est cet angle soit $=0$ lorsque $y=CA$ (on suppose ici la masse du fluide circulaire), il faut (en appellant CA, a) que le terme où est x, ait pour facteur quelque puissance positive de $a-y$; d'où il est aisé de voir, par un raisonnement semblable à celui de l'art. 40 ci-dessus, que dans ce cas P contiendroit l'angle x, ce qui ne doit pas être.

49. Si on ne vouloit pas supposer que la masse du fluide fût circulaire, en ce cas, l'équation seroit $\int -P\,dy = A$, en prenant x constant, & $\int Qy\,dx$ auroit la même valeur que $\int -P\,dy$, en ajoutant seulement à $\int -P\,dy$ une fonction de x sans y. Or, 1°. cette fonction de x sans y ne peut avoir lieu ici, puisque si elle avoit lieu, il y auroit dans $\int Qy\,dx$ un terme de cette forme $\varphi(x)$ sans y, & comme on ne suppose point y constant à la surface, il s'ensuit qu'à la surface ce terme ne pourroit être détruit par aucun autre, & qu'ainsi à la surface même $\int Qy\,dx$ renfermeroit l'angle x, & qu'il n'y auroit par conséquent point d'équilibre.

50. Nous supposons que la masse du fluide peut n'être pas circulaire, supposition légitime en effet, si les forces Q ne sont pas nulles. Car soit, par exemple, $Q=\text{sin.}\ x$, on aura $Qy=y\ \text{sin.}\ x$, &

$\frac{d(Qy)}{dy} = \text{fin. } x = -\frac{dP}{dx}$; donc $P = -1 + \text{cof. } x + \varphi(y)$; donc l'équation de la maffe fluide, favoir, $\int -Pdy = A$ donne $\int (+dy - dy \text{ cof. } x) - \Delta y = A$, c'eft-à-dire, (en faifant le premier membre $= 0$ lorfque y a fa plus grande valeur y') $-y' + y + (y' - y)$ cof. $x - \Delta y + \Delta y' = A$; & en faifant $y = 0$, on aura pour l'équation de la maffe fluide $-y' + y'$ cof. $x + \Delta y' = A$.

51. Paffons maintenant à d'autres confidérations fur l'équilibre des fluides.

52. Si un fluide *SRCDQL*, renfermé dans un vafe prifmatique ou cylindrique, eft indéfini vers P, & qu'une partie finie *ABDC* (Fig. 5) de ce fluide foit animée d'une force dirigée vers P, il n'en réfultera aucun mouvement dans le fluide. Car foit m la maffe finie *ABCD*, M la maffe indéfinie du refte du fluide vers P, V la force qui anime toutes les parties de la maffe m; u celle qui doit en réfulter pour animer la maffe entiere $M + m$, il eft clair par notre principe général de Dynamique, que la maffe de fluide M animée de la force u, doit être en équilibre avec la maffe m, animée de la force $V - u$; donc à caufe de la figure cylindrique du vafe (*hyp.*), on aura $Mu = m(V - u)$, & $u = \frac{mV}{m+M} = \frac{mV}{M} = 0$, à caufe que M (*hyp.*) eft infini par rapport à m.

53. La même propofition auroit lieu, fi le fluide

étoit indéfini vers O & vers P, & que la partie $abDC$ de la masse finie $ABCD$ fût animée vers O d'une force finie V, & la partie $AbBa$ d'une force finie V' dirigée vers P.

54. Supposons présentement un vase ou tuyau $ERSQ$ (Fig. 6) de figure quelconque, & imaginons outre cela, pour plus de simplicité, qu'il soit infiniment étroit, afin que les vitesses de tous les points de chaque tranche, dans le cas où le fluide viendroit à se mouvoir, puissent être supposées sans erreur sensible, en raison inverse de la largeur de cette tranche; imaginons enfin que chaque tranche ab de la partie finie $ABDC$ soit animée d'une force variable π, dirigée vers QS; soit π' la force qui doit animer la tranche ab, lorsque le mouvement se sera communiqué au fluide indéfini $ABQS$, y la largeur variable des tranches de la partie $ABDC$, y' celle des tranches de la partie indéfinie $ABSQ$, $ab=c$, on aura $\frac{\pi' c}{y}$ pour la force motrice de chaque tranche de la partie $ABDC$, & $\pi - \frac{\pi' c}{y}$ pour la force perdue; on aura de même $\frac{\pi' c}{y'}$ pour la force motrice de chaque tranche de la partie indéfinie $ABSQ$, & $-\frac{\pi' c}{y}$ pour la force perdue. Donc en appellant x les abscisses de la partie $ABDC$, & x' celles de la partie $ABSQ$, on aura

$$\int\left(\pi - \frac{\pi' c}{y}\right) dx = \int \frac{\pi' c\, dx'}{y'} \text{; \& } \pi' = \frac{\int \pi\, dx}{\int \frac{c\, dx}{y} + \int \frac{c\, dx'}{y'}}$$

$= \dfrac{\int \pi\, dx}{\int \frac{c\, dx'}{y'}} = 0$, à cauſe que $\int \frac{c\, dx'}{y'}$ (*hyp.*) eſt infini par rapport à $\int \pi\, dx$.

55. Il en feroit de même ſi les forces π de la partie finie *ABDC* étoient dirigées les unes vers *QS*, les autres vers *ER*, & que le fluide fût indéfini vers *QS* & vers *ER*.

56. Donc en général ſi un fluide indéfini eſt renfermé dans un vaſe ou tuyau de figure quelconque, & qu'une partie finie quelconque de ce fluide, ſoit animée par des forces telles qu'on voudra, il n'en réſultera aucun mouvement ſenſible dans la maſſe du fluide. Cette propoſition nous ſera très-utile dans les recherches qu'on trouvera ci-après ſur les loix de la réſiſtance des fluides.

57. Si une maſſe quelconque de fluide *CDSR* eſt en équilibre en vertu de forces quelconques (Fig. 7), & qu'une partie quelconque infiniment petite *AOBba*, terminée par les parallèles *AB*, *ba*, vienne à ſe durcir en conſervant les mêmes forces qui l'animent, l'équilibre ſubſiſtera. Car imaginons d'abord que cette partie *ABba* ſoit fluide, & ſoient tirées les lignes *AD*, *ad*, *BC*, *cb* terminées à la ſurface, & pour plus de ſimplicité, parallèles entr'elles (quoique cette condition ne ſoit point néceſſaire); il eſt clair que les

canaux $DdaA$ & $CBbc$ feront en équilibre avec le canal $AOBba$, c'eſt-à-dire, que la force totale des parties du canal $AOBba$ ſuivant BA, par exemple, ſera égale au poids du canal $DAad$ moins celui du canal $CBbc$. Maintenant imaginons que le canal $AOBba$ ſe durciſſe, il eſt évident, 1°. que les parties conſerveront la même force ou tendance ſuivant AB, en ſorte que menant la perpendiculaire Oo, & nommant φ la force totale dans la ligne AB, la force du canal $AOBba$ ſuivant AB, ſera $Oo \times \varphi$. 2°. Que la force du canal $DdaA$ perpendiculairement à Aa, & décompoſée ſuivant AB, fera (en nommant Ψ la force totale de la colonne AD), $\Psi \times \frac{Aa \times Oo}{Aa} = \Psi \times Oo$; 3°. que la force du canal $CBbc$ ſuivant BA ſera de même & par les mêmes raiſons $\Psi' \times Oo$. Donc puiſque dans l'état de la fluidité totale $\Psi - \Psi' = \varphi$, il eſt clair que la partie ſolide $ABba$, en tant qu'elle tend à ſe mouvoir ſuivant AB ou BA, eſt en équilibre avec les colonnes fluides $DAad$, $CBbc$. Donc ſi on imagine qu'une partie quelconque $BAQB$ du fluide vienne à ſe durcir, & qu'on diviſe cette partie par la penſée en une infinité de tranches parallèles à $ABba$, chacune de ces tranches n'aura aucun mouvement parallèlement à AB. Maintenant, ſi on diviſe le même ſolide en d'autres tranches parallèles infiniment petites, & perpendiculaires à AB, on prouvera de la même maniere que ces tranches n'auront aucun mouvement dans le ſens perpendiculaire à *AB*. Donc le ſolide *BAQB* n'aura aucun mouvement ni parallèlement ni perpendiculairement à *AB*; donc il reſtera en équilibre.

58. Donc ſi un fluide eſt en équilibre en vertu de forces quelconques, & qu'on ſuppoſe qu'une portion de ce fluide à volonté vienne à ſe durcir, chacune de ſes parties conſervant la force qui l'animoit dans l'état de fluidité, l'équilibre ſubſiſtera.

59. Cette propoſition, ſuppoſée depuis long-temps pour vraie par tous les Auteurs d'Hydroſtatique, n'a, ce me ſemble, été démontrée dans aucun Ouvrage, d'une maniere auſſi claire & auſſi rigoureuſe que nous venons de la prouver; cette démonſtration peut ſervir de complément aux preuves que nous avons déja données de la même vérité dans notre *Traité des Fluides*, (édit. de 1770), art. 61 & 407, pag. 56 & 439, & qui pouvoient, quoique bonnes en elles-mêmes, laiſſer encore quelque choſe à deſirer.

60. Terminons ces recherches par quelques réflexions ſur la loi de la compreſſion de l'air en raiſon des poids dont il eſt chargé. Nous avons prouvé ailleurs que cette loi n'eſt pas & ne ſauroit être rigoureuſement exacte. Pour connoître plus parfaitement la véritable loi, il faudroit, en répétant l'expérience très-connue de M. Mariotte à ce ſujet, rendre la branche du tube où l'air ſe condenſe par la preſſion du mercure, auſſi longue qu'il ſera poſſible, ſans nuire à la

commodité de l'expérience, parce que cette longueur rendra les mesures plus exactes, & les différences plus sensibles. Soient maintenant dans ces expériences, x les différentes hauteurs du mercure au-dessus du niveau, & y celle de l'air condensé dans le tuyau, on aura $y = Ax$ à très-peu-près par l'expérience de Mariotte; donc plus exactement $y = Ax + ax^m$, a étant une quantité très-petite, & m un exposant inconnu. Donc si on a, par exemple, trois hauteurs du mercure observées dans cette expérience, savoir, y, y', y'', & les hauteurs correspondantes x, x', x'' de l'air renfermé dans le tube, on aura les trois équations

$$y = Ax + ax^m,$$
$$y' = Ax' + ax'^m,$$
$$y'' = Ax'' + ax''^m;$$

donc $\frac{y}{x} - ax^{m-1} = A = \frac{y'}{x'} - ax'^{m-1} = \frac{y''}{x''} - ax''^{m-1}$; donc $a = \left(\frac{y}{x} - \frac{y'}{x'}\right) : (x^{m-1} - x'^{m-1}) = \left(\frac{y}{x} - \frac{y''}{x''}\right) : (x^{m-1} - x''^{m-1})$; équation d'où l'on tirera la valeur de m par tâtonnement, & ensuite celle de a.

61. On pourroit supposer encore $y = Ax + ax^2 + bx^3$, & déterminer a & b par les méthodes connues d'interpolation.

62. On peut employer la méthode suivante pour dé-

terminer la hauteur de l'atmoſphere par les baromètres. Soit n le rapport de la denſité moyenne du mercure, à l'air que nous reſpirons; h la hauteur obſervée du mercure au bas d'une montagne, il eſt clair que nh feroit la hauteur de l'atmoſphere, ſi elle étoit par-tout de la même denſité; il eſt clair de plus qu'à différentes hauteurs x, x', x'' au-deſſus de la ſurface de la terre, les hauteurs du mercure étant y, y', y'', la hauteur correſpondante de l'atmoſphere feroit $nh - ny$. Soit donc $nh - ny = z$, on aura par les obſervations des hauteurs du mercure, différentes quantités z, correſpondantes aux x, & enſuite on pourra ſuppoſer $x = \alpha z + \beta z^2 + \delta z^3$, &c. pour déterminer par les méthodes connues les coefficiens α, β, δ, &c. la hauteur totale de l'atmoſphere répondra à la valeur de z qui ſera $= nh$.

63. Si on appelle ζ les denſités de l'atmoſphere aux différentes hauteurs x, on aura $\int -\zeta dx = nh - ny = z$; d'où $-\zeta dx = dz$, & $\zeta = -\alpha - 2\beta z - 3\delta z^2$.

64. Et ſi on vouloit ſavoir dans cette hypothèſe la loi entre les poids comprimans $\int \zeta dx$ ou z, & les denſités ζ, on mettra dans l'équation $\zeta = -\alpha - 2\beta z - 3\delta z^2$ au lieu de z ſa valeur $\int -\zeta dx$; ce qui donnera l'équation entre les denſités & le poids de l'air ſupérieur.

65. Nous ajouterons ici en finiſſant, une remarque à laquelle il eſt bon de faire attention dans la graduation

tion des baromètres. Soit a la hauteur du mercure dans le tube au-dessus de la cuvette, δ le diamètre du tube, D celui de la cuvette, il est aisé de voir que si le mercure descend dans la cuvette de la quantité x, il montera dans le tube de la quantité $\frac{(D^2 - \delta^2)x}{\delta^2}$, que j'appelle z, & que la hauteur du mercure au-dessus du niveau sera augmentée, non pas seulement de la quantité z, comme il semble qu'on le suppose ordinairement, mais de la quantité $z + x$ qui peut être sensiblement différente de z, si D est comparable à δ, comme il arrive très-souvent, lorsque la cuvette a peu d'étendue; c'est pourquoi si on veut, par exemple, que les divisions du mercure soient chacune d'un pouce au-dessus de la hauteur observée a, il faudra faire $\frac{(D^2 - \delta^2)x}{\delta^2} + x = 1$ pouce; d'où $x = \frac{1^{\text{pouce}} \times \delta^2}{D^2}$, & $z = \frac{1^{\text{po.}}(D^2 - \delta^2)}{D^2}$. On peut faire une remarque analogue à celle-ci pour la graduation des baromètres coniques.

66. Je terminerai ces recherches par une nouvelle remarque sur la théorie de l'équilibre des fluides. M. Clairaut a très-bien démontré dans son Ouvrage *sur la Figure de la Terre*, que quand des fluides sont d'une densité très-différente, ils ne peuvent être en équilibre entr'eux sans que leurs couches soient de niveau. Cette proposition est incontestable, si c'est la

même force qui agit sur ces fluides; mais non pas si ces forces sont différentes. Par exemple, supposons un fluide homogène en équilibre par des forces quelconques, & imaginons qu'une partie quelconque de ce fluide terminée par une courbe telle qu'on voudra, laquelle ne soit pas de niveau, devienne de la densité n, la densité étant supposée $= 1$ dans le cas de l'homogénéité. Je dis que si sans rien changer à la direction des forces, on les altere toutes en raison de $\frac{1}{n}$, l'équilibre subsistera; ce qui est évident, puisque la pression restera par-tout la même que dans le premier cas. Or dans ce second cas, les forces qui agissent sur les surfaces hétérogènes & contigues des deux fluides ne sont pas les mêmes comme elles l'étoient dans le premier. Donc, &c.

67. Dans le cas où les couches voisines different infiniment peu de densité, nous avons vu ailleurs (Tom. V de nos *Opusc.* Ier Mém.) que l'équilibre peut avoir lieu sans que les couches soient de niveau, au moins dans un très-grand nombre de cas; & nous avons marqué les cas d'exception où le niveau des couches est nécessaire. Par exemple, si un fluide homogène est en équilibre, & que sans changer les forces qui agissent sur ce fluide, on fasse varier la densité comme on voudra dans toutes les couches de niveau, pourvu qu'elle soit uniforme entre deux couches, il est évident que l'équilibre subsistera; & comme un

fluide pressé par des forces données n'a pas deux manieres différentes d'être en équilibre, il est clair que pour l'équilibre le niveau des couches est nécessaire. C'est ce qu'on pourroit d'ailleurs prouver aisément, si on vouloit, en employant la méthode dont nous nous sommes servis dans le premier Mémoire du Tome V de nos *Opuscules*, car on trouveroit toujours, en supposant d'abord aux couches une figure quelconque, qu'afin que l'équilibre subsistât, il faudroit que dans ces couches les forces tangentielles se détruisissent.

§. I I.

Sur quelques questions de Méchanique.

1. ON suppose qu'un corps de figure quelconque dont le centre de gravité est C (Fig. 8), soit posé sur un plan horisontal inébranlable, & porte sur trois appuis A, B, D placés en ligne droite. On demande ce que chacun de ces appuis porte du poids du corps.

2. Soit $AC=a$, $BC=b$, $CD=b+c$, x la charge du point A, y celle du point B, & z celle du point C; il est clair, 1°. que $xa=yb+zb+zc$; 2°. que $x+y+z=P$, en nommant P le poids du corps; d'où l'on voit d'abord que le problême est indéterminé, puisqu'il y a trois inconnues, & deux équations, avec cette seule restriction, que x, y & z ne sauroient avoir une valeur négative.

3. Soit supposée la ligne AQ (Fig. 9) représenter le poids P, & soit formé le triangle rectangle isoscèle QAO, en sorte que si AP représente la valeur de x, PM représente celle de $y+z$, afin que $AP+PM$ soit toujours $=AQ$ ou P.

4. Soit PM la valeur de y lorsque $z=0$, & RV la valeur de z lorsque $y=0$, on aura $PM\times b=xa$, & $PM=P-x$; d'où l'on tire $x=\frac{Pb}{b+a}$, & $y=$

$\frac{Pa}{b+a}$. On aura de même, dans le cas de $y=0$, $x=\frac{P(b+c)}{b+c+a}$, & $z=\frac{Pa}{b+c+a}$.

5. Maintenant les deux équations $P=x+y+z$, & $xa=yb+zb+zc$, donneront $xa=yb+Pb-xb-yb+Pc-xc-yc$; d'où $x=\frac{P(b+c)-yc}{a+b+c}$; & $y=\frac{P(b+c)-x(a+b+c)}{c}$, & on aura de même $xa=zb+zc+Pb-xb-zb$; d'où $x=\frac{Pb+zc}{a+b}$; & $z=\frac{x(a+b)-Pb}{c}$; enfin on aura $\frac{P(b+c)-yc}{a+b+c}=\frac{Pb+zc}{a+b}$; d'où $Pca-yca-ycb=zca+zcb+zcc$, & $Pa-ya-yb=z(a+b+c)$.

6. Delà il s'ensuit, 1°. que la plus grande valeur possible de x est $\frac{P(b+c)}{a+b+c}$, auquel cas $y=0$. 2°. Que sa plus petite valeur est $\frac{Pb}{a+b}$, auquel cas $z=0$; & on peut remarquer en effet que $\frac{b+c}{a+b+c}$ est toujours $>\frac{b}{a+b}$. 3°. Que x ne sauroit jamais être $=0$, puisque z seroit négatif. 4°. Que puisque la plus petite valeur de x est $\frac{Pb}{a+b}$, & sa plus grande valeur $\frac{P(b+c)}{a+b+c}$, la plus petite valeur de y est zero, & sa plus grande valeur $\frac{P(b+c)}{c}-\frac{Pb(a+b+c)}{(a+b)c}=\frac{Pa}{a+b}$. 5°. Que de

même la plus petite valeur de z eſt zero, & ſa plus grande valeur $\frac{P(b+c)(a+b)}{(a+b+c)c} - \frac{Pb}{c} = \frac{Pa}{a+b+c}$.

6°. Que ſi on fait $y = \frac{Pa - Pa}{a+b}$, on aura (à cauſe de $Pa - ya - yb = z(a+b+c)$), la valeur de $z = \frac{Pa}{a+b+c}$.

7. Ainſi, quelque petite que ſoit la quantité c, c'eſt-à-dire, quelque proche que ſoient l'un de l'autre les appuis B, C, on peut ſuppoſer, au moins d'après la théorie connue jusqu'à préſent, que le poids ſupporté par un des appuis ſoit $= 0$; & comme on peut prendre un de ces deux appuis à volonté, pour celui dont la charge eſt nulle, il eſt clair que la théorie connue juſqu'ici eſt inſuffiſante pour réſoudre le problême en queſtion.

8. Mais on voit bien que le problême reſte indéterminé; car, 1°. on ne ſauroit ſuppoſer que la charge d'un des deux appuis ſoit nulle, puiſqu'il n'y a point de raiſon pour faire cette ſuppoſition plutôt ſur un des appuis que ſur l'autre. 2°. Il paroît s'enſuivre delà que la charge de chacun des appuis a quelque valeur, & c'eſt ce qui reſte à déterminer.

9. Puiſque $\frac{Pb}{a+b}$ eſt la valeur de x lorſque $z = 0$, & $\frac{P(b+c)}{a+b+c}$ ſa valeur lorſque $y = 0$, il eſt clair que

par la construction précédente $AP = \frac{Pb}{a+b}$, & $AR = \frac{P(b+c)}{a+b+c}$, & que si on tire la ligne PV, toutes les valeurs de $y+z$ sont renfermées entre PM & RV, en sorte que si ST, par exemple, est la valeur de z, TK sera celle de y.

10. C'est aussi ce que l'on déduit aisément de l'équation $z = \frac{x(a+b) - Pb}{c}$, qui donne évidemment $z = ST$, puisque $ST = \frac{PS \times RV}{PR} =$

$$\frac{\left(x - \frac{Pb}{a+b}\right) \times \left(P - \frac{P(b+c)}{a+b+c}\right)}{\frac{P(b+c)}{a+b+c} - \frac{Pb}{a+b}} = \frac{x(a+b) - Pb}{c}.$$

11. Une circonstance bien remarquable, c'est que si l'un des appuis B, C, à volonté, par exemple, B, étoit placé en B' hors de la ligne droite AD, à une distance BB' si petite qu'on voudroit, alors, on trouveroit aisément par la théorie connue, que cet appui B' ne devroit supporter aucune charge, puisque cette théorie donneroit $y \times BB' = 0$. Mais lorsque le point B' tombe en B, alors la charge devient réelle, passant ainsi tout-à-coup de zero à une valeur finie.

12. Si les appuis D', B' étoient placés tous deux à des distances égales & très-petites de la ligne AC, on auroit $BB' \times y = z \times DD'$ & $y = z$; donc à cause de $P = x + y + z$ ou $x + 2y$, & de $xa = yb + zb + zc$

ou $2yb+yc$, on auroit $xa=(2b+c)\left(\frac{P-x}{2}\right)$;

d'où $x=\frac{P(2b+c)}{a+\frac{2b+c}{2}}$, & y ou $z=\frac{P-x}{2}=$

$$\frac{\frac{Pa}{2}-\frac{P(2b+c)}{4}}{a+\frac{2b+c}{2}}=\frac{2Pa-2Pb-Pc}{4a+4b+2c}.$$

13. Peut-être pourroit-on ſuppoſer que la charge des deux appuis eſt la même que s'ils étoient tous deux placés à des diſtances égales & très-petites de la ligne *AC*. Mais cette ſuppoſition précaire laiſſe encore ici beaucoup d'incertitude; & cette queſtion paroît digne d'exercer les Géomètres. Voyez dans les Mémoires de Peterſbourg, Tom. XVIII, la ſolution que M. Euler a eſſayé d'en donner, ſolution encore incertaine & hypothétique.

14. On ſent que le problême deviendroit encore plus difficile ſi le nombre des appuis étoit plus grand. Il n'eſt déterminé que dans le cas ſeul où il n'y a que trois appuis, & où ces trois appuis ne ſont pas ſitués en ligne droite. Mais ce ſeroit beaucoup que d'avoir une ſolution ſatisfaiſante du cas où les trois appuis ſont en ligne droite; peut-être viendroit-on alors à bout de réſoudre les autres cas plus compliqués.

15. Voici une autre queſtion de méchanique qui me paroît digne d'exercer les Géomètres. Imaginons un fil lâche & flexible attaché fixement par ſes deux extrêmités,

trêmités, & enfilé par un corps infiniment petit, il eſt certain que ce corps reſtera en repos ſi la direction de la force qui tend à le mouvoir, partage en deux également l'angle que forment les deux parties du fil, ſuppoſé tendu.

16. Mais ſi le corps eſt fini, & ſi le fil en le traverſant y paſſe par une ouverture curviligne de figure quelconque, ou même ſimplement rectiligne, quelle devra être alors la direction de la force qui tiendroit ce corps en équilibre & ſans mouvement ſur le fil ?

17. Il eſt d'abord évident que cette force doit être telle qu'elle puiſſe ſe décompoſer en deux autres qui agiſſent ſuivant les directions des deux parties du fil tendu. Car cette décompoſition devroit avoir lieu pour l'équilibre, quand même le corps ſeroit fixement attaché au fil, à plus forte raiſon quand il ne l'eſt pas.

18. Ainſi la direction de la force qui tient le corps en équilibre, doit paſſer par le ſommet de l'angle que font dans leur prolongement les directions de chaque partie du fil. Mais doit-elle diviſer cet angle en deux également comme dans le cas du corps infiniment petit? J'ai ſuppoſé cette diviſion égale dans un des problêmes de mon *Traité de Dynamique*, mais ſans en avoir de preuve bien claire, & uniquement par l'analogie avec le cas du corps infiniment petit.

19. Pour plus de ſimplicité, ſuppoſons d'abord que l'ouverture par où paſſe le fil, ſoit rectiligne. La di-

rection de la force paſſant par l'angle des directions du fil comme il eſt néceſſaire, on trouvera aiſément que de quelque maniere qu'elle diviſe cet angle, les deux forces ſuivant la direction du fil dans leſquelles elle ſe décompoſe, étant décompoſées elles-mêmes parallèlement à la direction de la force qui agit ſur le corps, & dans le ſens de l'ouverture, on trouvera, dis-je, très-facilement que les deux forces qui agiſſent dans la direction de l'ouverture rectiligne, ſont égales & contraires; d'où il paroît s'enſuivre que le corps n'aura aucun mouvement, puiſqu'il ne peut ſe mouvoir que dans le ſens de l'ouverture; cependant, il eſt bien certain que lorſque le corps eſt libre, il ne ſuffit pas pour l'équilibre, que la direction de la force qui le pouſſe paſſe par l'angle des directions des fils; cette condition ſuffit lorſque le corps eſt fixe; il en faut une de plus lorſque le corps eſt libre; d'abord cela eſt évident lorſque le corps eſt infiniment petit, puiſqu'alors la diviſion de l'angle doit être en deux parties égales; & lorſque le corps eſt fini, ſi on le ſuppoſoit en mouvement, alors comme les deux parties du fil ſont variables, on verra aiſément qu'il faut deux conditions d'équilibre pour ſatisfaire aux équations, voyez dans notre *Traité de Dynamique*, le problême d'un corps fini enfilé de la ſorte, & ſuppoſé en mouvement.

20. Mais quelle doit être la ſeconde condition pour la poſition de la ligne ſuivant laquelle agit la force

qui tient le corps en équilibre ? Doit-elle, comme dans le cas du corps infiniment petit, divifer l'angle en deux également ? Doit-elle être perpendiculaire au point de l'ouverture par où elle paffe ? Car il n'y a guère, ce me femble, que l'une ou l'autre de ces fuppofitions à faire, & je n'en vois point d'autre qui foit plaufible.

21. La perpendicularité de la direction paroît d'abord une fuppofition bien naturelle; car il femble qu'il n'y aura pas de raifon pour que le corps fe meuve fuivant l'ouverture dans un fens plutôt que dans l'autre, & il ne peut fe mouvoir que dans le fens de l'ouverture.

22. Mais d'un autre côté, fi le corps eft fuppofé infiniment petit & l'ouverture ou rainure intérieure rectiligne, cette perpendicularité ne peut s'accorder avec la divifion de l'angle en deux parties égales, que dans le cas où les deux parties du fil font égales entr'elles. Dans les autres cas, les deux fuppofitions ne s'accordent point, & celle de la divifion en deux parties égales, doit certainement être préférée.

23. Peut-être au refte cette divifion de l'angle en deux parties égales, n'a-t-elle lieu dans le cas du corps infiniment petit, que parce que la rainure étant un point, on la regarde tacitement comme une rainure circulaire, laquelle rainure réunit les deux conditions de la perpendicularité & de la biffection égale.

24. D'un autre côté auffi, fuppofons que le corps foit une fimple verge rectiligne finie, enfilé par un fil,

& que les deux portions du fil coincident, les attaches étant ſuppoſées infiniment proches, il eſt clair que pour l'équilibre, la force doit être dans la direction du fil, ce qui s'accorde bien avec la biſſection égale de l'angle, qui eſt ici nul ou cenſé tel, mais nullement avec la perpendicularité.

25. Il paroîtroit s'enſuivre delà que dans le cas au moins de la rainure intérieure rectiligne, le principe de la biſſection égale devroit être préféré à celui de la perpendicularité. Mais doit-il l'être quand la rainure eſt curviligne? c'eſt ce que je ne voudrois pas aſſurer.

26. Suppoſons en effet que le corps ſe réduiſe à une ſimple verge curviligne traverſée par le fil en queſtion, & que la force ſoit perpendiculaire à cette rainure, il me ſemble que ce cas eſt analogue à celui où la rainure ſeroit fixement attachée au fil, & où il y auroit en-dedans de cette rainure un petit corps qui pourroit y gliſſer. Or ſi la force qui agit ſur ce petit corps étoit perpendiculaire à la rainure, & diviſoit d'ailleurs en deux parties égales l'angle de direction des deux parties du fil, il me paroît évident que le petit corps n'auroit point de mouvement dans la rainure. Je ne vois donc pas pourquoi la rainure en auroit dans le cas où elle ſeroit libre.

27. Y auroit-il des principes différens d'équilibre ſuivant la figure des rainures? C'eſt ce qui me paroît digne d'être examiné par les Mathématiciens.

28. La difficulté ſeroit encore plus grande, ſi la rainure avoit une figure irréguliere quelconque.

29. On voit par les deux queſtions que nous venons de propoſer dans ce paragraphe, qu'il manque encore quelque choſe aux principes de Méchanique, & qu'il y a des cas où les loix connues juſqu'ici, paroiſſent inſuffiſantes.

§. III.

Sur les Annuités.

1. SOIT a la ſomme prêtée, b l'annuité, ω le denier de l'argent, il eſt aiſé de voir qu'on aura pour m années, pendant leſquelles l'annuité eſt ſuppoſée durer, l'équation $b = \frac{a(1+\omega)^m \omega}{(1+\omega)^m - 1}$, & mb, c'eſt-à-dire, la ſomme totale payée pendant ces m années $= \frac{am\omega}{1 - \frac{1}{(1+\omega)^m}}$.

2. Suppoſons à préſent que l'annuité ſe paye pendant m années à chaque portion d'année repréſentée par la fraction $\frac{1}{k}$, & ſuppoſons encore que le denier qui eſt (*hyp.*) ω pour une année entiere ſoit pris $=$ $\frac{\omega}{k}$ pour cette portion d'année, on aura la ſomme totale payée pendant m années $= \frac{a \times km \times \frac{\omega}{k}}{1 - \frac{1}{\left(1+\frac{\omega}{k}\right)^{km}}} =$

$$\frac{am\omega}{1 - \frac{1}{\left(1+\frac{\omega}{k}\right)^{km}}}.$$

3. Je dis présentement que la quantité $\left(1+\frac{\omega}{k}\right)^{km}$ sera d'autant plus grande que k sera plus grand. Car soit $AD=1$, $BE=1+\omega$, & AB quelconque (Fig. 10), & soit tracée la logarithmique DEQ. Ayant joint ensuite la corde DE, soit $AR=\frac{AB}{k}$, RV sera $=1+\frac{\omega}{k}$, & la logarithmique DVZ étant toute entiere au-dessus de la logarithmique DEQ, il est clair que l'ordonnée $\left(1+\frac{\omega}{k}\right)^{km}$, ou RV^{km} répondante à l'abscisse $AR\times km$, ou $AB\times m$ sera plus grande que l'ordonnée $(1+\omega)^m$, ou BE^m répondante à la même abscisse $AB\times m$. On voit aussi que $\left(1+\frac{\omega}{k}\right)^{km}$ sera d'autant plus grand que k sera plus grand, & AR plus petit.

4. Donc la somme à payer sera d'autant plus petite qu'on divisera les payemens en un plus grand nombre de portions d'années.

5. La plus grande valeur répondra à $k=\infty$, qui donne $\left(1+\frac{\omega}{k}\right)^{-km}=1-m\omega+\frac{m^2\omega^2}{2}-\frac{m^3\omega^3}{2.3}+$ &c. $=c^{-m\omega}$, c étant le nombre dont le logarithme est l'unité. Donc cette somme sera $\frac{am\omega}{1-c^{-m\omega}}$.

6. La quantité $c^{m\omega}$ est l'ordonnée d'une logarithmique dont la soutangente est $=1$, & l'abscisse $m\omega$; &

comme la foutangente de la logarithmique des tables eft 0,434294, il eft clair que fi on nomme λ le logarithme qui dans les tables répond à $c^{m\omega}$, on aura $\frac{\lambda}{0,434294} = \frac{m\omega}{1}$, d'où $\lambda = m\omega \times 0,434294$; on aura donc $c^{m\omega}$ pour le nombre qui répond à ce logarithme, & $c^{-m\omega}$ pour celui qui répond au logarithme $-\lambda$.

7. En fuppofant que ω eft l'intérêt au bout de l'année, la véritable fomme b qu'on doit payer pour le principal a, au bout de $\frac{1}{k}$ année eft, non pas $a + \frac{\omega a}{k}$, comme nous l'avons fuppofé, & comme on le fuppofe pour l'ordinaire, mais $a(1+\omega)^{\frac{1}{k}}$; c'eft pourquoi on trouvera facilement que $b = \frac{a(1+\omega)^m \times [(1+\omega)^{\frac{1}{k}} - 1]}{(1+\omega)^m - 1}$; & $kmb = \frac{a[(1+\omega)^{\frac{1}{k}} - 1]km}{1 - \frac{1}{(1+\omega)^m}}$.

8. Or $(1+\omega)^{\frac{1}{k}} - 1$ eft $< \frac{\omega}{k}$, puifque $1+\omega$ eft évidemment $< \left(1 + \frac{\omega}{k}\right)^k$; donc la fomme à payer kmb eft auffi plus petite dans ce cas, que lorfqu'on paye les annuités au bout de l'année.

9. Si on mene par les points D, O une ligne droite, il eft aifé de voir que $RO = (1+\omega)^{\frac{1}{k}}$, que $OQ = (1+\omega)^{\frac{1}{k}} - 1$, & que $km[(1+\omega)^{\frac{1}{k}} - 1]$ fera à $m\omega$ comme

comme $R'V'$ eſt à $R'E$. Or il eſt clair que $R'V'$ eſt $< RE'$.

10. Si k eſt infini, alors la droite DOV' eſt tangente en D, & $\frac{R'V'}{AB} = DA$ diviſé par la ſoutangente de la logarithmique. D'où il s'enſuit qu'en prenant DA pour l'unité, $R'V'$ eſt $= AB$ diviſé par la ſoutangente de la logarithmique, c'eſt-à-dire, au logarithme des tables de $1 + \omega$, diviſé par 0,434294.

11. Et ſi on ſuppoſe, ce qui eſt permis, que la logarithmique DEQ repréſente, non celle des tables, mais celle dont la ſoutangente eſt $= 1$, on aura $R'V' = DR'$ ſi le point O tombe ſur D, ou infiniment près de D, & $R'V' > DR'$ ou AB ſi le point O eſt à une diſtance finie de D. Cette remarque nous ſera utile dans la ſuite.

12. Dans cette derniere logarithmique, on aura $\frac{AB}{1} = \frac{\log.(1+\omega)}{0,434294}$, log. $(1+\omega)$ étant le logarithme des tables; ce qui donne $AB = AD \times \frac{\log.(1+\omega)}{0,434294}$.

13. Ainſi la ſomme à payer dans les trois ſuſdites hypothèſes, ſera $\frac{am\omega}{1 - \frac{1}{(1+\omega)^m}}$, $\frac{akm(1+\omega)^{\frac{1}{k}} - akm}{1 - \frac{1}{(1+\omega)^m}}$, $\frac{am\omega}{1 - \left(\frac{1}{1+\frac{\omega}{k}}\right)^{km}}$, ou lorſque k eſt infini $\frac{am\omega}{1 - \frac{1}{(1+\omega)^m}}$,

$\frac{a \log. [(1+\omega)^m]}{0,434294\left(1-\frac{1}{(1+\omega)^m}\right)}$, $\frac{am\omega}{1-c^{-m\omega}}$; & nous avons vu que les deux dernieres quantités ſont plus petites que la premiere.

14. On peut, ſi l'on veut, ſupprimer dans le dénominateur de la ſeconde quantité le nombre 0,434294, pourvu qu'alors on ſe ſouvienne que log. $(1+\omega)^m$ déſignera le logarithme hyperbolique, c'eſt-à-dire, celui où la ſoutangente eſt $=1$, & non le logarithme des tables.

15. Il s'agit maintenant de ſavoir laquelle de ces dernieres quantités eſt plus grande que l'autre. Pour cela, il faut ſavoir ſi $\frac{m \log. (1+\omega)}{1-\frac{1}{(1+\omega)^m}}$ eſt $>$, ou $<$, ou $= \frac{m\omega \times 0,434294}{1-c^{-m\omega}}$, ou plus ſimplement ſi $\frac{\log. (1+\omega)}{1-\frac{1}{(1+\omega)^m}}$ eſt $>$, ou $<$, ou $= \frac{\omega}{1-c^{-m\omega}}$, log. $(1+\omega)$ étant un logarithme hyperbolique, & la logarithmique *DEQ* celle où la ſoutangente $=1$.

16. Or $m\omega$ eſt le logarithme de $c^{m\omega}$, ou $c^{-m\omega}$ dans cette logarithmique ; & log. $(1+\omega)$ eſt le même que log. $\left(\frac{1}{1+\omega}\right)$; de plus il eſt aiſé de voir qu'en général dans une logarithmique quelconque le log. de $\frac{1}{p}$, étant diviſé par $1-\frac{1}{p}$, donne une quantité d'au-

tant plus grande que $\frac{1}{\rho}$ est plus petit, & que log. $\left(\frac{1}{\rho}\right)$ est plus grand ; & cela à cause de la convexité continue de la logarithmique vers son axe ou asymptote.

17. La question se réduit donc à savoir si dans la logarithmique dont il s'agit, le logarithme AB de $1+\omega$ est $>$, ou $<$, ou $=\omega$. Or nous avons vu ci-dessus (art. 11) que $R'V'$, & à plus forte raison $R'E$ ou ω est $>AB$.

18. D'où il s'ensuit que la seconde de ces deux quantités est plus grande que la premiere, & d'autant plus grande que k sera plus près de l'unité.

19. Il y a donc de l'avantage pour l'emprunteur à payer les annuités, non à chaque année révolue, mais à des portions d'années, par exemple, à un, deux, trois, quatre mois, &c. & l'avantage est moindre, en supposant que $\left(1+\frac{\omega}{k}\right)\times a$ est la somme due au bout de $\frac{1}{k}$ année, qu'en supposant, comme on le doit, que cette somme due est $a(1+\omega)^{\frac{1}{k}}$.

20. De plus, dans chacun de ces deux derniers cas, l'avantage est d'autant plus grand que la fraction $\frac{1}{k}$ est plus petite.

LVII. MÉMOIRE.

Nouvelles Recherches ſur le mouvement des Fluides dans des Vaſes.

§. I.

Conſidérations générales ſur le mouvement d'un Fluide au premier inſtant.

1. Nous ſuppoſons, comme à l'ordinaire, le vaſe ſitué verticalement, & le fluide animé par la force de la peſanteur, qui produit ſon mouvement au premier inſtant. Nous ſuppoſerons auſſi d'abord, pour plus de ſimplicité, que le vaſe ſoit cylindrique. Cela poſé, nous établirons d'abord l'aſſertion ſuivante.

2. Lorſqu'un fluide s'écoule d'un vaſe cylindrique $ABCD$ par une ouverture EF (Fig. 11), il eſt impoſſible qu'aucune portion du fluide, quelque petite qu'on la veuille ſuppoſer, reſte en repos au premier inſtant. Car ſuppoſons qu'au premier inſtant la partie gCf, par exemple, demeure en repos, & ſoit $\frac{dv}{dt}$,

ou ſi l'on veut, π la force (variable ou conſtante comme on voudra) qui accelere au premier inſtant de g vers o & vers f, toutes les particules du canal curviligne gof ſuivant la direction des parois de ce canal, il eſt évident par notre principe de Dynamique, & par les loix de l'Hydroſtatique, que le poids du canal gC, ou $p \times gC$ doit être égal à celui du canal gf moins $\int \pi ds$, en nommant ds les particules de ce canal; & comme le poids du canal gf eſt égal à celui de gC, il s'enſuit que le poids de gf moins $\int \pi ds$ eſt $< p \times gC$. Donc il eſt impoſſible que la partie gfC puiſſe être conſidérée comme ſtagnante, quelque petite qu'elle ſoit.

3. On pourroit objecter que le filet gof étant la limite qui ſépare la partie en mouvement d'avec la partie en repos, les particules de ce filet gof ne ſont point en mouvement, ou du moins n'en ont qu'un preſqu'inſenſible, en ſorte que les forces $\frac{dv}{dt}$ y ſont nulles ou cenſées nulles. Pour ne laiſſer donc aucun ſcrupule ſur notre démonſtration, ſoit un canal quelconque gKf (Fig. 12), qui ſoit tout entier dans la partie en mouvement, & dans lequel par conſéquent il y ait un mouvement réel & ſenſible; il eſt clair que toutes les particules de ce canal (particules que j'appelle dx) étant dirigées vers le trou par leur mouvement, la force motrice $\frac{dv}{dt}$ ſera poſitive dans toutes ces parties; donc $\int \frac{dx\, dv}{dt}$ n'y

ſera pas $=0$; donc le canal gKf ne ſera pas en équilibre avec le canal ſtagnant gof, comme il le doit être en vertu des forces perdues $p-\frac{dv}{dt}$.

4. Non-ſeulement les forces $\frac{dv}{dt}$ devroient être $=0$ dans le canal gkf, mais encore dans tout canal usr, terminé à deux points quelconques usr du filet gof; puiſqu'en imaginant la verticale ul & l'horiſontale lr, on fera ſur le canal partiel $usrl$ le même raiſonnement qu'on a fait ſur le canal $gKfC$.

5. Il eſt donc clair que ſi l'on ſuppoſoit la partie gof ſtagnante au premier inſtant, il faudroit auſſi ſuppoſer ſtagnant le canal quelconque gKf, terminé en g & en f, & par conſéquent la partie quelconque $gKfC$ terminée en g & en f; ce qui ſeroit impoſſible.

6. Il ne le ſeroit pas moins de ſuppoſer que tout le canal $bVgfF$, ou en général les points contenus dans un canal quelconque depuis b juſqu'à l'extrêmité F de l'ouverture, fuſſent en repos au premier inſtant; car alors la preſſion que ce canal exerceroit au point F ſeroit $=p \times bC$, & par conſéquent ſeroit bien loin d'être nulle, comme elle le doit être; puiſque la théorie fait voir évidemment que la quantité $\int p\,dx - \int \frac{dx\,dv}{dt}$ doit être nulle dans tout canal terminé à un point quelconque de la ſurface Ab, & à un point quelconque de l'ouverture EF.

7. Puiſque toutes les parties du fluide ſont en mouvement dans le vaſe, il eſt clair que les parties qui touchent le fond, ſe meuvent le long de ce fond même; c'eſt-à-dire, horiſontalement, & par conſéquent qu'elles tendent à ſortir dans cette direction; car il ſeroit choquant d'imaginer que le canal gof (que nous ſuppoſons être la limite qui ſépare le fluide en mouvement d'avec le fluide en repos), après avoir touché la baſe du vaſe en f, ou même y être reſté appliqué durant quelque temps, ſe relevât enſuite vers i, pour former la courbe fiF; en effet, dans cette hypothèſe le canal fiF terminé par les points F, f, devroit être tout ſeul en équilibre, puiſque le canal Ff eſt ſans peſanteur, & ſeroit (*hyp.*) ſans force motrice, il faudroit donc que $\int \frac{dx\,dv}{dt}$ fût $= 0$ dans ce canal fiF, attendu que l'effort de la peſanteur y eſt nul, par le balancement mutuel des deux parties Fi, if; ainſi il y auroit néceſſairement des du négatifs dans une partie de ce canal, c'eſt-à-dire, des parties qui fuiroient l'ouverture au lieu de s'en approcher, ce qui ne ſauroit être admis.

8. Par la même raiſon, on ne pourroit pas ſuppoſer que Fif fût au premier inſtant la ſeule partie ſtagnante; d'où il réſulte néceſſairement que les particules couchées ſur la baſe FfC, ſe meuvent horiſontalement au premier inſtant du mouvement.

9. Il eſt cependant néceſſaire, comme nous l'avons démontré ailleurs, & comme il eſt aiſé de le voir,

que les particules qui ſortent par tous les points de l'ouverture *EF*, deſcendent verticalement au premier inſtant, parce que les forces perdues dans ce premier inſtant, doivent être perpendiculaires à la ſurface *EF*, & dans la même direction que la peſanteur qui agit ſeule en ce premier inſtant. On pourroit demander comment il ſe peut faire que la particule ou le point qui appartient en même-temps à la baſe du vaſe & à l'ouverture, c'eſt-à-dire, qui eſt à la circonférence de l'ouverture en *F*, ait à-la-fois au premier inſtant une direction horiſontale le long de la baſe, & une direction verticale perpendiculaire à l'ouverture, comme cela doit être pour l'équilibre des forces perdues.

10. Nous répondrons qu'à la vérité cela eſt impoſſible mathématiquement, mais non phyſiquement, parce qu'il n'y a pas & ne ſauroit y avoir une même particule qui appartienne à-la-fois à la baſe & à l'ouverture, c'eſt-à-dire, qui ſoit en même-temps au-dehors & au-dedans du vaſe. Il y a ſeulement deux parties contigues, l'une au-dehors, l'autre au-dedans du vaſe, & de ces deux parties, la premiere a une direction verticale au premier inſtant, la ſeconde une direction horiſontale.

11. Ajoutons que cette particule, qui tend à ſe mouvoir horiſontalement, tandis que toutes celles de l'ouverture *EF* tendent à ſe mouvoir verticalement, eſt repouſſée par celle-ci, à l'inſtant même où elle ſort du vaſe, & obligée de prendre une direction oblique,

ce qui forme dès le premier inſtant, la contraction de la veine, dont nous parlerons dans la ſuite plus en détail.

12. La méthode par laquelle on vient de démontrer que dans un vaſe cylindrique percé à ſon fond d'une ouverture, toutes les particules doivent être en mouvement au premier inſtant, & les différentes remarques qu'on a faites à ce ſujet, peuvent évidemment s'appliquer à un vaſe de figure quelconque, ouvert en tout ou en partie à ſa baſe inférieure. Ainſi la démonſtration eſt générale pour tous les cas.

13. Les démonſtrations précédentes ne s'appliquent qu'au premier inſtant du mouvement, où $\frac{dv}{dt}$ eſt néceſſairement poſitif, comme nous l'avons vu, dans tous les points des canaux quelconques gOf, gKf, usr, &c. Dans les inſtans ſuivans, dv peut être négatif dans une partie de ces canaux, & poſitif dans l'autre, de maniere que $\int \frac{dx\,dv}{dt}$ pourroit en apparence être $=0$, mais on peut prouver par une autre conſidération, que cette quantité ne ſauroit être $=0$, & que par conſéquent dans tous les autres inſtans différens du premier, on ne ſauroit ſuppoſer de partie ſtagnante. Car ſoit $\frac{dv'}{dt}$ la force variable perdue à chaque inſtant dans chaque élément dx' de la partie bg, $\frac{dv}{dt}$ la force variable perdue de même à chaque inſtant dans chaque

élément dx de la partie $gofF$, on aura $p \times bg - \int \frac{dx'dv'}{dt} + p.gC - \int \frac{dxdv}{dt} = 0$, & $p \times bg - \int \frac{dx'dv'}{dt} = -p.gC + \int \frac{dxdv}{dt}$. Donc si on avoit $\int \frac{dxdv}{dt} = 0$, comme il est nécessaire pour que le canal $gofF$ dont le poids est $= p \times gC - \int \frac{dxdv}{dt}$, soit en équilibre avec le canal gC dont le poids $= p.gC$, on auroit $p.bg - \int \frac{dxdv}{dt} = -p.gC$. Mais il est aisé de voir que le premier terme est la pression en g; cette pression seroit donc négative, ce qui ne sauroit être. Donc, &c.

14. On peut considérer d'ailleurs que si la partie $gofC$ étoit stagnante, il faudroit, comme on l'a vu ci-dessus, que $\int \frac{dx'dv'}{dt}$ fût $= 0$ dans tout canal usr de figure quelconque, & terminé à deux points quelconques u, r, du filet gof, limite du mouvement & du repos. Or cette hypothèse de $\int \frac{dx'dv'}{dt} = 0$ dans ce nombre infini de canaux de figure quelconque, & terminés aux mêmes points, n'est pas admissible.

15. On objectera peut-être contre les raisonnemens précédens, que le poids de la colonne gC n'est pas simplement $p \times gC$, comme nous l'avons supposé, mais qu'il peut être $= p \times gC - \int \frac{dzdu}{dt}$, dz étant les par-

ticules du canal gC, ou même du canal gCf, & $\frac{du}{dt}$ la force accélératrice qu'elles avoient avant le moment où elles se sont arrêtées tout-à-coup. Mais il faudroit supposer pour cela que la partie $gofC$ du fluide, après avoir d'abord été en mouvement depuis le premier instant, s'arrête à quelqu'un des instans suivans en même-temps & tout-à-la-fois; hypothèse tellement précaire & forcée, que nous ne nous y arrêtons pas.

16. D'ailleurs, dans les instans qui suivroient le premier instant de stagnation ou de repos de la partie $gofC$, il est clair que $\frac{du}{dt}$ sera absolument $= 0$, & que par conséquent les raisonnemens précédens auront pour lors toute leur force, à moins qu'on ne prétendît que dans ces instans le mouvement se rétablît dans la partie $gofC$, auquel cas il n'y auroit eu qu'un instant infiniment petit de stagnation, c'est-à-dire, à proprement parler, qu'il n'y auroit aucune stagnation.

Au reste, les démonstrations que nous venons de donner du mouvement général de toutes les parties du fluide au premier instant, supposent qu'on fasse abstraction de la tenacité des particules du fluide, de leur adhérence aux parois du vase, & de la résistance causée par le frottement. Car si on a égard à toutes ces forces, il est clair que le poids de la colonne ou filet gC ne doit plus être censé $= p \times gC$, mais qu'il sera plus petit ou zero, puisque la seule adhérence du fluide aux parois du vaſe, ſoutient en tout ou en partie cette colonne *g C*. Ainſi les démonſtrations données ci-devant, n'auront plus lieu; & on pourra ſuppoſer qu'il y ait une petite partie *gof* du fluide, qui ſoit ſtagnante au premier inſtant à la partie inférieure du vaſe, ſi on a égard, comme il eſt néceſſaire, aux frottemens & à l'adhérence des particules fluides, tant entr'elles qu'aux parois du vaſe.

17. Les vérités que nous venons d'établir par la théorie, ſont confirmées autant qu'il eſt poſſible par l'expérience; elle prouve que les parties du fluide qui ſont à la baſe *FC* du vaſe, ou du moins très-près de cette baſe, ne ſont nullement en repos au premier inſtant, & qu'elles ont au contraire une viteſſe horiſontale ou preſqu'horiſontale très-rapide, avec laquelle elles ſe précipitent vers l'ouverture *EF*.

18. Nous venons de voir néanmoins qu'il doit y avoir, phyſiquement parlant, une petite partie *gCf* ſtagnante dans le fluide, même au premier inſtant. Mais il eſt du moins permis de ſuppoſer cette partie ſtagnante *gCf* auſſi petite qu'on voudra; & même plus on la ſuppoſera petite, plus on ſe rapprochera de ce que donne la théorie rigoureuſe, à laquelle l'expérience paroît ſenſiblement conforme.

§. II.

De la force qui anime au premier inſtant les particules du fluide placées à l'ouverture du vaſe.

1. Soit un vaſe cylindrique $GBCH$ (Fig. 13), rempli d'eau juſqu'en AD, & percé à ſon fond EF d'une ouverture horiſontale EF, par laquelle le fluide s'écoule; je dis que la force accélératrice qui anime au premier inſtant les différentes parties de la tranche inférieure EF, eſt plus grande que la peſanteur.

Ayant tiré la verticale KPO qui paſſe par le milieu de EF, ſoit l'indéterminée $KP = x$, & π la force variable qui anime au premier inſtant chaque particule P; il eſt clair que ſi on nomme la peſanteur p, $p - \pi$ ſera la force détruite dans chaque particule P, & qu'en faiſant $x = KO$, $\int(p - \pi)\,dx$ doit être $= 0$. Suppoſons maintenant, pour un moment, que π ſoit $=$ ou $< p$ lorſque $x = KO$, il eſt clair que la viteſſe du fluide à l'ouverture EF étant plus grande qu'en tout autre point de la ligne KO, π ſeroit $< p$ dans tous les autres points de cette ligne. Donc $\int(p - \pi)\,dx$ ſeroit une quantité poſitive, & ne pourroit par conſéquent être $= 0$, comme il le doit être. Donc π ne ſauroit être ni $=$, ni $< p$ lorſque $x = KO$. Donc, à l'ouverture EF, π eſt néceſſairement $> p$. C. Q. F. D.

2. Pour l'exactitude & la validité de cette démonstration, il n'est pas même nécessaire que π soit $<p$ à tous les points de KO (dans la supposition que $\pi = p$ en O); il suffit, 1°. qu'il ne soit nulle part plus grand; 2°. qu'il y ait quelques points où il soit plus petit. Or ces deux vérités sont évidentes; car, 1°. il n'y a certainement aucun point dans la ligne KO qui tende à descendre au premier instant avec plus de vitesse que la tranche inférieure EF. 2°. Tous les Géomètres, sans exception, qui ont jusqu'à présent traité du mouvement des fluides, ont supposé avec raison (& l'expérience le confirme) que la surface AD descend au premier instant parallèlement à elle-même; d'où il s'ensuit, ainsi que les mêmes Géomètres le supposent encore, que la vitesse du point K est moindre que celle du point O, à cause de $EF < AD$; par conséquent la force accélératrice de la surface AD, & même des tranches voisines, est moindre que celle de la tranche inférieure EF.

3. On rejettera peut-être cette supposition, quoique jusqu'ici généralement admise, & on dira que tous les points de la ligne KO descendent au premier instant avec la pesanteur naturelle, en sorte que le cylindre $LEFM$ qui est au-dessus de l'ouverture, se meut comme un corps solide pesant, tout le reste du fluide demeurant stagnant.

4. Mais il est impossible par les loix de l'Hydrostatique, que les parties $ALBE$, $MDCF$ demeurent

ſtagnantes pendant que la partie *LEFM* deſcendroit avec toute la force de la peſanteur. Car il faudroit néceſſairement que le canal immobile *AZRL* fût en équilibre au premier inſtant, ce qui ne ſe peut, puiſque la peſanteur agiroit toute entiere dans la partie *AZ*, & ſeroit nulle dans la partie *LR*, dont tous les points (*hyp.*) ſont mus par cette peſanteur; en ſorte qu'il y auroit en *R*, en vertu des loix de la preſſion des fluides en tous ſens, une preſſion latérale égale à la preſſion verticale en *Z*, laquelle preſſion latérale ne ſeroit contrebalancée par aucune.

§. III.

Du mouvement du fluide au premier inſtant dans un tuyau vertical non cylindrique, & fort étroit.

1. Si on ſuppoſe un tuyau *ABCD* (Fig. 14), dont l'axe *AC* ſoit vertical, dans lequel *AB* ſoit $>$ *CD*, & *PM* ne ſoit jamais $<$ *CD*, & que de plus ce tuyau ſoit infiniment étroit, afin que tous les points de chaque tranche *PM* puiſſent être cenſés ſe mouvoir verticalement avec la même viteſſe; non-ſeulement on prouve, comme dans l'art. 2 du §. II, que la force *BO* qui anime au premier inſtant les particules *CD* de l'ouverture, eſt $> p$; mais on pourra même aſſigner la valeur de cette force.

Car en général ſi l'on a un canal curviligne & incliné $abcd$, infiniment étroit, & dans lequel les tranches pm ſoient ſuppoſées perpendiculaires aux parois, alors nommant Ap, x, pm, y, pq, ds, cd, ε, π la force accélératrice en c, il eſt aiſé de voir que $\int\left(p\,dx - \frac{\pi\varepsilon\,ds}{y}\right)$ devra être $=0$; donc π ſera $>p$ ſi $\int dx$ ou AC eſt $>\int\frac{\varepsilon\,ds}{y}$. Or (*hyp.*) y n'eſt jamais $<\varepsilon$, & dans le tuyau $ABDC$, dx eſt $=ds$; donc dans ce tuyau $ABDC$, $\int\frac{\varepsilon\,ds}{y}$ eſt $<\int dx$ ou AC; donc π eſt $>p$, & comme les quantités ε & y ſont données par la figure du vaſe ou tuyau $ABCD$, on aura la valeur de $\int\frac{\varepsilon\,ds}{y}$, ou $\int\frac{\varepsilon\,dx}{y}$, & par conſéquent celle de $\pi = \frac{p.AC}{\int\frac{\varepsilon\,dx}{y}}$.

2. Si on ſuppoſoit que y pût être moindre que ε, alors $\int\frac{\varepsilon\,ds}{y}$, ou, ce qui eſt ici la même choſe, $\int\frac{\varepsilon\,dx}{y}$ pourroit être $>AC$, & on auroit $\pi<p$. Mais en ce cas, comme on le verra plus en détail dans la ſuite, le fluide contenu dans le tuyau ne formeroit pas au premier inſtant une maſſe continue, & la partie inférieure ſe ſépareroit de la partie ſupérieure; on voit d'ailleurs aiſément que, π étant ſuppoſée la force motrice à l'ouverture cd, la force perdue $p-\pi$ ne ſauroit être poſitive, puiſqu'il ne pourroit

pourroit alors y avoir d'équilibre en cd; donc au premier inſtant, p eſt néceſſairement $=$ ou $<\pi$ en cd, & ne ſera même $=\pi$, que dans le cas où le tuyau eſt cylindrique ou vertical.

3. Nous diſons *cylindrique* & *vertical*; car ſi, par exemple, le tuyau non-vertical $abcd$ étoit cylindrique, alors y étant $=\beta$ dans tous les points de ce tuyau, on auroit, ou l'on devroit avoir au premier inſtant, $p \times AC - \pi \int ds = 0$, ou $p \times AC - \pi \times aqc = 0$, d'où $\pi < p$, ce qui eſt impoſſible, comme nous venons de le voir; dans ce cas, la partie inférieure ſe ſéparera de la ſupérieure, & le fluide ne formera pas au premier inſtant, une maſſe continue dans le tuyau.

4. Si le vaſe, qu'on ſuppoſe aller en ſe rétréciſſant, eſt fait de telle maniere que CD ſoit très-petit par rapport à AB, & qu'à une diſtance finie CP de l'ouverture CD, PM (y) ne ſoit pas très-petite par rapport à AB, la force π qui anime la tranche CD ſera conſidérablement plus grande que p; car nous avons vu que $\frac{\pi}{p} = \frac{AC}{\int \frac{\beta dx}{y}}$; or $\int \frac{\beta dx}{y}$ eſt ici beaucoup plus petit que $\int dx$; car puiſque y eſt ſuppoſé comparable à AB dans la plus grande partie de la hauteur AC, & que β ou CD eſt ſuppoſé très-petit par rapport à AB, donc β eſt auſſi très-petit par rapport à y; donc $\frac{\beta}{y}$ eſt très-petit, donc $\int \frac{\beta dx}{y}$ eſt beaucoup

plus petit que $\int dx$ ou AC. Donc π eſt beaucoup plus grand que p.

5. De plus, il eſt clair que ſi y étoit égal ou preſqu'égal à AB dans preſque toute l'étendue de la hauteur AC, en ſorte que y ne commençât à diminuer que très-près de CD, alors $\int \frac{\mathfrak{C}\,dx}{y}$ pourroit être cenſé preſqu'égal à $\int \frac{\mathfrak{C}\,dx}{AB}$, c'eſt-à-dire, très-petit par rapport à $\int dx$ ou AC; donc alors π ſeroit preſqu'infinie par rapport à p.

6. Dans cette même hypothèſe, il eſt viſible que la force accélératrice de la tranche ſupérieure AB, ſera égale (en ſuppoſant $AB = \alpha$) à $\frac{pAC \times \mathfrak{C}}{\alpha \times \int \frac{\mathfrak{C}\,dx}{y}} = \frac{p \times AC}{\int \frac{\alpha\,dx}{y}}$; d'où il s'enſuit que cette force ſera très-comparable à p, ſi y eſt comparable à α dans preſque toute l'étendue de la hauteur AC, comme on le ſuppoſe ici.

7. Il eſt clair cependant que cette force ſera toujours plus petite que p, puiſque $\int \frac{\alpha\,dx}{y}$ eſt évidemment $<$ $\int dx$ ou AC; mais ſi les y ne commençoient à diminuer qu'à une très-petite diſtance de l'ouverture, alors $\int \frac{\alpha\,dx}{y}$ pourroit être preſqu'égal à $\int dx$ ou AC, & la force de AB au premier inſtant, preſqu'égale à p.

8. Il faut néanmoins remarquer que $\int \frac{\mathfrak{C} dx}{y}$ pourroit en certains cas n'être pas très-petit par rapport à $\int dx$, ni $\int \frac{\alpha dx}{y}$ presqu'égale à $\int dx$, quand même les y ne commenceroient à diminuer qu'à une très-petite distance de CD ; cela dépend de la loi des y, & c'est ce que nous discuterons ci-après plus en détail.

9. C'est une espece de paradoxe assez remarquable, que si le vase ou tuyau très-étroit $ABDC$ ne commence à se rétrécir qu'à une très-petite distance de CD, la valeur de la force motrice à l'ouverture CD & à la surface AB, sera beaucoup plus grande que si le vase alloit toujours en se rétrécissant depuis AB jusqu'en CD, (AB & CD demeurant les mêmes dans les deux cas) ; ce qu'il est aisé de prouver, puisque $\int \frac{\mathfrak{C} dx}{y}$ & $\int \frac{\alpha dx}{y}$ sont l'un & l'autre beaucoup plus petits dans le premier cas que dans le second ; & l'hypothèse que nous faisons ici d'un tuyau très-étroit, dans lequel par conséquent toutes les tranches PM sont censées se mouvoir parallèlement, au moins jusqu'à une très-petite distance de CD, prévient d'avance les difficultés qu'on pourroit faire pour le cas où le tuyau $ABDC$ auroit une largeur plus considérable.

10. Supposons que la paroi BMD du tuyau $ABCD$ (Fig. 14), soit une portion de parabole d'un degré quelconque n, en sorte que nommant AC, h, &

AP, x, on ait PM ou $y = \frac{\beta(c-x)^n}{(c-h)^n}$, c étant supposé très-peu différent de h, afin que $CD(\beta)$ soit très-petit par rapport à $AB(\alpha)$, puisque les deux valeurs de y donnent $\frac{\alpha}{\beta} = \frac{c^n}{(c-h)^n}$, on aura $\int \frac{\beta dx}{y} = \int \frac{dx(c-h)^n}{(c-x)^n}$ & $\int \frac{\alpha dx}{y} = \int \frac{dx.c^n}{(c-x)^n}$; donc la premiere de ces quantités $= (c-h)^n \times \left[\frac{-(c-x)^{-n+1} + c^{-n+1}}{-n+1}\right]$, dont la valeur totale est $(c-h)^n \times \left[\frac{-(c-h)^{-n+1}}{-n+1} + \frac{c^{-n+1}}{-n+1}\right]$; & la seconde quantité $\int \frac{\alpha dx}{y}$ sera de même égale dans sa totalité à $c^n \times \left[\frac{-(c-h)^{-n+1}}{-n+1} + \frac{c^{-n+1}}{-n+1}\right]$.

11. Or la premiere quantité est $= -\frac{(c-h)}{-n+1} + \frac{(c-h)^n c^{-n+1}}{-n+1}$, & la seconde $= \frac{c}{-n+1} - \frac{c^n(c-h)^{-n+1}}{-n+1}$. Cela posé,

12. Soit $n > 1$ & $c - h = \gamma$, très-petit comme on le suppose, on aura la premiere quantité $= \frac{\gamma}{n-1} - \frac{\gamma^n c}{c^n(n-1)} =$ à très-peu-près $\frac{\gamma}{n-1} - \frac{\gamma^n}{h^{n-1}(n-1)}$, quantité beaucoup plus petite que h, puisque $c - h = \gamma$

est supposé très-petit par rapport à h. Ainsi dans ce cas on aura π très-grand par rapport à p.

13. Il faut cependant remarquer que si n étoit presque $=1$, alors la quantité $\frac{\gamma}{n-1}\left(1-\frac{\gamma^{n}-1}{h^{n}-1}\right)$, ou plus exactement $\frac{\gamma}{n-1}\left(1-\frac{\gamma^{n}-1}{c^{n}-1}\right)$, ou enfin $\frac{\gamma}{n-1}$ $\left(1-\frac{6c}{\alpha\gamma}\right)$ pourroit d'abord ne pas paroître très-petite, parce que γ & $n-1$ seroient alors tous deux très-petits; on peut s'assurer néanmoins que cette quantité sera toujours très-petite, même en supposant $n=1$; car si n étoit $=1$, on auroit la premiere quantité $=(c-h)$ log. $\left(\frac{c}{c-h}\right)=$ à très-peu près γ log. $\left(\frac{h}{\gamma}\right)$, & la seconde $=c$ log. $\left(\frac{c}{c-h}\right)=c$ log. $\left(\frac{h}{\gamma}\right)$. Or $\frac{h}{\gamma}$ étant supposé très-grand, & γ très-petit, on sait (Voyez *Opusc.* Tom. VI, pag. 102 & 143) en faisant $\frac{h}{\gamma}=A$, que $\frac{\log. A}{A}$ est une quantité très-petite, d'où il s'ensuit que γ log. $\left(\frac{h}{\gamma}\right)$, ou $h\times\frac{\log. A}{A}$ est très-petit. Donc, &c.

14. Dans le cas de $n>1$, la seconde quantité $\int\frac{\alpha dx}{y}$, sera $=\frac{c^{n}\times\gamma}{\gamma^{n}(n-1)}-\frac{c}{n-1}=\frac{c}{n-1}\times$ $\left(\frac{c^{n}-1}{\gamma^{n-1}}-1\right)$, quantité très-grande, puisque $\frac{c}{\gamma}$ est très-

grand; ainſi la force motrice de AB au premier inſtant, ſera très-petite par rapport à la peſanteur.

15. Il en ſera de même ſi $n = 1$, puiſque la ſeconde quantité eſt alors $= c \log. \frac{c}{\gamma}$, quantité très-grande.

16. Donc en général, ſi n eſt $>$ ou $= 1$, la force motrice en CD eſt très-grande par rapport à p, & la force en AB très-petite par rapport à p.

17. Si n eſt < 1, la premiere quantité ſera $\frac{c^{1-n}\gamma^n}{1-n} - \frac{\gamma}{1-n} = \frac{c\gamma^n}{c^n(1-n)} - \frac{\gamma}{1-n}$; & la ſeconde $\frac{c}{1-n} - \frac{c^n\gamma}{\gamma^n(1-n)} = \frac{c}{1-n}\left(1 - \frac{\gamma^{1-n}}{c^{1-n}}\right)$. Or la premiere quantité eſt très-petite, même dans le cas où n ſeroit preſque $= 1$, comme il réſulte de ce qui vient d'être démontré; & la ſeconde quantité eſt finie, & preſque $= \frac{c}{1-n}$, lorſque n n'eſt pas preſque $= 1$, puiſque γ^{1-n} eſt une quantité très-petite.

18. Il n'y a d'exceptés que les cas où n ſeroit preſque $= 1$; pour lors la ſeconde quantité, qui eſt $= \frac{c}{1-n} \times \left(1 - \frac{\gamma^{1-n}}{c^{1-n}}\right)$ toujours égale à très-peu-près à $\frac{c}{1-n}$, eſt une quantité très-grande.

19. Si n eſt $= 0$ ou très-petit, $\frac{\gamma^n}{c^n}$ ſera $= 1$, ou preſque $= 1$, ainſi que $\frac{c^n}{\gamma^n}$, & les deux quantités ſe-

ront l'une & l'autre $= c$, ou presque $= c$. C'est le cas où la paroi BMD seroit, ou exactement, ou à très-peu près, une ligne droite verticale.

20. Si la courbe BMD étoit une ellipse dont les demi-axes fussent c & α, il est aisé de voir que $\int \frac{dx}{y}$ seroit $= \frac{c}{\alpha}$ multiplié par l'angle dont le rayon est c, & le sinus x; ainsi la valeur totale de la premiere quantité est $\mathcal{C} \times \frac{c}{\alpha} A$ sin. $\left(\frac{h}{c}\right)$, (A sin. $\left(\frac{h}{c}\right)$ désignant l'angle dont le sinus est $\frac{h}{c}$), & la valeur totale de la seconde quantité est $\alpha \times \frac{c}{\alpha} \times A$ sin. $\left(\frac{h}{c}\right)$, & comme h & c different peu l'un de l'autre, il s'ensuit que la premiere quantité est à très-peu près $= \frac{\mathcal{C}}{\alpha} \times c \times \varpi$, ϖ étant le rapport de l'arc de 90° au rayon; & que la seconde quantité est aussi à très-peu-près $= c \times \varpi$. Donc en ce cas la force en CD est très-grande par rapport à p, & la force en AB finie par rapport à p, quoique plus petite.

21. Dans tous les cas précédens, nous avons trouvé que la force motrice en AB au premier instant, est tantôt beaucoup plus petite que la pesanteur, tantôt en rapport fini avec la pesanteur, suivant la figure du vase, mais toujours plus petite, la force en CD étant dans ces mêmes cas toujours beaucoup plus grande

que cette même pesanteur. Mais il n'est pas difficile de trouver des cas où la force en AB seroit $=p$. En effet, supposons d'abord un rectangle $GKRL$ (Fig. 15), & une courbe KON, telle que l'aire $GKOLN$ soit $=GKRL$; imaginons ensuite un vase ou tuyau infiniment étroit $ABCD$, dans lequel les ordonnées $PM(y)$ soient en raison inverse des ordonnées pm de la courbe KON, & soit φ la force en AB au premier instant, il est clair qu'on aura $p \times AC = \varphi \times$

$$\int \frac{AB.dx}{y} = \varphi \int \frac{pm.dx}{GK} = \varphi \times \frac{\text{aire } GKONL}{GK} = \varphi \times GL,$$

puisque (*hyp.*) $GKONL = GK \times GL$; donc $\varphi = p$. On voit aisément que dans le cas dont il s'agit, les tranches iroient d'abord en augmentant depuis AB jusqu'à une certaine distance de AB, & qu'ensuite elles iroient en diminuant jusqu'à l'ouverture CD.

22. Soit en général h la hauteur totale du vase cylindrique, h' la hauteur à laquelle commencent les courbes BMD, hauteur qui differe très-peu de h, comme il est nécessaire pour qu'il n'y ait tout au plus qu'une très-petite partie du fluide de stagnante, on aura la force accélératrice π de la surface au premier instant $= \frac{ph}{h' + \int \frac{\alpha dx}{y}}$, & cette force accélératrice sera celle de toutes les tranches inférieures contenues dans la hauteur h. Or $h' + \int \frac{\alpha dx}{y}$ est évidemment $> h$;

donc

donc π eſt plus petit que p juſqu'à une très-petite diſtance de l'ouverture.

23. La force accélératrice n'eſt égale à p, qu'au point où $\frac{\pi\alpha}{y}=p$, c'eſt-à-dire, où $\frac{y}{\alpha}=\frac{h}{h'+\int\frac{\alpha\,dx}{y}}$.

Soit $h'=h-\mathfrak{C}'$, $\mathfrak{C}'$ étant très-petit, & $\int\frac{\alpha\,dx}{y}=\mathfrak{C}'+\rho$; ρ étant une quantité ou finie, ou infiniment petite, ou infinie, ſelon la nature de la courbe BMD, on aura $\frac{y}{\alpha}=\frac{h}{h+\rho}$.

24. Donc l'ordonnée ou tranche y, dans laquelle la force accélératrice au premier inſtant eſt égale à la peſanteur p, ſera d'autant plus proche de l'ouverture, que ρ ſera plus grande par rapport à h.

25. Il réſulte donc de toutes ces réflexions, que la force accélératrice ne peut être $=p$, que fort près de l'ouverture. Mais cette aſſertion ne peut être admiſe que dans le cas où h' & h different très-peu, & non dans celui où les particules du fluide commenceroient à décrire des courbes à une diſtance finie de l'ouverture; hypothèſe qui ne peut d'ailleurs ſubſiſter avec le mouvement indiſpenſable & démontré de toutes, ou de preſque toutes les particules du fluide au premier inſtant.

§. IV.

De l'hypothèſe du parallèliſme des tranches horiſontales dans le mouvement des fluides.

1. Après avoir démontré, qu'abſtraction faite de la tenacité des parties du fluide, & de leur adhérence aux parois du vaſe, toutes les parties de ce fluide doivent être en mouvement au premier inſtant & dans les ſuivans, en ſorte qu'il n'y ait aucune partie ſtagnante, examinons, d'une maniere plus particuliere, par l'expérience & par la théorie, le mouvement d'un fluide qui ſort d'un vaſe cylindrique, ou en général d'un vaſe de figure quelconque, par une ouverture faite au fond du vaſe; & voyons les conſéquences qui réſulteront de cet examen ſur les effets de la tenacité & de l'adhérence des parties du fluide.

2. L'expérience prouve, 1°. que la ſurface *Ab* (Fig. 11) deſcend horiſontalement, au moins juſqu'à ce qu'elle ſoit arrivée à une aſſez petite diſtance du trou *EF*, ſur-tout ſi ce trou eſt très-petit; 2°. que les tranches inférieures à *Ab* ſe meuvent auſſi horiſontalement juſqu'à une aſſez petite diſtance du trou, comme on le voit par la direction verticale des petits corpuſcules qu'on jette dans le fluide, direction qui ne devient oblique qu'à peu de diſtance du trou. Auſſi tous les Auteurs ſans exception, qui ont traité juſqu'ici du mouvement des fluides dans

des vaſes, ont ſuppoſé que dans le premier inſtant & dans les ſuivans, la ſurface ſupérieure *Ab*, & la ſurface inférieure *EF* deſcendoient chacune en particulier parallèlement à elles-mêmes, avec une viteſſe verticale égale dans tous leurs points.

3. Or de ces hypothèſes & de ces obſervations, il paroît naturel de conclure que toutes les tranches horiſontales du fluide, ou preſque toutes, deſcendent parallèlement à elles-mêmes.

4. Cette conſéquence paroît même néceſſaire, ſi on ſuppoſe, comme le démontre la théorie (abſtraction faite des frottemens & de l'adhérence des parties du fluide entr'elles), qu'il n'y a aucune partie ſtagnante dans le fluide. Car la ſurface *Ab*, comme l'expérience le fait voir, deſcendant parallèlement à elle-même, il s'enſuit que les autres tranches deſcendront auſſi parallèlement au moins juſqu'à une très-petite diſtance du trou *EF*, ſur-tout ſi on ſuppoſe que le vaſe ait la forme repréſentée par la Fig. 16, & ſe termine par les courbes preſqu'horiſontales *QE*, *NF*.

5. On peut objecter contre l'hypothèſe du parallé-liſme des tranches dans un vaſe cylindrique percé d'une ouverture, qu'il faudroit que la tranche qui appuye ſur le fond, changeât bruſquement ſa figure pour ſortir par l'ouverture *EF*, ce qui ne ſe pourroit faire ſans que les particules priſſent ſubitement une viteſſe horiſontale infinie. Mais cette objection n'a point lieu, ſi on ſuppoſe, comme nous l'avons toujours fait, que

les particules qui ſont proches du fond, s'en approchent par des lignes courbes *QE*, *NF*.

6. Il eſt vrai que cette hypothèſe du parallélifme des tranches ne peut ſubſiſter rigoureuſement avec les loix de l'Hydroſtatique, au moins tant qu'on n'admettra d'autre force dans les particules du fluide que celle de la peſanteur. Mais il eſt certain d'un autre côté qu'il faut néceſſairement admettre dans les particules du fluide, une autre force pour maintenir le parallélifme, même dans la ſeule ſurface ſupérieure. Car l'expérience prouve que même dans un vaſe non-cylindrique *ADCB*, la ſurface *AD* (Fig. 17) deſcend parallèlement au premier inſtant & dans les ſuivans. Or le mouvement des points *A*, *D*, devant ſe faire ſuivant les côtés du vaſe, & le mouvement des particules voiſines de ces points étant auſſi néceſſairement oblique, il eſt clair que ſi on repréſente par *GH* la force de la peſanteur *p* qui tend à mouvoir la particule *G*, & par *GI* la quantité & la direction de la force accélératrice réelle qui meut cette particule au premier inſtant, on aura, en achevant le rectangle *GIHK*, la force *GK* pour celle qui doit être détruite à la ſurface *AD*; & comme cette force *GK* ſe décompoſe en deux autres *GL* & *LK*, & que la force perpendiculaire *LK* eſt la ſeule qui puiſſe être détruite à la ſurface *AD*, par les loix de l'Hydroſtatique, il s'enſuit néceſſairement, comme nous l'avons déja remarqué ailleurs (*Traité des Fluides*, article 110), qu'il doit y avoir dans le fluide quelque

force intérieure de tenacité ou d'adhérence, ou quelqu'autre force que ce soit, qui détruise l'effet de la force *GL*. Il est donc permis de supposer la même force, & le même effet de cette force, dans les tranches inférieures du fluide, & par la même raison dans les particules qui se meuvent obliquement proche de l'ouverture d'un vase cylindrique.

7. Une seconde objection qu'on peut faire contre l'hypothèse du parallélisme des tranches inférieures, c'est que les forces horisontales qui devroient être détruites dans cette hypothèse par l'adhérence des parties du fluide, ou par quelqu'autre force interne inconnue, & inhérente au fluide, seront très-considérables, comme il est aisé de le voir, parce que ces forces sont à la force verticale, comme dy est à dx dans les courbes *QE*, *NF* (*NR* étant $= x$, & $PM = y$), & que la force verticale est déja très-grande, au moins fort près de l'ouverture *EF*; d'où l'on conclura que ces forces horisontales peuvent difficilement être détruites, & produiront du mouvement dans la masse fluide. Mais il faut remarquer, 1°. que ces forces n'agiront que dans une très-petite partie de la masse du fluide, dans celle qui sera très-proche de l'ouverture, & que pour mettre le fluide en mouvement, elles auroient à soulever toute la masse du fluide supérieur, qui est très-considérable, & comme infinie, par rapport à l'inférieure. 2°. Que l'effet de ces forces est détruit & soutenu, non-seulement par la tenacité des parties du fluide, mais par

la résistance que les fonds *CE*, *FD*, opposent en vertu du frottement à l'effort horisontal. 3°. Que si on a un vase solide *AQEFNB* (Fig. 16), dont la partie inférieure *QENF*, soit presqu'horisontale, les directions du fluide en *E* & en *F* au premier instant, & dans les points voisins seront très-obliques, & ces forces très-grandes par rapport à la force verticale qui est elle-même déja très-grande en *EF*; & comme la force perdue doit être perpendiculaire à *EF*, il s'ensuit qu'il y aura nécessairement dans les particules inférieures du fluide des forces horisontales très-grandes, & détruites par quelque force interne. Il faut donc nécessairement admettre dans les particules du fluide qui sont en *EF*, une force interne qui détruise l'effet d'une très-grande force horisontale dans ces particules. On est donc autorisé à faire la même supposition pour les particules voisines de *EF*.

8. Il est vrai que les vitesses horisontales des particules du fluide seront très-grandes dans la partie *QEFN*; mais il est aisé de remarquer, 1°. que l'expérience prouve en effet que les particules du fluide, voisines de l'ouverture, s'en approchent presqu'horisontalement avec une extrême rapidité. 2°. Qu'au premier instant, qui est celui où la difficulté dont il s'agit ici auroit le plus de force, la vitesse horisontale ne sera pas aussi énorme qu'on le pense, quoique très-grande par rapport à la vitesse verticale, puisque la premiere valeur de cette derniere vitesse est infiniment

petite. 3°. Que d'ailleurs la viteſſe horiſontale, ou le rapport de $-dy$ à dx peut commencer à ne devenir très-grand qu'à une diſtance de l'ouverture EF, beaucoup plus petite que ND, comme nous le prouverons dans le paragraphe ſuivant; en ſorte que l'inconvénient prétendu de l'extrême rapidité de la viteſſe horiſontale, pourra n'avoir lieu que dans une partie abſolument inſenſible du fluide.

9. Il faut enfin ajouter à toutes les raiſons précédentes, en faveur de la rapidité de la viteſſe horiſontale dans une très-petite partie du fluide vers l'ouverture, que quand on ſuppoſe qu'un fluide s'écoule par une ouverture très-petite d'un vaſe ſubmergé dans un autre, il faut néceſſairement imaginer que la petite lame ou tranche qui ſort par cette ouverture, change dans un temps très-court, de largeur & de figure, ce qui ſuppoſe que la viteſſe horiſontale des parties devient extrêmement rapide & comme infinie dans ce temps très-court.

10. Nous pouvons ajouter que ſi le parallélíſme des tranches eſt proſcrit dans les cas les plus ſimples, comme dans celui d'un vaſe cylindrique iſolé & percé d'une ouverture, il devroit l'être à plus forte raiſon dans des cas plus compoſés, comme dans celui d'un vaſe cylindrique percé d'une pareille ouverture, & plongé dans un fluide indéfini; cependant il paroît que tous les Auteurs qui ont parlé de ce cas, ont admis, d'après l'expérience, la ſuppoſition du parallélíſme.

§. V.

Du mouvement du fluide dans l'hypothèſe du parallélifme des tranches.

1. Nous avons vu dans les paragraphes précédens, 1°. que les parties *QEC*, *NFD* (Fig. 16), qu'on peut ſuppoſer ſtagnantes dans le fluide à chaque inſtant du mouvement, ſont très-petites; 2°. qu'on peut regarder le fluide comme ſe mouvant dans un vaſe *AQEFNB*, terminé à ſon fond par deux courbes *QE*, *NF*, preſqu'horiſontales, & très-proches de la baſe *CEFD*; 3°. que toutes les tranches horiſontales de ce vaſe fictif peuvent être ſuppoſées ſe mouvoir parallèlement à elles-mêmes. Nous avons vu de plus, dans notre *Traité des Fluides*, que dans cette double hypothèſe du parallélifme des tranches, la détermination de la viteſſe du fluide, dépend de la quantité $\int \frac{dx}{y}$, qui ne peut au reſte avoir une influence ſenſible que dans le cas où *EF* eſt très-petit, & où le fluide commence à ſe mouvoir, parce que dans les autres inſtans, le terme où eſt $\int \frac{dx}{y}$ diſparoît devant les autres, & que ſi *EF* n'eſt pas très-petite, $\int \frac{dx}{y}$ dans un vaſe cylindrique eſt ſenſiblement $= \frac{AC}{AB}$. Il faut donc

voir

voir d'abord quelle peut être en général la valeur de ce terme $\int \frac{dx}{y}$, & par conséquent son influence sur la vitesse du fluide au premier instant, car on a vu ci-dessus (§. II), que la détermination de cette vitesse dépend de la quantité $\int \frac{dx}{y}$, & que la force motrice primitive de la surface AB est $=$ ou $<$ que la pesanteur, selon que $\int \frac{dx}{y}$ est $=$ ou $>$ que $\frac{AC}{AB}$, y étant la largeur de chaque tranche horisontale, & AB étant pris pour l'unité.

2. M. Daniel Bernoulli dit expressément dans son *Hydrodynamique*, pag. 38, que dans un vase cylindrique percé à son fond d'une ouverture quelconque, la surface AB descend au premier instant avec toute la force de la pesanteur. J'ai dit simplement dans mon *Traité des Fluides*, art. 109, premiere édition, qu'elle s'accéléroit au premier instant comme les corps pesans qui tombent librement, & quoique je cite en cet endroit M. Daniel Bernoulli, il ne s'ensuit pas que j'aie pensé entierement comme lui, que la force accélératrice au premier instant étoit égale à la pesanteur g dans la surface AD; car dans l'endroit dont il s'agit, je parle de vases de figure quelconque, & il est évident que si le vase va en se rétrécissant, la quantité que j'appelle N dans l'endroit cité, est $> \frac{k^2}{h}$, (AB étant $=k$, & $AC=h$) & que par conséquent suivant

les dénominations données en cet endroit de l'Ouvrage (seconde édit. pag. 94) s est $<q$. J'ai donc seulement voulu dire, ce qui est très-vrai, que la surface AB s'accélere *uniformément* dans les premiers instans, comme les corps pesans. Quant aux vases cylindriques, il n'est pas surprenant que M. Bernoulli ait trouvé par sa théorie $\int\frac{dx}{y}=\frac{k}{h}$, parce qu'il fait entierement abstraction des courbes NF, QE, supposant que ces courbes sont les lignes droites même FD, CE, & que les points N, Q, tombent en C, D. Quant à moi, je n'ai avancé sur ce sujet aucune assertion positive, ni dans la premiere édition de mon *Traité des Fluides*, ni dans la seconde. J'ai même fait dans cet Ouvrage une mention expresse des courbes NF, QE, dont la nature peut rendre la quantité $\int\frac{dx}{y}$ très-différente de $\frac{k}{h}$, & sensiblement plus grande, lorsque l'ouverture est fort petite. Il est vrai que dans le Tome V de mes *Opusc.* pag. 68 & suiv. j'ai tâché de prouver que $\int\frac{dx}{y}$ pouvoit très-bien être peu différent de $\frac{k}{h}$, même lorsque l'ouverture est fort petite, & j'ajoute de plus ici que cette supposition est très-permise, comme je vais tâcher de le prouver.

3. J'ai fait voir ci-dessus, §. I, qu'à la rigueur il ne doit y avoir, sur-tout dans le premier instant, aucune partie stagnante dans le fluide qui sort par l'ou-

verture d'un vaſe quelconque ; d'où il s'enſuit que ſi on ſuppoſe quelque partie ſtagnante *NFD*, *QCE*, plus on ſuppoſera que cette partie eſt petite, plus on ſe rapprochera de la théorie exacte.

4. On peut donc ſuppoſer que les courbes *QE*, *NF* qui repréſentent (art. 1) le fond d'un vaſe cylindrique, ſoient telles qu'en nommant *MR*, z, & *NR*, x, l'aire *NFC* ou $\int z\,dx$ ſoit auſſi petite qu'on voudra. Or l'aire $\int \frac{dx}{PM}$, ou $\int \frac{dx}{a-z}$ (en nommant *PR*, a) $= \int \frac{dx}{a} + \int \frac{z\,dx}{(a-z)^2} = \frac{ND}{a} + \int \frac{z\,dx}{(a-z)^2}$, & il n'eſt pas difficile de voir que la quantité $\int z\,dx$ pouvant être ſuppoſée auſſi petite qu'on voudra, tant par la petiteſſe qu'on peut donner à *ND*, que par la valeur qu'on peut ſuppoſer à z, la quantité $\int \frac{z\,dx}{(a-z)^2}$ peut être auſſi ſuppoſée auſſi petite qu'on voudra, puiſqu'elle ſeroit abſolument nulle ſi *ND* étoit $= 0$; d'où il s'enſuit que $\int \frac{dx}{y}$ dans les courbes *NF*, *QE*, peut être ſuppoſé très-petit, & par conſéquent la valeur totale de $\int \frac{dx}{y}$ peu différente de $\frac{k}{h}$.

5. Mais pour le démontrer d'une maniere plus préciſe, ſoit $a =$ à la moitié *AK* de la ſurface ſupérieure, & ſuppoſons $\frac{a}{PM}$, ou $\frac{a}{y} = 1 + \frac{x^{n-1}\,b^{2-n}}{a}$, on aura

$\int \frac{a\,dx}{y} = ND + \frac{ND^n b^{2-n}}{na}$. Soit K la valeur de la moitié de l'ouverture EF; comme a eſt celle de la moitié AB de la ſurface ſupérieure, nous aurons $\frac{a}{K} = 1 + \frac{ND^{n-1} \cdot b^{2-n}}{a}$; par conſéquent $b^{2-n} = \frac{aa - Ka}{K \cdot ND^{n-1}}$; & $\int \frac{a\,dx}{y} = ND + \frac{(aa - Ka)}{nKa} \times ND = ND \times \left(1 + \frac{a - K}{nK}\right)$. D'où il eſt aiſé de voir que pour que la force accélératrice de la ſurface AD au premier inſtant, ſoit à très-peu-près égale à la peſanteur p, il faut que $\frac{ND \times (a - K)}{nK}$ ſoit très-petite par rapport à BD ou h.

6. Donc ſi K eſt très-petit ainſi que ND, il ſuffit de ſuppoſer ND & n tels que $\frac{ND}{nK}$ ſoit beaucoup plus petit que $\frac{h}{a}$, pour que la force accélératrice de la ſurface AB au premier inſtant ſoit ſenſiblement $= p$.

7. On voit par la même raiſon que ſi $\frac{ND}{nK}$ eſt beaucoup plus grand que $\frac{h}{a}$, la force accélératrice de la ſurface au premier inſtant ſera beaucoup plus petite que la peſanteur, & qu'elle ſera une partie finie de la peſanteur, ſi $\frac{ND}{nK}$ eſt finie & comparable à $\frac{h}{a}$.

8. Or n eſt plus grand que 2, du moins cette ſuppoſition eſt la plus naturelle ; car les particules qui coulent le long de BN doivent ſe détourner tellement en N ſuivant NF, que ND touche la courbe NF en N, puiſque ces particules ne doivent paſſer que par degrés inſenſibles de la direction verticale à des directions obliques. Donc la différence de PM ou de $\frac{aa}{a+b^2-^n x^{n-1}}$ doit être $=0$ lorſque $x=0$. Donc $n-1$ doit être >1 ; donc $n>2$. De plus, la partie ſtagnante NDF devant être fort petite, ND doit être fort petite ; donc pour que $\frac{ND}{nK}$ ſoit très-petite par rapport à $\frac{h}{a}$, il faut que $\frac{nh.K}{a}$ ſoit très-grand par rapport à ND, très-petite elle-même. Soit donc $ND=\sigma h$, σ étant fort petit, il faut que $\frac{\sigma a}{nK}$ ſoit très-petit, & que $n=\frac{\sigma}{\rho k'}$, k' étant $=\frac{K}{A}$, σ, k' & ρ étant très-petites, mais d'ailleurs à volonté.

9. Suppoſons $ND=K$ lorſque K eſt très-petite ; n devra alors être un nombre très-grand, à moins que h ne ſoit très-grand par rapport à a.

10. Mais n pourra être un nombre fini, ſi ND eſt très-petite par rapport à K. C'eſt pourquoi la petiteſſe de $\int\frac{dx}{a-z}$, & par conſéquent l'égalité ou preſqu'éga-

lité de la force initiale en AB avec la pesanteur ($\frac{h}{a}$ étant supposée finie, c'est-à-dire, ni très-petite, ni très-grande), dépendra de la combinaison du nombre n avec le rapport de ND à K, que j'appelle ϖ, en sorte que $\frac{\pi}{n}$ soit une quantité fort petite.

11. On peut faire d'autres hypothèses sur les courbes QE, NF, d'où résulteront les mêmes conclusions par rapport à la valeur de $\int \frac{dx}{a-z}$. Imaginons, par exemple, que la courbe FED que suivent les particules du fond du vase au premier instant, soit une parabole FED (Fig. 18), dont D soit le sommet, l'ouverture (très-petite ou non) étant CE, & nommant AG ou BD, k, CE, K, Bi, z, BC, β, CD, ω, supposons que la parabole soit telle que les puissances r des ordonnées io (y) soient comme les abscisses Di; nous verrons d'abord que la quantité $\int \frac{k\,dx}{y} = AB + \int \frac{k\,d(Bi)}{io}$. De plus (*hyp.*) $\frac{BD}{CD}$, ou $\frac{\beta+\omega}{\omega} = \frac{BF^r}{CE^r} = \frac{k^r}{K^r}$; d'où $\frac{\beta}{\omega} = \frac{k^r - K^r}{K^r}$, & $\omega = \frac{\beta K^r}{k^r - K^r}$; or $\frac{io^r}{Di} = \frac{K^r}{\omega}$, ou $\frac{io^r}{\beta+\omega-z} = \frac{K^r}{\omega} = \frac{k^r - K^r}{\beta}$; enfin $\beta + \omega = \beta + \frac{\beta K^r}{k^r - K^r} = \frac{\beta k^r}{k^r - K^r}$; donc $io^r = \frac{\beta k^r - z k^r + z K^r}{\beta}$

$= \left(\frac{k^r - K^r}{\mathcal{C}}\right)\left(\frac{\mathcal{C}k^r}{k^r - K^r} - z\right) =$ à très-peu-près $\frac{k^r}{\mathcal{C}}$ $(\mathcal{C} - z)$, si K est fort petit. Donc $\int \frac{kd(Bi)}{io} =$ à très-peu-près $\int \frac{kdz.\mathcal{C}^{\frac{1}{r}}}{k(\mathcal{C}-z)^{\frac{1}{r}}} = \int \frac{\mathcal{C}^{\frac{1}{r}}dz}{(\mathcal{C}-z)^{\frac{1}{r}}}$, dont l'intégrale est $\frac{\mathcal{C}^{\frac{1}{r}} \times \left(\mathcal{C}^{-\frac{1}{r}+1} - (\mathcal{C}-z)^{-\frac{1}{r}+1}\right)}{-\frac{1}{r}+1}$.

12. Si $-\frac{1}{r}+1$ est positif, c'est-à-dire, si r est >1, on aura, lorsque $z = \mathcal{C}$, l'intégrale complette $= \frac{\mathcal{C}}{-\frac{1}{r}+1} = \frac{\mathcal{C}r}{r-1}$, quantité plus grande que $\mathcal{C}$, mais très-petite, au moins tant que r ne sera pas presque $= 1$.

13. On peut assigner cette intégrale d'une maniere encore plus exacte & plus rigoureuse, en ne négligeant absolument rien dans l'expression de sa valeur, & en remarquant que la valeur rigoureuse de io^r est $\left(\frac{k^r - K^r}{\mathcal{C}}\right) \times (\mathcal{C} + \omega - z)$, ce qui donnera $\int \frac{kd(Bi)}{io} = \int \frac{kdz.\mathcal{C}^{\frac{1}{r}}}{(k^r - K^r)^{\frac{1}{r}}(\mathcal{C}+\omega-z)^{\frac{1}{r}}}$, dont l'intégrale est $\frac{k\mathcal{C}^{\frac{1}{r}}}{(k^r - K^r)^{\frac{1}{r}}}$ $\times \frac{(\mathcal{C}+\omega)^{-\frac{1}{r}+1} - (\mathcal{C}+\omega-z)^{-\frac{1}{r}+1}}{-\frac{1}{r}+1}$, qui devient, lorsque

$z = \mathcal{C}$, l'intégrale complette $\frac{k\mathcal{C}^{\frac{1}{r}}}{(k^r - K^r)^{\frac{1}{r}}} \times$

$\frac{(\mathcal{C}+\omega)^{-\frac{1}{r}+1} - \omega^{-\frac{1}{r}+1}}{-\frac{1}{r}+1}$.

14. Si ω est beaucoup plus petit que $\mathcal{C}$, & k beaucoup plus grand que K, cette quantité peut se simplifier beaucoup, & devient à très-peu-près $\frac{\mathcal{C}^{\frac{1}{r}}}{-\frac{1}{r}+1} \times$

$\left(\mathcal{C}^{-\frac{1}{r}+1} + \left(1 - \frac{1}{r}\right)\omega\mathcal{C}^{-\frac{1}{r}} - \omega^{-\frac{1}{r}+1}\right) =$

$\frac{\mathcal{C}}{-\frac{1}{r}+1} + \omega - \frac{\mathcal{C}^{\frac{1}{r}}}{1-\frac{1}{r}}\left(\omega^{-\frac{1}{r}+1}\right)$; quantité qui se réduit à très-peu-près, comme ci-dessus, à $\frac{\mathcal{C}}{-\frac{1}{r}+1}$, lorsque $-\frac{1}{r}+1$ est positif.

15. Mais si $-\frac{1}{r}+1$ est négatif, alors la quantité ci-dessus peut être beaucoup plus petite que $\frac{\mathcal{C}}{-\frac{1}{r}+1}$.

16. Si $r = 1$, alors l'intégrale $\int \frac{kd(B\dot{r})}{io}$ devient $\int \frac{k\mathcal{C}dz}{(k-K)(\mathcal{C}+\omega-z)}$. Ce cas a été discuté assez au long

dans

dans le Ve Volume de nos *Opusc.*, pag. 68 & suiv.

17. Nous remarquerons seulement ici que l'intégrale, lorsque K est fort petit, est à très-peu-près celle de $\frac{\beta dz}{(\beta+\omega-z)}$, c'est-à-dire, $\beta \log. \left(\frac{\beta+\omega}{\beta+\omega-z}\right)$, d'où l'intégrale complette sera $\beta \log. \left(\frac{\beta+\omega}{\omega}\right) = \beta \log. \left(\frac{k}{K}\right)$, quantité très-grande ou très-petite, selon la relation qu'il y aura entre la quantité très-petite β, & la quantité très-grande $\log. \left(\frac{k}{K}\right)$.

18. Au reste, cette derniere hypothèse de l'art. 9 sur les courbes QE, NF, a l'inconvénient que la direction du fluide en N & en Q, ne touche pas les parois AQ, BN, comme elle paroît le devoir faire. Mais cet inconvénient sera léger, si l'angle en Q & en N est au moins fort aigu, c'est-à-dire, si lorsque $z = 0$, $\frac{d(io)}{dz}$ est fort petit; d'ou l'on tire $\frac{\frac{1}{r}(k^r - K^r)^{\frac{1}{r}}}{\beta^{\frac{1}{r}}} \times (\beta + \omega)^{\frac{1}{r} - 1}$, égal à une quantité fort petite; & comme $\frac{\beta+\omega}{\beta} =$ (art. 9), $\frac{k^r}{k^r - K^r}$, la quantité dont il s'agit sera $\frac{1}{r} \times \frac{k}{\beta+\omega}$; ce qui demande que $r(\beta+\omega)$ soit beaucoup plus petit que k, & par conséquent r soit un nombre très-grand.

19. Mais pour n'être pas obligé de satisfaire à cette

condition, ſuppoſons que la courbe DEF (Fig. 19) ſoit une ellipſe dont le ſommet ſoit en D, & dont les demi-axes ſoient BD & BF, on aura en décrivant le demi-cercle DuL du rayon BD, $\frac{d(Bi)}{io} = \frac{d(Bi)}{ia} \times \frac{BD}{BF}$, dont l'intégrale eſt $\frac{BD}{k} \times \frac{\text{arc. } LA}{BD}$; d'où il ſuit que l'intégrale $\int \frac{k\,d(Bi)}{io}$ eſt $=$ arc. LA, & l'intégrale complette $=$ arc. Lu; & ſi les axes de l'ellipſe étoient bf & Db (Fig. 20), & non BF & DB, alors l'arc de cercle devroit être décrit du rayon Db, & l'intégrale complette ſeroit $\frac{k}{bf} \times$ arc. Lu.

20. On voit par ces exemples, que la force initiale de la ſurface AB peut être ou preſque $= p$, ou plus petite en rapport fini, ou beaucoup plus petite, ſelon la ſuppoſition qu'on fera ſur la nature des courbes QE, NF, & ſur le rapport de ND à EF.

21. L'ouverture étant toujours ſuppoſée très-petite, ſuppoſons de plus un tuyau vertical cylindrique adapté au vaſe, alors nommant l la longueur de ce tuyau, K la largeur du tuyau qui eſt la même que celle de l'ouverture (abſtraction faite de la contraction de la veine, dont nous traiterons plus bas en particulier), il faudra ajouter à la valeur trouvée de $\int \frac{dx}{y}$, $\frac{h}{a} +$ la quantité $\frac{l}{K}$, quantité qui peut altérer beaucoup la valeur de $\int \frac{dx}{y}$, ſi

K eſt très-petite, quand même l feroit auſſi très-petit, pourvu que $\frac{l}{K}$ ne le ſoit pas.

22. La même obſervation auroit lieu, quand on auroit égard à la contraction de la veine.

23. Delà il réſulte que le mouvement d'un fluide dans un vaſe percé ſimplement d'une petite ouverture, pourra être fort différent, dans les premiers inſtans, du mouvement du fluide dans le même vaſe, auquel on auroit adapté un petit tuyau vertical. Et c'eſt en effet ce que confirment les expériences faites avec ſoin ſur ce ſujet par M. l'Abbé Boſſut, & rapportées dans ſon *Hydrodynamique*.

24. Dans les inſtans ſuivans, il n'en ſera pas ainſi; & la viteſſe ſera à peu-près la même dans les deux vaſes, 1°. parce que la valeur de $\int \frac{dx}{y}$ n'influe ſenſiblement ſur la viteſſe que dans les premiers inſtans; 2°. parce que, ſi on fait abſtraction de la contraction de la veine, le fluide contenu dans le tuyau doit ſe ſéparer, comme nous le verrons plus bas, du fluide ſupérieur; en ſorte qu'il ne faudra pour lors avoir aucun égard au mouvement des particules qui ſe meuvent dans le petit tuyau.

25. Si l'ouverture EF n'eſt pas très-petite, & que les courbes QE, NF (Fig. 16) ſoient ſuppoſées des parois ſolides & très-proches du fond CE, FD, il eſt très-aiſé de voir par notre théorie, que dans l'hypothèſe

du parallélisme des tranches la force accélératrice de la surface AB au premier instant, sera à très-peu-près égale à la pesanteur ; car $\int \frac{dx}{y}$ sera pour lors sensiblement égal à $\frac{h}{a}$. Cherchons maintenant le rapport $-\frac{dy}{dx}$ de la vitesse horisontale à la vitesse verticale au premier instant dans tous les points des courbes NF, QE, & supposons comme ci-dessus $\frac{a}{y} = 1 + \frac{x^{n-1} b^{2-n}}{a}$; donc $-\frac{a^2 dy}{yy} = (n-1) \cdot x^{n-2} dx \times b^{2-n}$; & par conséquent lorsque $x = ND$, on a $-\frac{dy}{dx} = \frac{KK}{aa} \times (n-1) . ND^{n-2} \times \frac{aa - Ka}{K.ND^{n-1}}$.

26. Et en général le rapport de $-dy$ à dx en un point quelconque M de la courbe NF, sera $\frac{(n-1)x^{n-2}}{a^2}$. $\frac{yy \times (aa - Ka)}{K.ND^{n-1}}$.

27. Donc si on suppose comme ci-dessus, $\frac{ND(a-K)}{nK} = rh$, ou $\frac{ND.a}{nK} = rh$, r étant très-petit, ainsi que K, on aura $-\frac{dy}{dx} = yy \times \frac{narhx^{n-2}(n-1)}{a^2.ND^n} =$ (lorsque $x = ND$) $\frac{K^2.narh(n-1)}{a^2 ND^2}$ $=$ (en mettant pour $\frac{K}{ND}$ sa valeur $\frac{a}{nrh}$) $\frac{a^3 nrh(n-1)}{a^2 n^2 r^2 h^2}$ $= \frac{a(n-1)}{nrh} = \frac{K(n-1)}{ND}$.

28. Et la valeur générale de $-\frac{dy}{dx}$ (K étant toujours très-petit) sera $= \frac{(n-1)}{a^2}\left(\frac{x}{ND}\right)^{n-2} \times \frac{yyaa}{ND.K}$; donc à cause de $y < a$, cette quantité est plus petite que $(n-1)\left(\frac{x}{ND}\right)^{n-2} \times \frac{aa}{K.ND} = (n-1)\left(\frac{x}{ND}\right)^{n-2} \times \frac{a^3}{nKKrh}$.

29. Soit $\frac{a^3}{KKrh} = \frac{1}{A}$, A étant fort petit, puisque K & r (*hyp.*) sont fort petits, on aura $-\frac{dy}{dx} < \frac{n-1}{nA}\left(\frac{x}{ND}\right)^{n-2}$, & à plus forte raison $-\frac{dy}{dx} < \left(\frac{x}{ND}\right)^{n-2} \times \frac{a^3}{KKrh}$.

30. Maintenant il est clair que cette quantité $\left(\frac{x}{ND}\right)^{n-2} \times \frac{a^3}{KKrh}$ sera très-petite tant que $\frac{x}{ND}$ sera beaucoup plus petite que $\left(\frac{rK^2h}{a^3}\right)^{\frac{1}{n-2}}$, puisqu'elle ne sera $= 1$, que quand $\frac{x}{ND}$ sera égale à $\left(\frac{rK^2h}{a^3}\right)^{\frac{1}{n-2}}$; or quelque petits que soient supposés r & K, on peut supposer n si grand que $\left(\frac{rK^2h}{a^3}\right)^{\frac{1}{n-2}}$, ou simplement $\left(\frac{rK^2h}{a^3}\right)^{\frac{1}{n}}$, soit presque $= 1$, puisqu'en faisant $n = \infty$,

on auroit $\left(\frac{rK^2h}{a^3}\right)^{\frac{1}{n-2}} = \left(\frac{rK^2h}{a^3}\right)^0 = 1$, quelque petits qu'on ſuppoſât r & K.

31. D'où l'on voit que le rapport $-\frac{dy}{dx}$ peut commencer à n'être $= 1$, & à plus forte raiſon, à n'être très-grand, que lorſque x eſt preſque $= ND$, c'eſt-à-dire, à une diſtance abſolument inſenſible de l'ouverture.

32. Soit en général u la viteſſe à l'ouverture, la viteſſe horiſontale en un point quelconque, ſera $u \times - \frac{dy}{dx} \times \frac{K}{y} = u \times \frac{(n-1)b^{2-n}x^{n-2}}{a+b^{2-n}x^{n-1}}$; donc le rapport de la viteſſe horiſontale à la viteſſe du fluide à l'ouverture ſera proportionnel à $\frac{x^{n-2}}{a+b^{2-n}x^{n-1}}$; quantité qui eſt un *maximum* quand $\frac{(n-2)a}{b^{2-n}}$ eſt $= x^{n-1}$, c'eſt-à-dire, quand $\frac{(n-2)K \times ND^{n-1}}{a}$ eſt $= x^{n-1}$; le rapport dont il s'agit devient alors $\frac{(n-1)K(n-2)}{x(n-1)} = \frac{K(n-2)}{x}$ $= \frac{K^{1-\frac{1}{n-1}}(a)^{\frac{1}{n-1}}(n-2)^{1-\frac{1}{n-1}}}{ND}$. Or en ſuppoſant n très-grand, cette quantité ſe réduit à très-peu-près à $\frac{nK}{ND} = \frac{a}{rh}$. Donc ſi dans le premier inſtant on a, par exemple, $u = \frac{pa}{K}$, on aura la plus grande vi-

teſſe horiſontale $= \frac{paa}{Krh} = \frac{pna}{ND}$; & comme la peſanteur p repréſente ici une viteſſe infiniment petite, il s'enſuit que dans le premier inſtant la viteſſe horiſontale eſt auſſi infiniment petite, quoique très-grande par rapport à la peſanteur.

33. Dans les inſtans ſuivans, tant que la quantité ζ dont deſcend la ſurface ſupérieure, eſt telle que $\frac{a^2\zeta}{K^2}$ eſt très-petit, on a (*Traité des Fluides*, article 110) $u = \frac{a\sqrt{(2p\zeta)}}{K}$; & par conſéquent la plus grande viteſſe horiſontale $= \frac{a\sqrt{(2p\zeta)}}{K} \times \frac{a}{rh}$. Soit donc $\frac{a^2\zeta}{K^2} = \mu K$, μ étant un nombre qui ne ſoit pas fort grand, afin que μK reſte fort petit, on aura la plus grande viteſſe horiſontale $= \sqrt{\left(\frac{2paa\mu K}{rrhh}\right)} = \sqrt{\left(\frac{2paa\mu K . n^2 K^2}{ND^2 a^2}\right)} = \sqrt{\left(\frac{2p\mu n^2 K^3}{ND^2}\right)}$, quantité qui peut être fort petite, ou au moins finie. Car ſoit ſuppoſé, par exemple, $K = ND$, $n = 100$, $K = \frac{a}{100}$ & $\mu = 1$, on aura cette quantité $= \sqrt{(2pa)} \times 10$. Ainſi dans les premiers inſtans, qui ſont ſur-tout ceux dont il s'agit ici, la viteſſe horiſontale du fluide ne ſera pas exceſſivement grande.

34. Lorſque la viteſſe du fluide à l'ouverture eſt

parvenue à être $= \sqrt{(2ph)}$, la viteſſe d'une tranche quelconque dans le ſens vertical eſt $\frac{K\sqrt{(2ph)}}{y}$, & la viteſſe dans le ſens horiſontal $= \frac{Kdy}{dx} \times \frac{\sqrt{(2ph)}}{y}$, plus petite que $\sqrt{(2ph)} \times \frac{-dy}{dx}$. Or on vient de voir dans l'art. 31, que $-\frac{dy}{dx}$ pouvoit commencer à n'être très-grand qu'à une diſtance preſqu'inſenſible de l'ouverture. Donc dans le cas dont il s'agit, la viteſſe horiſontale peut commencer à n'être conſidérable qu'à une diſtance preſqu'inſenſible de l'ouverture.

35. De toutes ces conſidérations, il s'enſuit que dans l'hypothèſe que les particules du fluide, voiſines de l'ouverture, s'en approchent par des mouvemens fort obliques, & que les tranches du fluide conſervent d'ailleurs ſenſiblement leur parallélisme, l'inconvénient qui paroîtroit devoir naître de la grande rapidité de la viteſſe horiſontale dans les particules inférieures, eſt peu conſidérable.

36. Après avoir déterminé la viteſſe tant verticale qu'horiſontale du fluide dans les premiers inſtans, examinons le temps de la deſcente de la ſurface ſupérieure dans ces premiers inſtans.

37. Puiſque la viteſſe de la ſurface ſupérieure du fluide, tant qu'elle n'a parcouru qu'un eſpace infiniment petit q, donne pour le temps de la deſcente (*Traité des*

des Fluides, page 96), l'intégrale de dq divisé par $\frac{K\sqrt{(2ps)}}{k}$, & que s est sensiblement $=$ (*ibid.*) à $\frac{kaq}{\lambda K^2} - \frac{k^2aq^2}{2.\lambda^2K^4} + \frac{k^3aq^3}{2.3.\lambda^3K^6}$ &c. $= a\left(1 - c^{\frac{-kq}{\lambda K^2}}\right)$, il est clair que l'élément du temps sera $= dq \times \frac{k}{K\sqrt{(2pa)}} \times \frac{1}{\sqrt{\left(1 - c^{\frac{-kq}{\lambda K^2}}\right)}}$. Or soit $c^{\frac{-kq}{\lambda K^2}} = z$, on aura $-\frac{kdq}{\lambda K^2} = \frac{dz}{z}$, & l'élément du temps $= \frac{-dz}{z\sqrt{(1-z)}} \times \frac{\lambda K}{\sqrt{(2pa)}}$; & comme le temps employé par un corps pesant à tomber de la hauteur a, est $= \frac{2a}{\sqrt{(2pa)}}$, on aura par ce moyen la comparaison des deux temps.

38. Soit $z = uu$, & $u = \frac{1}{s}$, on aura $-\frac{dz}{z\sqrt{(1-z)}} = -\frac{du}{2u\sqrt{(1-uu)}} = \frac{ds}{2\sqrt{(ss-1)}}$; donc le temps que la surface met à s'abaisser de la hauteur q, est au temps $\frac{2a}{\sqrt{(2pa)}} :: \int\frac{ds}{2\sqrt{(ss-1)}} \times \lambda K$ est à $2a$.

39. Or on suppose ici (*ibid.* pag. 96) que kq n'est pas très-grand par rapport à λK^2, c'est-à-dire, que $c^{\frac{-kq}{\lambda K^2}}$ ou z, & par conséquent s, est une quantité finie.

40. D'où il est clair que l'intégrale de $\frac{ds}{2\sqrt{(ss-1)}}$ ou $\frac{1}{2}\log.[s + \sqrt{(ss-1)}]$ est une quantité finie, &

que par conséquent, puisque λ est fini (*ibid.*), & K très-petit, le temps dont il s'agit est très-petit.

41. Cette proposition peut être utile pour déterminer le temps que le vase met à se vuider.

42. Si le vase est très-étroit dans une grande partie, en sorte que $\int \frac{dx}{y}$ soit $= \frac{ar}{K}$, r étant une quantité finie, alors $\frac{-kq}{\lambda K^2}$ devient $\frac{-kq}{arK}$, & n'est infini que quand q est fini. Donc en ce cas la vitesse du fluide qui sort par l'ouverture, ne devient $= \sqrt{(2pq)}$ qu'au bout d'un temps fini, & d'une descente très-petite. En effet, le temps est alors $\int \frac{dq.k}{K\sqrt{(2ps)}} = \int \frac{dq\sqrt{k}.\sqrt{r}}{\sqrt{(2pKq)}} =$ $\frac{\sqrt{(kr)}.2\sqrt{q}}{\sqrt{(2pK)}} = \frac{2a}{\sqrt{(2pa)}} \times \frac{\sqrt{(2pa)}}{2a} . \frac{2\sqrt{q}.\sqrt{kr}}{\sqrt{(2pK)}} =$ $\frac{2a}{\sqrt{(2pa)}} \times \frac{\sqrt{(rk)}}{\sqrt{a}} \times \sqrt{\frac{q}{K}}$, quantité qui devient finie lorsque q est comparable à K, c'est-à-dire, lorsque q est encore très-petit.

43. Delà il s'ensuit que pour que la vitesse du fluide sortant devienne très-promptement $= \sqrt{(2pq)}$, il faut que les tranches horisontales, suivant lesquelles le fluide est supposé se mouvoir, ne commencent à se rétrécir que fort près de l'extrêmité inférieure du vase.

44. Si on supposoit que la vitesse primitive du fluide à l'ouverture est celle qui lui est imprimée par la pesanteur naturelle, il seroit difficile de concevoir comment cette vitesse, au bout d'un temps fini très-

court, deviendroit $\sqrt{(2ph)}$, comme le donne la théorie, au lieu que cette accélération eſt beaucoup plus concevable, ſi on ſuppoſe, comme nous l'avons fait, que la force qui anime au premier inſtant le fluide à l'ouverture eſt $= \frac{pk}{K}$, ou $\frac{npk}{K}$, n étant un nombre fini & plus petit que l'unité, p étant la peſanteur naturelle, k la ſurface ſupérieure, & K l'ouverture, en ſorte que $\frac{pk}{K}$ eſt comme infiniment plus grande que p. Car dans la ſuppoſition dont nous parlons, la ſurface auroit au premier inſtant $\frac{pK}{k}$ pour force accélératrice, & le temps de ſa deſcente au commencement du mouvement ſeroit $\int \frac{dq.\sqrt{k}}{\sqrt{(2pKq)}} = \frac{2\sqrt{q}.\sqrt{k}}{\sqrt{2p}.\sqrt{K}} = \frac{2a}{\sqrt{2pa}} \times \frac{\sqrt{2pa}}{2a} \times \frac{2\sqrt{(qk)}}{\sqrt{2pK}} = \frac{2a}{\sqrt{(2pa)}} . \frac{\sqrt{k}}{\sqrt{a}} \sqrt{\left(\frac{q}{K}\right)}$, quantité finie; au lieu que dans notre ſuppoſition, le temps de la deſcente par q ſeroit infiniment plus court, & le fluide ſortant par l'ouverture, acquerroit au bout de ce temps très-court la viteſſe $\sqrt{2ph}$.

45. Comme l'expérience prouve que la ſurface ſupérieure du fluide demeure pendant un temps fini, ſenſiblement horiſontale, il eſt clair que ſi elle n'étoit pas horiſontale dans les premiers inſtans, mais que les parties de cette ſurface euſſent une viteſſe verticale d'autant plus grande, qu'elles ſeroient plus proche de l'axe, & ſituées moins obliquement par rapport à l'ou-

verture, il faudroit que dans les inftans fuivans la viteffe des parties qui font proche des parois, devînt plus grande que celle des parties placées au-deffus de l'ouverture, afin que la furface redevînt fenfiblement horifontale. Or cette fuppofition étant choquante & deftituée de tout fondement, il s'enfuit que l'hypothèfe la plus naturelle eft celle de l'horifontalité conftante de la furface fupérieure, même dans les premiers inftans.

46. Mais il réfulte en même-temps de toute la théorie précédente, qu'abftraction faite de la tenacité & de l'adhérence des parties, la furface du fluide ne devroit pas demeurer fenfiblement horifontale. Car dans le petit filet contigu aux parois, & qui appuie fur la bafe du vafe, la viteffe le long de cette derniere partie horifontale eft très-grande, par conféquent y eft très-petit dans toute cette partie, & répond à une partie finie x de la longueur du tuyau, donc $\int \frac{dx}{y}$ eft $= \frac{ar}{K}$, & par conféquent la viteffe du fluide qui fort ne devient $= \sqrt{(2pq)}$ qu'au bout d'un temps fini, c'eft-à-dire, d'un temps beaucoup plus grand que pour le fluide qui fort par le milieu de l'ouverture.

47. Lorfqu'un fluide fe meut dans un vafe recourbé $ABGCD$ (que je fuppofe infiniment étroit, afin que les tranches puiffent être cenfées conferver leur parallélifme), foit $ELOFM$ (Fig. 21) l'axe courbe de ce vafe, AB & CD les furfaces du fluide, $EL = q$, $AB = k$, $CD = K$, les variables $EO = x$,

& les perpendiculaires GOH à l'axe $=y$, on aura en appellant u la viteſſe d'une tranche fixe m, dz l'eſpace parcouru par AB pendant le temps dt, l'équation $2p.k.EL.dz = d\left(mmuu\int\frac{dx}{y}\right)$ (*Traité des Fluides*, art. 100); or pendant que AB parcourt l'eſpace dz ſuivant EL, CD parcourt ſuivant FM l'eſpace $\frac{kdz}{K}$, & il eſt aiſé de voir que ſi on nomme EL, q, on aura $-dq = dz + \frac{kdz}{K}$; donc on aura $-$

$$\frac{2pkqdq}{1+\frac{k}{K}} = d\left(mmuu\int\frac{dx}{y}\right).$$

48. Si les deux parties ſupérieures ſont cylindriques, k & K ſont conſtantes, & on aura $\frac{pk}{1+\frac{k}{K}}(QQ-qq) = mmuu\int\frac{dx}{y}$, Q étant la valeur de q lorſque $t=0$. Donc la viteſſe v' de la tranche k, laquelle eſt $\frac{um}{k}$, ſe trouvera aiſément; ſuppoſant donc $\frac{um}{k} = v'$, on aura l'équation $\frac{pk(QQ-qq)}{1+\frac{k}{K}} = v'v'kk\int\frac{dx}{y}$, ou $v'v' =$

$$\frac{p(QQ-qq)}{k\left(1+\frac{k}{K}\right)\int\frac{dx}{y}}.$$

49. Soient R, r, les points où la ſurface des deux

fluides AB, CD eſt de niveau, il eſt aiſé de voir que $AB \times ER = CD \times Fr$, ou $CD \times RL$, toujours dans l'hypothèſe que les deux parties ſupérieures ſoient cylindriques. Donc ſi l'on nomme ER, ω, on aura $k\omega = K(q - \omega)$, ou $\omega = \frac{Kq}{K+k} = \frac{q}{1+\frac{k}{K}}$; donc $dq = d\omega\left(1+\frac{k}{K}\right)$; donc on aura $-2p\omega d\omega\left(1+\frac{k}{K}\right)k = d\left(v'v'kk\int\frac{dx}{y}\right)$; donc ſi on ſuppoſe $\Omega = \omega$ au commencement du mouvement, on aura $p(\Omega^2 - \omega^2)\left(1+\frac{k}{K}\right) = v'v'k\int\frac{dx}{y}$.

50. Lorſque les excurſions du fluide ſont très-petites, c'eſt-à-dire, lorſque ω eſt très-petite, $\int\frac{dx}{y}$ eſt cenſée à peu-près conſtante, & il eſt aiſé de voir que $v'dv'$ eſt proportionnel à $-\omega d\omega$, & que les excurſions du fluide ſont iſochrones.

51. On voit auſſi que la quantité $\int\frac{dx}{y}$ dépend en partie de la figure de la portion du ſyphon qui unit les deux tranches verticales; ainſi cette partie n'eſt point inutile à la détermination du mouvement d'un fluide dans un tuyau recourbé, comme quelques Auteurs paroiſſent l'avoir penſé.

52. Si on ſuppoſe, comme nous le faiſons ici, que le ſyphon ſoit fort étroit, & d'une figure quelconque,

on pourra prendre une des parois du ſyphon pour l'axe des x, & ſuppoſer que le mouvement des tranches ſoit perpendiculaire aux parois du ſyphon, l'erreur qui peut réſulter de cette hypothèſe étant alors peu conſidérable.

53. Si on a un ſyphon de figure quelconque *ABOCD*, mais infiniment étroit, en ſorte que la viteſſe puiſſe être cenſée la même ſans erreur ſenſible dans chaque tranche de fluide perpendiculaire aux parois du ſyphon, on peut alors y appliquer, ſans aucun inconvénient, la méthode de notre *Traité des Fluides*, qui donne (art. 101 de ce *Traité*) $Nuu = 2pMh$.

54. Lorſqu'un fluide ſe meut dans un ſyphon, on peut, pour plus de facilité dans le calcul, regarder ce ſyphon comme une courbe ou tuyau continu, & ſuppoſer ſeulement que la peſanteur ou force motrice π, poſitive dans une des parties verticales de ce tuyau, & nulle dans la partie horiſontale, eſt négative dans l'autre partie verticale ; ou, ce qui eſt plus ſimple encore, il faut regarder le ſyphon comme un tuyau continu par rapport au terme $vv\int\frac{dx}{y}$, & prendre pour le terme $\int p dx$, le produit de p, par la différence des hauteurs du fluide à chaque inſtant dans les deux tranches.

55. Quand un fluide ſort d'un vaſe ſubmergé dans un autre fluide indéfini, on peut regarder ce fluide comme mu dans un ſyphon dans lequel K eſt infini. Alors ſuppoſant pour un moment la formule de l'article 49, applicable à ce cas, on aura $p(\Omega^2 - \omega^2) =$

$v'v'k\int\frac{dx}{y}$; & si l'on prend pour la valeur de $\int\frac{dx}{y}$ dans le vase, la quantité $\frac{q'}{k}$, en appellant q' la hauteur du fluide dans le vase, on aura $p(\Omega^2 - \omega^2) = v'v'q'$, ou en faisant $v'v' = 2ps$, $sdq' + q'ds = -\omega d\omega = -dq'(q'-b)$, b étant la hauteur du fluide hors du vase, & au-dessus de la surface inférieure de ce vase. Cette équation s'accorde avec celle que nous avons donnée, art. 142 de notre *Traité des Fluides*, pour le cas d'un vase plongé dans un fluide indéfini, & rempli lui-même d'un fluide qui s'en écoule. Il faut seulement remarquer que dans cet article 142, on a mis $-sdq$ pour $\int dq$ par une faute d'impression qui est corrigée trois lignes plus bas pour le cas d'un fluide qui monte.

56. Mais il faut bien remarquer que cette équation n'est exacte que dans le cas où $\int\frac{dx}{y}$ est ou exactement ou à peu-près égal à $\frac{q'}{k}$. Or il s'en faut beaucoup que cela ne soit ainsi. Aussi avons-nous expressément remarqué dans l'art. 143 de notre *Traité des Fluides*, que lorsque K est très-petite, la valeur de $\int\frac{dx}{y}$ peut être très-différente de $\frac{q'}{k}$. Nous ajouterons ici que la valeur de $\int\frac{dx}{y}$, dépend non-seulement du mouvement du fluide

fluide qui est dans le vase submergé, mais encore du mouvement du fluide qui, au sortir de l'ouverture, passe horisontalement ou à peu-près du vase submergé dans le vase indéfini. Ainsi en supposant même que K ne soit pas fort petite, il peut très-bien arriver que $\int \frac{dx}{y}$ ne soit pas sensiblement $= \frac{q'}{k}$.

§. VI.

De la contraction de la Veine.

1. Nous avons supposé jusqu'ici avec tous les Auteurs d'Hydraulique sans exception, que les deux surfaces du fluide, la supérieure & l'inférieure, descendoient parallèlement à elles-mêmes, dans le premier instant & dans les suivans. L'expérience prouve la légitimité de cette supposition pour la surface supérieure, mais ne la prouve pas pour l'inférieure; & il résulte en effet de toute la théorie précédemment établie, 1°. que les particules du fluide ont à la partie voisine de l'ouverture, & par conséquent à l'ouverture même, une force horisontale, qui doit rendre leur direction oblique & non-verticale au sortir du vase. 2°. Que les particules qui appuyent sur le fond, ou du moins qui en sont très-proches, tendant à s'approcher de l'ouverture par des directions très-obliques, doivent nécessairement forcer à une pareille direction les particules qui sortent par l'ouverture.

2. On peut donc imaginer le fluide partagé à chaque inſtant en une infinité de tuyaux infiniment petits, qui partant de la ſurface ſupérieure, viennent ſe terminer à la ſurface inférieure par une direction plus ou moins oblique, ſelon qu'ils ſont plus ou moins éloignés du centre de l'ouverture, où la direction des particules eſt évidemment verticale.

3. Or il eſt aiſé de voir, par les théories connues, que ſi $\sqrt{(2ph)}$ eſt la viteſſe verticale des particules au centre de l'ouverture, h étant la hauteur du fluide, la viteſſe des particules à l'extrêmité d'un tuyau quelconque, & dans la direction de ce tuyau, ſera de même $\sqrt{(2ph)}$, d'où il s'enſuit que ſi on nomme α l'angle que cette direction fait avec la verticale, la viteſſe verticale ſera $= \sqrt{(2ph)} \times \text{coſ.}\ \alpha$.

4. Donc la viteſſe verticale de chacune de ces particules ſera $= \alpha' \sqrt{(2ph)}$, α' étant < 1; donc la viteſſe *moyenne* du fluide qui s'échappe par l'ouverture, ſera $< \sqrt{(2ph)}$.

5. Soit $\sqrt{(2ph')}$ cette viteſſe moyenne, dx les parties infiniment petites de l'ouverture, dont la longueur totale eſt k, on aura $k\sqrt{(2ph')} = \int \alpha\, dx \sqrt{(2ph)}$; & ſi on nomme V la viteſſe des particules à l'endroit où la veine eſt le plus contractée, & où par conſéquent toutes les parties deſcendent verticalement avec une viteſſe égale, il eſt aiſé de voir qu'on aura $Vk' = k\sqrt{(2ph')}$, k' étant la largeur de la veine. Mais comme l'endroit où la veine ſe contracte eſt fort proche de

l'ouverture, il eſt viſible que la viteſſe V eſt ſenſiblement égale à la viteſſe verticale $\sqrt{(2ph)}$ de la particule du milieu de l'ouverture ; donc $k'\sqrt{(2ph)} = k\sqrt{(2ph')} = \int \alpha dx \sqrt{(2ph)}$. Or $\int \alpha dx \sqrt{(2ph)}$ exprime évidemment la quantité de fluide qui s'échappe du vaſe à chaque inſtant. Donc pour avoir cette quantité de fluide, il faut multiplier la largeur k' de la veine par la viteſſe $\sqrt{(2ph)}$ de la particule du milieu de l'ouverture. Perſonne, ce me ſemble, n'avoit encore démontré exactement cette propoſition, qui avoit pourtant beſoin de l'être.

6. On peut en faire uſage pour déterminer par l'expérience la viteſſe du fluide qui s'échappe par le milieu de l'ouverture, & pour voir ſi cette viteſſe eſt ſenſiblement égale à $\sqrt{(2ph)}$. Il ne faut pour cela que comparer à l'expreſſion $k'\sqrt{(2ph)}$ la quantité de fluide qu'on obſervera être ſortie du vaſe dans un temps donné.

7. Mais pour faire ce calcul avec préciſion, il faut conſidérer, 1°. que la viteſſe à l'endroit de la veine, n'eſt pas exactement $\sqrt{(2ph)}$ par deux raiſons, la premiere, parce $\sqrt{(2ph)}$ n'eſt pas exactement & rigoureuſement la viteſſe du fluide au point milieu de l'ouverture; la ſeconde, parce que le fluide, depuis l'ouverture juſqu'à l'endroit où la veine eſt le plus contractée, s'accélere librement comme les corps peſans, en ſorte que ſi on nomme α la petite diſtance de l'ouverture à l'endroit de la contraction, la viteſſe à cet endroit ſera

$\sqrt{(2ph+2p\alpha)}$. 2°. Il faut prendre garde encore qu'au commencement du mouvement, la viteſſe du fluide qui ſort n'eſt pas $=\sqrt{(2ph)}$, mais beaucoup plus petite, en ſorte qu'il ne faut commencer à compter la quantité d'eau qui s'écoule, qu'un peu de temps après le commencement du mouvement, & lorſque le fluide ſortant peut être cenſé avoir acquis la viteſſe $\sqrt{2ph}$ au point du milieu de l'ouverture.

8. M. l'Abbé Boſſut, Tom. II de ſon *Hydrodynamique*, art. 361 & 362, trouve que la quantité d'eau qui s'écoule d'un vaſe par une petite ouverture, eſt moindre que le produit de la largeur de la veine contractée, par la viteſſe $\sqrt{(2ph)}$. Cette différence entre l'expérience & la théorie, qu'on attribue d'ordinaire aux frottemens, ne viendroit-elle pas de ce que la viteſſe du fluide à l'ouverture n'eſt pas réellement $\sqrt{(2ph)}$? Cela eſt d'autant plus vraiſemblable, que dans un vaſe qui ſe vuide, & où par conſéquent le fluide ne reſte pas toujours dans le même état, il eſt naturel & même néceſſaire de ſuppoſer variables les petits canaux dans leſquels le fluide ſe meut à chaque inſtant; ce qui emporte néceſſairement (*Opuſc.* Tom. VI, pag. 379 & ſuiv.) un terme par lequel l'expreſſion $\sqrt{(2ph)}$ de la viteſſe doit être altérée, comme nous le verrons dans la ſuite plus en détail.

9. Puiſque les particules du fluide qui ſortent au bord F de l'ouverture EF (Fig. 16), ne ſortent pas horiſontalement, mais avec une certaine obliquité, d'où

résulte la contraction de la veine, & que d'un autre côté la partie stagnante *DNF* est très-petite, & comme insensible, en sorte que le point *N* doit être très-près de *D*; il s'ensuit que quoique la courbe *NF* coupe son axe *FD* en *F* sous un angle fini, cette courbe, en allant de *F* vers *N*, doit bientôt redevenir presqu'horisontale & parallèle à *FD* dans quelque point très-proche du point *F*. On peut aussi remarquer que la courbe *FN* doit naturellement toucher son axe en *N*, car il n'y a point de raison pour que les particules descendues d'abord verticalement de *B* en *N*, se détournent brusquement en *N* par un angle fini. D'où il s'ensuit que la courbe *NF*, d'abord convexe vers *ND*, aura vraisemblablement un point d'inflexion très-proche de *F*.

10. On a vu ci-dessus (§. V, art. 28) qu'à l'ouverture, on a $-\frac{dy}{dx} = \frac{K^2.narh(n-1)}{a^2.ND^2} =$ (en mettant $\frac{K}{ND}$ pour sa valeur $\frac{a}{nrh}$) $\frac{(n-1)a}{nrh}$. D'où l'on voit qu'en prenant n tel que $n-1$ soit fort petit, $-\frac{dy}{dx}$ pourra être fini à l'ouverture, quoique rh reste très-petit.

11. Voilà donc une maniere très-simple de faire en sorte que la direction du fluide à l'extrêmité *F* de l'ouverture, fasse un angle aigu & fini avec la ligne horisontale.

12. Lorſque l'ouverture du vaſe eſt verticale & non pas horiſontale, il eſt néceſſaire que la direction des particules au premier inſtant ſoit oblique en ſortant de cette ouverture, afin que la force perdue par ces particules, combinée avec la peſanteur, ſoit perpendiculaire à l'ouverture; ce qui eſt d'ailleurs évident, puiſque d'un côté la preſſion du fluide tend à pouſſer ces particules horiſontalement, & que de l'autre leur peſanteur naturelle tend à les faire deſcendre verticalement.

13. On voit par la même raiſon que dans les inſtans ſuivans on ne ſauroit ſuppoſer que la direction des particules ſoit horiſontale, puiſque la force perdue, combinée avec la peſanteur, ne ſeroit pas perpendiculaire à la ſurface du fluide.

14. Donc la viteſſe $\sqrt{(2ph)}$ qu'on trouve dans ce cas pour celle des parties du fluide, n'eſt pas dirigée horiſontalement, mais obliquement à l'horiſon & de haut en bas, en ſorte que la viteſſe dans le ſens horiſontal, eſt moindre que $\sqrt{(2ph)}$.

15. Mais il ſe préſente ici une autre difficulté ſur l'expreſſion $\sqrt{(2ph)}$ de la viteſſe, même par une ouverture horiſontale. Cette quantité $\sqrt{(2ph)}$ va toujours en diminuant à meſure que le vaſe ſe vuide, d'où il paroît s'enſuivre que la viteſſe infiniment petite, perdue à chaque inſtant par les particules qui ſortent, eſt dirigée de haut en bas, & comme la peſanteur eſt auſſi dirigée de haut en bas, il paroît que la force totale

perdue eſt dirigée de haut en bas, & par conſéquent ne peut être détruite à l'ouverture comme elle le doit être. Examinons cette difficulté plus en détail, & avec toute la préciſion poſſible.

16. Lorſqu'un fluide ſort du vaſe $CDBA$ (Fig. 22) par l'ouverture AB, la viteſſe de AB eſt, comme l'on ſait, égale à $\sqrt{(2gq)}$, au moins après les premiers inſtans, q étant $= OI$. Dans l'inſtant ſuivant, la ſurface CD deſcend de la quantité $-dq$, & la tranche ab infiniment proche de AB, & dont la viteſſe étoit $\sqrt{(2gq)} \times \frac{AB}{ab}$, acquiert la viteſſe $\sqrt{[2g \times (q + dq)]}$, dq étant négatif. Donc à cauſe de $Ii = -\frac{dq.k}{K}$, ſi on ſuppoſe $ab = AB + \rho \times Ii = AB - \frac{\rho k dq}{K}$, la viteſſe perdue par la tranche ab ſera $= \sqrt{(2gq)} \times \left(1 + \frac{\rho k dq}{K^2}\right) - \sqrt{(2gq)} - \frac{g dq}{\sqrt{(2gq)}} = \sqrt{(2gq)} \times dq\left(\frac{\rho k}{K^2} - \frac{1}{2q}\right)$. Or il eſt néceſſaire, pour l'équilibre que cette viteſſe perdue ſoit nulle ou négative, c'eſt à dire, dirigée de I vers i; donc comme dq eſt négatif, il s'enſuit que $\frac{\rho k}{K^2} - \frac{1}{q}$ doit être zero ou poſitif; autrement le fluide ſe ſéparera dans ſa partie inférieure.

17. Il n'eſt pas difficile de voir que ρ eſt la tangente de l'angle que la direction du côté Bb, ou ce qui

revient au même, du fluide à sa sortie du vase, fait avec la verticale. Donc si K est supposée très-petite par rapport à k, la quantité $\frac{\rho k}{K^2} - \frac{1}{q}$ sera toujours positive, à moins que ρ ne fût si petite, qu'elle fût au-dessous de la quantité extraordinairement petite $\frac{K^2}{kq}$, laquelle peut être censée infiniment petite du second ordre.

18. Or la contraction sensible de la veine prouve que la direction des particules bB, au sortir d'un vase, est sensiblement oblique; d'où il s'ensuit que $\frac{\rho kq}{K^2} - 1$ est toujours positif, & qu'ainsi le fluide ne doit point se diviser à sa partie inférieure.

19. Cependant, si on avoit un vase $CDAB$, dans lequel la direction de la tangente en B fût verticale (ce qui donneroit $\rho = 0$), ou telle en un mot que $\frac{k\rho q}{K^2} - 1$ fût négatif; alors il faudroit chercher le point b dans lequel ρ' fût telle que $\frac{\rho' kq}{ab^2}$ fût $= 1$; & ce point b qui seroit très-près du point B, puisque ρ' est extrêmement petite, donneroit la tranche ab qu'il faudroit considérer comme la tranche inférieure du fluide, sans avoir aucun égard aux tranches d'au-dessous, qui devroient se séparer les unes des autres.

20. Quand même le point b ne seroit pas très-près du point B, ce qui arriveroit si la partie inférieure du vase

vaſe étoit cylindrique, on trouveroit toujours par la même méthode ce point b, & on remarquera de plus, que dans tous les cas, ab différera toujours très-peu de AB, à cauſe de la petiteſſe de ρ.

21. On voit donc que ſi le vaſe étoit cylindrique, & ſe terminoit par un tuyau cylindrique vertical, le fluide ſe ſépareroit à la partie inférieure, puiſque ρ ſeroit alors $= 0$. Mais cette ſéparation n'aura lieu qu'après les premiers inſtans, & lorſque la viteſſe du fluide qui ſort par l'ouverture, ſera ſenſiblement égale à $\sqrt{(2pq)}$.

22. Ces conſidérations peuvent ſervir à lever quelques difficultés ſur le mouvement d'un fluide dans un tuyau horiſontal & divergent, mais très-étroit, adapté à un vaſe vertical. Suppoſons que ce tuyau, quoique très-étroit (*hyp.*) à ſon ouverture, le ſoit encore infiniment davantage à l'endroit de ſon inſertion dans le vaſe; par la théorie connue, la viteſſe à la ſortie du tuyau eſt $\sqrt{(2ph)}$, h étant la hauteur du fluide au-deſſus du tuyau, & la viteſſe à l'endroit de l'inſertion $= n\sqrt{(2ph)}$, n étant un nombre infini, qui eſt le rapport des deux largeurs à l'ouverture & à l'inſertion du tuyau. Or, il répugne que la viteſſe à l'endroit de l'inſertion ſoit infinie, ſur-tout lorſqu'elle n'eſt que finie à l'ouverture du tuyau. On peut d'abord répondre que cette ſuppoſition d'un étranglement *infiniment petit* à l'inſertion du tuyau eſt précaire, l'infiniment petit n'exiſtant pas dans la nature. On peut répondre, en ſecond lieu, d'après la théorie précédente, que dans

le cas d'un tuyau horiſontal divergent, les particules de fluide ne formeront pas dans ce tuyau une maſſe continue, mais qu'elles ſe ſépareront les unes des autres, & que la véritable viteſſe $\sqrt{(2ph)}$ exiſtera, non à l'ouverture du tuyau, mais à l'endroit où il s'inſere au vaſe. En effet, il eſt facile de voir, que par la divergence même du tuyau, la viteſſe du fluide, depuis l'inſertion juſqu'à l'ouverture, doit aller en diminuant, & que par conſéquent les forces qui devroient être détruites, ſeroient dirigées en allant de l'inſertion vers l'ouverture, d'où il eſt clair qu'elles ne pourroient être détruites, puiſqu'aucune force contraire & dirigée de l'ouverture vers l'inſertion, n'en détruiroit l'effet. Donc le fluide doit ſe ſéparer dans ce tuyau additionnel divergent.

23. Il en eſt à peu-près de même lorſqu'un tube cylindrique eſt adapté horiſontalement à un vaſe vertical rempli de fluide; car depuis l'endroit où la veine ſe contracte juſque vers l'ouverture, il paroît que la viteſſe va en diminuant, & qu'ainſi le fluide doit ſe ſéparer.

24. Lorſque le fluide ſe meut en vertu de ſa peſanteur dans un vaſe indéfini & convergent dans lequel K ſoit fort petit, alors la viteſſe de la tranche inférieure va toujours en augmentant. Car la diſtance q de la tranche inférieure à la ſupérieure va toujours en augmentant, à cauſe de la convergence du vaſe, & ſi on ſuppoſe une tranche m de largeur très-petite & conſtante, dont la viteſſe ſoit u, on aura $uu = \frac{2pq.KK}{mm}$; d'où la viteſſe

de la tranche inférieure K sera $\frac{um}{K}$, ou $\surd(2pq)$, & par conséquent ira toujours en augmentant.

25. Nous avons trouvé, dans notre *Essai sur la résistance des Fluides*, art. 144, & Tom. V *Opusc.* pag. 90, que l'équation de la veine du fluide étoit $dx^2 + dy^2 = \frac{y^2 dx^2 (x+h)}{a^2 h}$, équation qui, comme nous l'avons remarqué, ne paroît pas intégrable par les méthodes connues, & dans laquelle a est la valeur de y lorsque $x = 0$, x étant la distance de l'ouverture aux différentes tranches y de la veine, & h la hauteur due à la vitesse à l'ouverture.

26. On pourroit penser d'abord qu'en supposant que $y^2 = \frac{a^2 h}{x+h}$; & que $\surd[2p(h+x)]$ soit la vitesse de chaque tranche, cette équation donnera la figure de la veine. En effet, si la veine avoit cette figure & cette vitesse dans les différentes tranches, il est aisé de voir que tous les points de cette veine descendroient librement comme ils feroient par leur pesanteur, & qu'il n'y auroit aucune force anéantie, ni par conséquent aucune pression, puisque l'effet de la pesanteur seroit tout employé à mouvoir les tranches du fluide.

27. Pour juger de la légitimité de cette supposition, il faut considérer, qu'en faisant dans cette hypothèse $ddx = pdt^2$, comme cela doit être, 1°. ydx doit être constant, puisque $\frac{ydx}{a\surd 2ph} = dt$, que h & a sont const.

tans. Donc $\frac{ddx}{dx} = -\frac{dy}{y} = (hyp.) \frac{dx}{2(h+x)}$; donc à cause de $ddx = p\,dt^2 = \frac{py^2 dx^2}{2a^2 ph} = \frac{y^2 dx^2}{2a^2 h}$, on aura $\frac{ddx}{dx} = \frac{y^2 dx}{2a^2 h} = \frac{a^2 h}{x+h} \times \frac{dx}{2a^2 h} = \frac{dx}{2(h+x)}$, ce qui s'accorde parfaitement. Ainsi l'équation $\frac{ddx}{dx} = -\frac{dy}{y}$, a réellement lieu dans cette hypothèse. Mais, 2°. puisque les tranches sont supposées se mouvoir librement, il est clair que ds ne doit être augmenté que de la quantité $\frac{dx\,ddx}{ds}$, qui répond à ddx; il faudroit donc qu'on eût $ds\,dds = dx\,ddx$, & par conséquent dy constant, puisque $ds^2 = dx^2 + dy^2$ donne $ds\,dds = dx\,ddx + dy\,ddy$; donc il faudroit qu'on eût à-la-fois dy & $y\,dx$ constans, ou $\frac{dy}{y} = B\,dx$, ce qui ne s'accorde pas avec l'équation supposée $y^2 = \frac{a^2 h}{x+h}$.

28. Pour nous assurer d'une autre maniere que l'équation $y^2 = \frac{a^2 h}{h+x}$ ne représente point la figure de la veine, prenons l'équation de cette veine $dx^2 + dy^2 = \frac{y^2 dx^2 (x+h)}{a^2 h}$, ou $\frac{dx^2}{y^2} + \frac{dy^2}{y^2} = \frac{dx^2 (x+h)}{a^2 h}$; & nous aurons en mettant pour y^2 sa valeur supposée $\frac{a^2 h}{h+x}$, l'équation $\frac{h+x}{a^2 h} + \frac{1}{4(h+x)^2} = \frac{x+h}{a^2 h}$, qui doit être

vraie, quelle que ſoit x, & qui, comme il eſt évident, ne ſauroit avoir lieu.

29. En un mot, les conditions de $dds = pdt^2 \cdot x \frac{dx}{ds}$, de $ddx = pdt^2$, & de ydx conſtant ne ſauroient ſubſiſter toutes à-la-fois ; or il faudroit qu'elles euſſent lieu en même-temps, ſi la viteſſe des tranches de la veine étoit celle des corps peſans libres, & ſi les tranches étoient en raiſon inverſe de cette viteſſe.

30. Les mêmes raiſons par leſquelles nous venons de prouver que la veine du fluide ne peut avoir pour équation $y^2 = \frac{a^2 h}{h+x}$, prouvent que cette équation ne peut repréſenter, comme l'a cru M. Newton, la cataracte ou courbe ſuivant laquelle le fluide ſe meut au-dedans du vaſe. M. Bernoulli, dans ſon Hydraulique, a déja fait voir, par d'autres raiſons, l'impoſſibilité de cette prétendue cataracte ; mais celle que nous venons d'en donner, eſt encore plus ſimple & plus directe.

31. M. l'Abbé Boſſut, dans ſon *Hydrodynamique*, trouve par ſes expériences que la contraction de la veine eſt $= \frac{2}{3}$ de l'ouverture ; & M. de Borda trouve de ſon côté par les ſiennes $\frac{1}{2}$. Ces deux ſavans Géomètres diffèrent auſſi ſur la conſtruction de la veine dans les tuyaux additionels. Ainſi cet objet pourroit encore mériter de nouvelles recherches de la part des Géomètres Phyſiciens.

§. VII.

Examen du mouvement des particules du fluide, indépendamment d'aucune hypothèse, & d'aucune expérience.

1. Nous avons supposé jusqu'ici que les tranches horisontales du fluide se mouvoient parallèlement à elles-mêmes. Cette hypothèse, confirmée autant qu'il est possible par l'expérience, n'a lieu, comme nous l'avons vu, qu'en supposant qu'on ait égard à la tenacité & à l'adhérence des particules du fluide, tant entr'elles qu'aux parois du vase. Mettons à part cette tenacité & cette adhérence, & voyons ce qui en doit résulter.

2. Nous observerons d'abord qu'indépendamment même de cette force de tenacité & d'adhérence, il faut nécessairement admettre dans les tranches horisontales du fluide, une force qui tende à rapprocher & à resserrer ces parties des parois vers l'axe. Car en regardant même le tuyau comme infiniment étroit, pourvu que son ouverture ait moins de largeur que sa surface, ou, plus généralement, supposant un tuyau infiniment étroit & convergent vers sa base, il est clair que la vitesse verticale dans chaque tranche sera en raison inverse de sa largeur, ce qui ne peut être si on n'admet pas une force horisontale qui tende à resserrer les parties

du fluide dans le sens horisontal, c'est-à-dire, des parois vers l'axe.

3. En second lieu, nous avons prouvé dans le §. I, qu'on ne sauroit supposer au premier instant la force motrice $\pi = p$ dans toute l'étendue de la partie rectangle $LEFM$ (Fig. 13) qui est au-dessus du trou EF. Or delà il résulte d'abord que si π étoit $= p$ dans toute l'étendue de la seule ligne KO qui est au-dessus du centre O du trou, on auroit π tantôt $>$, tantôt $< p$ dans les différens points des lignes verticales parallèles à KO, & placées dans l'espace $LEFM$. Cette assertion est fondée, 1°. sur ce que $\int(p - \pi)dx$ doit être $= 0$ dans chacun de ces canaux; 2°. sur ce que $\int p dx$ étant le même dans tous les canaux verticaux égaux & parallèles à KO, $\int \pi dx$ doit aussi y être le même; d'où l'on peut conclure aisément que si π est $> p$ en certains points d'une verticale différente de KO, il sera nécessairement plus grand en d'autres.

4. Cette proposition même seroit vraie quand π ne seroit pas $= p$ dans toute l'étendue de la ligne KO. Car $\int \pi dx$ devant être la même dans toutes les colonnes verticales placées au-dessus de l'ouverture EF, il est clair qu'on fera sur la valeur variable de π le même raisonnement que dans l'article précédent.

5. Il est clair de plus que cette proposition est vraie indépendamment de toute force horisontale supposée ou non dans les parties du fluide, puisque π étant la force verticale, $\int p dx - \int \pi dx$ doit toujours être $= 0$,

(indépendamment de toute autre force) dans toutes les colonnes verticales dont il s'agit.

6. Je dis maintenant que dans les parties ſupérieures de la colonne KO, la force π doit être plus grande que dans les parties correſpondantes des autres colonnes verticales, & plus petite au contraire dans la partie inférieure. En effet, ſoit $KMFO$ (Fig. 23.) le parallélogramme ou cylindre qui a pour baſe la demi-ouverture OF, ml une colonne quelconque verticale renfermée dans cet eſpace & parallèle à KO, qg une ligne horiſontale, φ les forces perdues dans le canal KO, φ' les forces perdues dans le canal ml. Il eſt clair, 1°. que ſi dans le canal qg, il y a des forces horiſontales au premier inſtant, elles ſeront toutes dirigées de g vers q, & que par conſéquent les forces horiſontales qui doivent être détruites, ſeront dirigées de q vers g; or le canal Kqg doit être en équilibre (en vertu des forces détruites) avec le canal mg. Donc ſi on nomme Kq ou mg, x, & R la ſomme des forces qui agiſſent horiſontalement de q vers g, on aura $\int\varphi dx + R = \int\varphi' dx$, & par conſéquent $\int\varphi' dx > \int\varphi dx$, excepté lorſque $x = KO$, où $\int\varphi' dx$ doit être $= \int\varphi dx$, car à l'ouverture OF, R eſt $= 0$, attendu qu'il n'y a point de forces horiſontales à l'ouverture, les forces perdues devant être perpendiculaires à OF. Donc depuis qg juſqu'en OF, diſtance ou eſpace où l'on ſuppoſe que les forces horiſontales agiſſent, on aura $\int\varphi' dx > \int\varphi dx$ tant que x ne ſera pas $= KO$ que j'appelle

h;

h; & lorſque x ſera $=h$, on aura $\int \varphi' dx = \int \varphi dx$. Donc dans cet eſpace $gqlo$, on aura d'abord $\varphi' > \varphi$, & par conſéquent $p - \varphi'$, ou les forces accélératrices verticales dans la colonne ml, plus petites que les forces accélératrices verticales $p - \varphi$ dans la colonne KO; & de plus, comme R eſt d'autant plus grand que qg eſt plus grand, il eſt clair que plus la colonne ml s'éloignera de O & ſera près de F, plus $\int \varphi' dx$ ſurpaſſera $\int \varphi dx$, & par conſéquent plus la force accélératrice $p - \varphi'$, que j'appelle π', ſera au-deſſous de la force accélératrice $p - \varphi$, que j'appelle π. Maintenant il faut remarquer que comme $\int \varphi' dx$ & $\int \varphi dx$ ſont $= 0$ lorſque $x = h$, toutes les valeurs de φ' & de φ ne ſont pas poſitives, mais qu'elles doivent commencer à être négatives à une certaine diſtance de l'ouverture OF, & continuer ainſi juſqu'à l'ouverture; de plus, puiſque $\int \varphi' dx$ qui eſt $> \int \varphi dx$, tant que x eſt $< h$, devient $= \int \varphi dx$ lorſque $x = h$, il s'enſuit que φ', après avoir été d'abord plus grand que φ, juſqu'à une certaine diſtance de l'ouverture, doit être enſuite négatif & plus grand juſqu'à l'ouverture. Donc la force accélératrice $p - \varphi'$ doit d'abord être $<$ que la force accélératrice $p - \varphi$, juſqu'à une certaine diſtance de l'ouverture (& d'autant plus petite que la colonne ml eſt plus éloignée de O, & plus près de F), & enſuite la force accélératrice $p - \varphi'$ (qui eſt alors $> p$ à cauſe de φ' négatif) ſera $> p - \varphi$ juſqu'à l'ouverture, & d'autant plus grande que ml eſt plus près de F; d'où il paroît que les viteſſes verticales dans les différens points de l'ouverture *DF*, ou très-près au moins de cette ouverture, doivent aller en augmentant de *O* en *F*, en même-temps qu'elles iront en diminuant dans la partie *qg* de *q* vers *u*.

7. Ces conſidérations ſur la valeur de π dans les tuyaux verticaux parallèles à *KO*, & terminées à l'ouverture *EF*, ne ſauroient s'appliquer (du moins ſans quelque modification) aux tuyaux verticaux *NQ*, terminés à la baſe *FQ* (Fig. 13); en effet, dans ces ſortes de tuyaux, ce n'eſt pas la partie ſeule *NQ* qui doit être en équilibre (comme dans les tuyaux *KO*, *MF*, &c. terminés à l'ouverture), mais le tuyau entier *NQF*, en ſorte que ſi on nomme ds', les particules de *FQ*, & π' les forces qui les animent, on aura $\int(p-\pi)dx - \int\pi'ds' = 0$, $\int\pi'ds'$ étant évidemment une quantité poſitive, d'autant plus grande que *FQ* eſt plus grand, c'eſt-à-dire, que le point *Q* eſt plus éloigné de *F*, & plus près de *C*.

8. Donc $\int(p-\pi)dx$ n'eſt pas ici $= 0$, comme dans les tuyaux *KO*, *MF*, &c., mais une quantité poſitive d'autant plus grande, que le tuyau *NQ* eſt plus près de la paroi *DC*. Donc π eſt d'autant moindre dans le tuyau vertical *NQ*, que le point *Q* eſt plus près de *C*.

9. Les mêmes obſervations auront lieu pour un vaſe de figure quelconque comme *ABCD* (Fig. 14) entierement ouvert à ſon extrêmité *CD*; & l'inégalité

des forces π dans une même tranche horifontale, n'y fera pas moins fenfible que dans un vafe cylindrique percé d'un trou à fa partie inférieure.

10. Concluons que l'hypothèfe la plus exactement rigoureufe qu'on puiffe faire fur le mouvement des particules du fluide, eft d'imaginer qu'elles fe meuvent, non par tranches parallèles, mais fuivant des filets ou tuyaux *aeuf*, *DEif*, *HGng* (Fig. 24), qui foient courbes en tout ou en partie, & qui s'étendent même jufque dans l'efpace cylindrique ou rectangle *KMFO* qui a l'ouverture *OF* pour bafe.

11. Si la furface fupérieure du fluide ne fe mouvoit pas au premier inftant parallèlement à elle-même, alors la viteffe des particules qui fortent par le trou, ne feroit pas $= \frac{Vk}{K}$, k étant la furface fupérieure, V fa viteffe moyenne, & K le diamètre du trou, mais elle feroit plus petite. En effet, foit, par exemple, V la viteffe primitive & infiniment petite de la particule qui eft dans la furface fupérieure, immédiatement au-deffus du centre de l'ouverture, u celle de l'extrêmité de la furface fupérieure voifine des parois, & la viteffe des autres points $= u + \frac{(V-u)x^n}{k^n}$, x étant la diftance de chaque point aux parois, il eft aifé de voir que la viteffe moyenne des particules de l'ouverture fera $= \frac{uk + \int \frac{(V-u)x^n dx}{k^n}}{K}$

$$= \frac{uk + \frac{(V-u)k^{n+1}}{(n+1)k^n}}{K} = \frac{uk(n+1)+(V-u)k}{K(n+1)} =$$

$\frac{ukn+Vk}{K(n+1)}$; quantité évidemment moindre que $\frac{Vk}{K}$, puiſque u eſt $< V$.

12. Si on n'admet pas le parallèliſme des tranches, & qu'on ſuppoſe les particules du fluide mues au premier inſtant dans des tuyaux ou filets infiniment étroits qui aboutiſſent de la ſurface à l'ouverture, il eſt clair, 1°. que ces tuyaux ou filets iront en ſe rétréciſſant vers l'ouverture ; 2°. qu'ils ſeront d'autant plus longs, & la partie inférieure d'autant plus étroite, qu'ils ſe trouveront plus près des parois & de la baſe, où l'expérience prouve que la viteſſe horiſontale eſt très-grande; d'où il s'enſuit qu'en ſuppoſant tous ces tuyaux de largeur égale à la ſurface du fluide, ſuppoſition naturelle & permiſe, & nommant cette largeur α, ds les élémens des tuyaux, & y leurs largeurs à chaque point, priſes perpendiculairement au tuyau, la quantité $\int \frac{\alpha ds}{y}$ ſera d'autant plus grande que le tuyau ſera plus près des parois & de la baſe, & que par conſéquent la force motrice de la ſurface $\pi = \frac{ph}{\int \frac{\alpha ds}{y}}$ ſera d'autant plus petite au premier inſtant pour chacun de ces tuyaux; d'où il eſt viſible que la ſurface ne deſcendra point parallèlement à elle-même dans ce premier inſtant, ni

à plus forte raiſon dans les autres ; mais que les points auront une force accélératrice & une viteſſe d'autant moindre, qu'ils ſeront plus près des parois.

13. Puiſque la viteſſe initiale paroît devoir aller en diminuant de *K* vers *M*, & aller au contraire en augmentant vers les parties inférieures, & que de plus la viteſſe initiale tant à la ſurface qu'à l'ouverture, eſt dirigée verticalement, il s'enſuit que ſi on ſuppoſe α la même dans la partie ſupérieure de ces tuyaux (ſuppoſition permiſe), & qu'on appelle β l'ouverture inférieure de chacun de ces petits tuyaux, β ira en diminuant de *O* vers *F*, parce que les viteſſes à la ſurface & à l'ouverture doivent être dans chaque tuyau en raiſon de β à α. Cette aſſertion ſeroit encore vraie, quand même la viteſſe de *O* en *F* ſeroit par-tout la même, pourvu qu'elle aille en diminuant de *K* vers *M*. Ce ſeroit une hypothèſe précaire que de ſuppoſer β proportionnel à α dans ces différens tuyaux.

14. J'ai démontré ailleurs qu'au premier inſtant du mouvement, dans un vaſe *ABCD* (Fig. 14), le mouvement du fluide ſe déterminoit par l'équation $\varphi(x+y\sqrt{-1})-\varphi(x-y\sqrt{-1})=2M\sqrt{(-1)}$, *M* étant une conſtante pour chacun des filets du fluide. Voyez les Tomes I & V de mes *Opuſcules*, IVe & XXXIe Mémoires, &c. ainſi que mon *Eſſai ſur la réſiſtance des Fluides*. C'eſt une équation dont pluſieurs célèbres Géomètres ont fait uſage depuis le temps où je l'ai trouvée. Il s'agit à préſent, la courbure des parois

BMND étant donnée, de déterminer la fonction φ. Pour cela, ſuppoſons une courbe dont on a l'équation en x & en y; & imaginons que cette courbe ſoit exprimée par une autre équation $\Delta(x+ay)+\Psi(x+by)=c$, dans laquelle a, b, c, ſont des conſtantes, & Δx, Ψx, des fonctions inconnues; on propoſe de déterminer ces fonctions.

15. Soit d'abord $x+ay=u$, $x+by=u'$, on aura $x=a'u+b'u'$, $y=c'u+e'u'$, a', b', c', e' étant des conſtantes; & l'équation donnée de la courbe en x & en y, ſera donnée en u & en u' en mettant pour x & y leurs valeurs. Or il eſt clair qu'on tirera de cette équation une valeur de u en u', ou de u' en u, c'eſt-à-dire, $u=\varphi u'$, ou $u'=\varphi' u$; ou en général $\Delta u=\varphi u'$, & $\Delta u'=\varphi' u$, Δu & $\Delta u'$ étant des fonctions qu'on peut prendre telles qu'on voudra. De plus, l'équation $\Delta(x+ay)+\Psi(x+by)=c$ ſe changera en $\Delta u+\Psi u'=c$. Soit ſuppoſée connue une de ces deux fonctions qu'on prendra à volonté, par exemple, Δu, & au lieu de l'équation $\Delta u+\Psi u'=c$, on écrira $\varphi u'+\Psi u'=c$, d'où l'on tirera $\Psi u'=c-\varphi u'$. Ce cas n'a aucune difficulté. Mais ſi les deux fonctions Δx & Ψx ſont ſuppoſées ſemblables, c'eſt-à-dire, ſi on a $\Delta(x+ay)+B\Delta(x+by)=c$, il faut alors chercher une autre ſolution, parce que la fonction Δ ne peut pas être priſe à volonté. Voici un eſſai de méthode pour déterminer cette fonction qui pourra être employé en pluſieurs cas.

16. Avant de chercher la fonction Δ, je remarque

que ſi on a l'équation d'une courbe en u & en u', exprimée de deux manieres différentes, & que de ces deux équations différentiées on en tire deux autres, qui donneront chacune une valeur de $\frac{du}{du'}$, ces deux valeurs comparées entr'elles, donneront une troiſiéme équation en u & u', laquelle ſera, ou identique ſi l'une des conſtantes qui ſe trouvoient dans les deux premieres équations a diſparu, ou non identique & analogue aux deux premieres, ſi aucune des conſtantes n'a diſparu. On peut obſerver de plus, que toutes les conſtantes que renferment les équations peuvent ſe réduire à une ſeule; car ſi ces conſtantes ſont, par exemple, A, B, C, &c. on peut ſuppoſer $B = mA$, $C = nA$, m & n étant de ſimples nombres, il n'y aura par conſéquent dans l'équation de vraie ligne conſtante que A. On peut au reſte laiſſer ſubſiſter toutes les conſtantes, ſous la forme qu'elles ont, ſi on le juge plus commode.

17. Pour éclaircir par un exemple ce que nous venons de remarquer dans l'article précédent, ſoit $xx + yy = aa$ l'équation d'un cercle, & $\sqrt{(xx + yy)} = a$ l'équation du même cercle, l'équation $xdx + ydy = 0$ donnée par la différentiation de la premiere, étant comparée à l'équation $\frac{xdx + ydy}{\sqrt{(xx+yy)}} = 0$, donnée par la différentiation de la ſeconde, donnera $\frac{xdx}{\sqrt{(xx+yy)}} = \frac{xdx}{\sqrt{(xx+yy)}}$, équation identique; mais

si on prenoit pour les deux équations $xx+yy=aa$, & $y=\sqrt{(aa-xx)}$, on auroit par la différentiation de la premiere $dy=-\frac{xdx}{y}$, & par celle de la seconde, $dy=-\frac{xdx}{\sqrt{(aa-xx)}}$; d'où $y=\sqrt{(aa-xx)}$, équation qui est encore au cercle, comme les deux premieres. On pourroit donner des exemples plus compliqués, mais celui-là est suffisant.

18. Remarquons encore qu'on peut tirer d'une même équation deux valeurs différentes de $\frac{dx}{dy}$; par exemple, soit $xx+my^2=n^2$, m étant un nombre, & n une ligne constante, on aura $xdx+mydy=0$, ou $\frac{dx}{dy}=-\frac{my}{x}$; de plus, on a $\frac{x^2-n^2}{yy}=m$; d'où $\frac{xdx}{x^2-n^2}=\frac{dy}{y}$, & $\frac{dx}{dy}=\frac{x^2-n^2}{yx}$.

19. Tout cela supposé, revenons maintenant à notre problême, & soit $\varphi(u, u')=A$, l'équation de la courbe, il est clair d'abord qu'en différentiant cette équation, on aura une valeur de $\frac{du'}{du}=\varphi'(u, u')$, dans laquelle A ne se trouvera pas. Supposons de plus que l'équation dans laquelle il faut déterminer Δx soit $\Delta(x+ay)+B\Delta(x+by)=A$, & que la quantité ou ligne constante A ne se trouve point dans Δx; en ce cas, après avoir mis l'équation sous la forme $\Delta u+B\Delta u'=A$, on la différentiera pour en tirer une valeur de

de $\frac{du'}{du}$, & ces deux valeurs de $\frac{du'}{du}$ étant comparées donneront une équation identique de la forme suivante,

$$\Delta' u \times (1 + D\varphi(u, u')) + \Delta' u' \times (E + F\varphi(u, u')) = 0. \text{(I.)}$$

On différentiera cette équation, d'abord en faisant varier u seulement, puis en faisant varier u' seulement, & on en tirera deux autres équations finies, après avoir simplement effacé du dans la premiere, & du' dans la seconde; & on aura deux nouvelles inconnues $\Delta'' u$ & $\Delta'' u'$, qui viennent de la différentiation de $\Delta' u$ & de $\Delta' u'$. Par le moyen de ces deux équations & de l'équation (I), on chassera $\Delta' u'$ & $\Delta'' u'$, & on aura une équation dans laquelle il n'y aura d'inconnue que $\Delta' u$ & $\Delta'' u = \frac{d(\Delta' u)}{du}$; dans tous les autres termes de l'équation, on mettra pour u' sa valeur connue en u, & on aura une équation différentielle dont l'inconnue sera $\Delta' u$ avec sa différence $d\Delta' u$, & qui étant intégrée, si elle le peut être, donnera la valeur cherchée de $\Delta' u$.

20. Au lieu de faire évanouir $\Delta' u'$ & $\Delta'' u'$, on pourroit faire évanouir $\Delta' u$, & $\Delta'' u$, & alors l'équation finale aura pour inconnue $\Delta' u'$. Il faudra de plus que la forme ou valeur de $\Delta' u'$ qu'on en tirera, soit la même en u', que celle de $\Delta' u$ étoit en u, sans quoi la solution seroit illusoire; car il faut bien remarquer que tous les calculs ci-dessus supposent la solution possible, & que si elle ne l'est pas, les valeurs de $\Delta' u$ &

de $\Delta'' u'$, ainſi que celles de leurs différentielles, ne ſeront pas d'accord.

21. Si la quantité A devoit ſe trouver dans Δx, en ce cas l'équation (I) ne ſeroit pas identique, & il faudroit la différentier en faiſant varier à-la-fois u & u', & mettant pour du' ſa valeur connue en du. De plus, on donneroit alors à l'équation $\varphi(u, u') = A$, ce qui eſt toujours poſſible, une autre forme, ſoit en prenant une autre conſtante que A, s'il y en a pluſieurs, ſoit en laiſſant ſubſiſter cette quantité A dans la différentiation de l'équation donnée de la courbe; delà on tireroit par la nouvelle différentiation, une nouvelle valeur de du' en du, & cette valeur étant miſe dans la différentielle de l'équation $\Delta u + B \Delta u' = c$, on auroit une nouvelle équation, que j'appelle (II), & qu'on différentieroit comme l'équation (I) en faiſant varier u & u'; on auroit donc quatre équations & quatre inconnues, $\Delta' u$, $\Delta'' u$, $\Delta' u'$ & $\Delta'' u'$, par le moyen deſquelles on chaſſera $\Delta' u'$ & $\Delta'' u'$; d'où l'on tirera, comme dans le premier cas, la valeur de $\Delta' u$, par deux équations qui doivent l'une & l'autre s'accorder entr'elles, ſi la ſolution eſt poſſible.

22. Si au lieu de $x + ay$, de $x + by$, & de c, on ſuppoſoit des fonctions connues & à volonté de x & de y, ſavoir, $\Gamma(x, y)$, $\Gamma'(x, y)$, $\Pi(x, y)$, on pourroit encore appliquer à ce cas très-général la ſolution précédente, car ſoit $\Gamma(x, y) = u$, $\Gamma'(x, y) = u'$, on aura la valeur de x & celle de y en u & en u',

& par conſéquent on aura, au lieu de c, une fonction connue de u & de u'; d'où $\Delta u + B\Delta u' = \Xi(u, u')$, $\Xi(u, u')$ étant une fonction connue de u & de u'. Après quoi on achevera le reſte de la ſolution comme ci-deſſus.

23. Au lieu d'opérer ſur les équations en u, u', on pourroit opérer ſur les équations en x & en y, préciſément de la même maniere qu'on a fait pour les équations en u & en u'; il pourroit même ſe faire que l'opération ſur x & ſur y donnât une ſolution plus facile ou plus générale, au moins en certains cas, par la raiſon que ſi on différentie, par exemple, Δu, en faiſant varier u', on a $d\Delta u = 0$, & Δu diſparoît, au lieu que ſi on différentie $\Delta(x + ay)$ en faiſant varier d'abord x, & enſuite y, la quantité $\Delta'(x + ay)$ ſubſiſte dans l'une & l'autre différentielle, ce qui peut-être pourroit en certains cas faciliter le calcul, & mener plus ſûrement à la ſolution. C'eſt un eſſai que les Géometres pourront faire.

24. Au reſte, il y a des cas où les valeurs de Δu & $\Delta u'$ peuvent ſe trouver tout de ſuite & ſans calcul. Par exemple, ſoit $xy = A$ & $\Delta(x + y\sqrt{-1}) - \Delta(x - y\sqrt{-1}) = B$, ce qui donne à cauſe de $x + y\sqrt{-1} = u$, & de $x - y\sqrt{-1} = u'$, $x = \frac{u + u'}{2}$ & $y = \frac{u - u'}{2\sqrt{(-1)}}$, on trouvera $\frac{\Delta' u}{\Delta' u'} = \frac{u}{u'}$; d'où l'on voit évidemment que $\Delta' u = u$, & $\Delta' u' = u'$; & ſi on vou-

loit ſuivre les méthodes données ci-deſſus, on feroit $\Delta'u = \frac{\Delta'u' \times u}{u'}$; d'où en faiſant varier u' ſeulement, on auroit $u \times d\left(\frac{\Delta'u'}{u'}\right) = 0$, & $\frac{\Delta'u'}{u'} =$ à une conſtante.

25. Dans la méthode que nous avons donnée, comme nous ſubſtituons dans l'équation finale, la valeur de u' en u, tirée de l'équation $\varphi(u, u') = A$, il ſemble que la quantité A doit toujours ſe trouver dans cette équation finale, & par conſéquent dans la valeur de $\Delta'u$. Mais il arrivera dans pluſieurs cas, que cette quantité A diſparoîtra ; l'exemple précédent, de $xy = A$, en eſt la preuve.

26. Lorſque l'équation entre $\Delta'u$, $\Delta'u'$, & $\varphi'(u, u')$ eſt identique, c'eſt-à-dire, lorſque la conſtante a de l'équation $\varphi(u, u') = a$, ne doit pas ſe trouver dans Δu, alors il eſt clair que l'équation $\varphi(u, u') = a$, peut repréſenter tous les filets de fluide, en faiſant ſeulement varier a; puiſque le calcul pour chacun de ces filets ſera abſolument le même que pour la courbe des parois du vaſe.

27. Soit en général $\varphi(x + ay) - \varphi(x - ay) = A$, & ſoit ſuppoſé $x + ay = u$, $x - ay = u'$, on aura d'abord $\varphi u - \varphi u' = A$, & (en faiſant $\varphi u = V$, $\varphi u' = V'$) $V - V' = A$, & $V' = V - A$. De plus, puiſque $\varphi u = V$, & $\varphi u' = V'$, on aura $u = \Delta V$, & $u' = \Delta V' = \Delta(V' - A)$. Donc par l'équation donnée de la courbe, on aura une équation entre ΔV &

$\Delta(V-A)$ qui pourra être exprimée de cette ſorte, $\Delta(V-A)=\Gamma(\Delta V)$. Donc ſi on fait $\Delta V=z$, on aura $z-\frac{A\,dz}{dV}+\frac{A^2\,ddz}{2\,dV^2}-\frac{A^3\,d^3z}{2.3\,dV^3}$ &c. $=\Gamma z$. C'eſt l'équation générale la plus ſimple pour avoir z.

28. Si on avoit $y=f+hx$, & que dans ce cas on cherchât la valeur de φx, on trouveroit que l'équation à réſoudre ſeroit $\Delta V+B\Delta(V-A)+C=0$, puiſqu'on auroit $u+f'+g'u'=0$, en vertu des équations $x+ay=u$, $x-ay=u'$, $y=f+hx$; or cette équation peut s'intégrer ou ſe réſoudre par des méthodes connues. Voyez le Tome V de nos *Opuſcules*, page 106 & ſuiv. En effet, pour intégrer cette équation, on commencera d'abord par la différentier, ce qui donne $\Delta'V+B\Delta'(V-A)=0$; ſoit enſuite $\Delta'V=z$, & on aura $z+Bz-\frac{A\,dz}{dV}+\frac{A^2\,ddz}{2\,dV^2}+\frac{A^3\,d^3z}{1.2.3\,dV^3}$, &c. $=0$; ſoit encore $z=B'c^{fV}$, & on aura $1+B-Af+\frac{A^2f^2}{2}-\frac{A^3f^3}{2.3}$, &c. $=0$, ou $B+c^{-Af}=0$; donc $-Af=\log.-B$. On peut remarquer plus généralement que l'équation $\Delta'V=-B\Delta'(V-A)$ appartient à une courbe, dont les abſciſſes ſont V, & les ordonnées $\Delta'V$, & dont les ordonnées diſtantes l'une de l'autre de la quantité A, ſont en raiſon de 1 à $-B$; de ſorte que ſi on prend ſur l'axe de cette courbe des parties conſécutives $=A$, les ordonnées ſeront en progreſſion géométrique dont $-B$ ſera l'expoſant; ce qui

s'accorde avec le résultat précédent. Nous ne faisons qu'indiquer ici la solution, dont nous ne poussons pas plus loin le détail.

29. Soit en général $\Pi(x, y)$ & $\Pi'(x, y)$ deux fonctions connues de x & de y, & soit $\Pi(x, y) + B\Pi'(x, y) = C$, B & C étant des constantes, on propose de trouver une fonction φ, telle que $\varphi(\Pi(x, y)) + E\varphi\Pi'(x, y) = A$, A étant une constante. Pour cela, soit $\varphi(\Pi(x, y)) = V$, & $\varphi(\Pi'(x, y)) = V'$, on aura évidemment $\Pi(x, y) = \Delta V$, & $\Pi'(x, y) = \Delta V'$; d'où $V + EV' = A$, & par conséquent $V = -EV' + A$, & $\Delta(A - EV) + B.\Delta V = C$. D'où il est clair que si $E = -1$, on aura $\Delta(V + A) + B\Delta V = C$; équation dans laquelle on peut trouver ΔV par la méthode de l'article précédent.

30. Nous avons déja remarqué dans ce même Tome V, page 110, qu'il y a des cas où $\varphi(x + y\sqrt{-1}) - \varphi(x - y\sqrt{-1})$ ne devient point $= 0$ lorsque $y = 0$. On peut demander en général quels sont ces cas. Ce sont ceux où lorsque $y = 0$, φx devient infinie. Nous en avons donné un exemple pour le cas de $y = f + hx$.

31. Nous remarquerons aussi à cette occasion que dans l'équation $\varphi(x + y\sqrt{-1}) - \varphi(x - y\sqrt{-1}) = 2M\sqrt{-1}$, la quantité M ne doit pas se trouver dans φx, si on la fait varier à-la-fois dans les deux membres de l'équation, mais qu'elle peut se trouver dans φx, en y restant toujours la même, tandis qu'elle variera dans le second membre $2M\sqrt{(-1)}$.

32. Il faut donc modifier à cet égard l'aſſertion des pag. 109 & 110 de notre Tom. V, & dire que l'équation $\varphi(x+y\sqrt{-1})-\varphi(x-y\sqrt{-1})=2M\sqrt{(-1)}$, peut repréſenter tous les filets, quand même M entreroit dans φx, pourvu que M ne varie pas dans φx, & varie ſeulement dans le ſecond membre $2M\sqrt{(-1)}$.

33. Comme l'équation $\varphi u - \varphi u' = A$, donne la différentielle $du\Delta u - du'\Delta u' = 0$, ou $du\Delta u = du'\Delta u'$, dans laquelle du & u, ainſi que du' & u' entrent de la même maniere, on pourroit croire auſſi que du & u, ainſi que du' & u', doivent entrer de la même maniere dans l'équation différentielle de la courbe $du' = du\varphi(u, u')$. Mais il eſt aiſé de voir (Tom. V, *Opuſc.* pag. 113), par exemple, que dans l'équation $\frac{u-v}{2\sqrt{-1}} = (P+Q)\left(\frac{u+v}{2}\right)$, u & v n'entrent pas de la même maniere; quoiqu'on ſache d'ailleurs que l'on peut trouver en ce cas la valeur de φu.

34. Les recherches précédentes ſont relatives au mouvement du fluide dans le premier inſtant, mouvement dont nous avons été principalement occupés juſqu'ici. Quant au mouvement du même fluide dans les inſtans ſuivans, on peut voir ce que nous en avons dit dans les Mémoires déja cités. On peut voir auſſi les ſavantes recherches de MM. de la Grange & Euler ſur ce ſujet, dans les Mém. de Turin, de Berlin, & de Peterſbourg, recherches fondées ſur les mêmes principes qui ſervent de fondement à la théorie nouvelle, générale & ri-

goureuſe que j'ai donnée le premier du mouvement des fluides.

§. VIII.

De la preſſion qu'un fluide mu dans un vaſe, exerce ſur les parois du vaſe.

1. Nous avons fait voir combien il eſt naturel de ſuppoſer que dans un fluide qui s'écoule par une ouverture d'un vaſe cylindrique, ou même d'un vaſe quelconque, toutes les tranches deſcendent horiſontalement, ſi l'on a égard à l'adhérence des parties du fluide, tant entr'elles qu'aux parois du vaſe, les forces horiſontales étant détruites dans cette hypothèſe.

2. En effet, ſoit g' la force accélératrice de la ſurface AB (Fig. 16) au premier inſtant, $\frac{g'a}{y}$ ſera celle de la tranche PM, & le fond FD ſera preſſé (voyez notre *Traité des Fluides*, art. 146) par une force $=$ $\int y\,dx \times \left(g - \frac{g'a}{y}\right) - OF \times \int\left(g\,dx - \frac{g'a}{y}\right) = \int gy\,dx$ $- \int g'a\,dx - OF \times \int\left(g\,dx - \frac{g'a}{y}\right)$; & comme $\int gy\,dx$ eſt à très-peu-près égal au poids de la moitié du fluide contenu dans le vaſe cylindrique, il s'enſuit que ſi g' eſt moindre que la peſanteur p, la preſſion ſur le fond FD ſera moindre que le poids total du fluide, mais pourtant

pourtant très-ſenſible ſi g' eſt preſqu'égal à g, & que le vaſe ſoit cylindrique.

3. Il eſt vrai que dans ce cas la preſſion du fond *FD* ſera peu conſidérable, au moins en tant qu'elle vient de la peſanteur. Cependant ſi dans l'hypothèſe même de $g' = p$ l'on vouloit faire ſupporter une preſſion au fond *FD* dans le premier inſtant, il ſeroit poſſible d'y parvenir par le moyen des forces horiſontales qui agiſſent de *P* vers *M* au premier inſtant (§. IV) ſur les parties du fluide. Car ſoit *Y* la force en *M* ſuivant *MR*, qui réſulte de la totalité des forces horiſontales dans la tranche *PM*, il eſt aiſé de voir par les loix de l'Hydroſtatique, en regardant *NF* comme une paroi ſolide, qu'il réſultera delà une preſſion perpendiculaire & verticale = à $\int -Ydy$, (je mets —, parce que x croiſſant, y diminue); d'où l'on voit que cette preſſion ſera plus ou moins grande à volonté, ſelon la nature de la quantité *Y*, laquelle dépend elle-même de la nature des forces horiſontales le long de *PM*.

4. Il eſt vrai que l'effet de ces forces horiſontales pour mouvoir le fluide, eſt détruit par la force d'adhérence des particules; mais cela n'empêche pas qu'il ne puiſſe en réſulter une preſſion contre le fond *FC*, parce que l'adhérence des parties du fluide qui eſt une force ſimplement paſſive, empêche bien que les forces horiſontales ne produiſent un effet pour mouvoir le fluide dans ce ſens, mais n'empêche pas que ces forces ne

puiſſent produire une preſſion très-ſenſible, comme la force du frottement peut bien s'oppoſer au mouvement, mais non pas à la preſſion.

5. La force verticale en M étant $\frac{g'a}{y}$, la force horiſontale eſt $\frac{g'a}{y} \times \frac{+dy}{-dx}$. Soit donc comme ci-deſſus (§. V, art. 5) $x^{n-1} = \frac{aa-ay}{yb^{2-n}} = \frac{aa-ay}{y} \times \frac{K.ND^{n-1}}{aa-Ka} = \frac{a-y}{y} \times \frac{ND^{n-1}}{a} \times K$, en ſuppoſant K très-petit par rapport à a; on aura, en faiſant pour abréger $\frac{K.ND^{n-1}}{a} = e^{n-1}$, l'équation $x = e\left(\frac{a-y}{y}\right)^{\frac{1}{n-1}}$, & $dx = \frac{-eady}{(n-1)yy} \times \left(\frac{a-y}{y}\right)^{\frac{2-n}{n-1}}$, d'où l'on voit que $\int \frac{g'ady^2}{-dx} = \int \frac{g'a.(n-1)y^2dy.y^{\frac{2-n}{n-1}}}{ea(a-y)^{\frac{2-n}{n-1}}}$, quantité qui pourra être ſuppoſée plus ou moins grande ſelon la valeur qu'on aſſignera aux quantités e & n.

6. En ſuppoſant, par exemple, que le nombre n ſoit très-grand, comme dans l'art. 26, §. V, la valeur de $\int Ydy$ ſe réduira à $\int \frac{g'Rxy^2dy(a-y)}{ey}$, ou $\int \frac{g'nydy(a-y)}{e}$; & on pourra combiner cette valeur avec l'hypothèſe faite ci-deſſus (art. 24, §. 5) de $K =$

$\frac{a.ND}{nhr}$, ce qui donne $e^{n-1} = \left(\frac{nK.hr}{a}\right)^{n-1} \times \frac{K}{a} = (nhr)^{n-1} \times \left(\frac{K}{a}\right)^{n}$; d'où résulteront différentes valeurs de $\int Y dy$ selon les différens cas.

7. Si on suppose que le vase dans lequel le fluide se meut est infiniment étroit, comme *ABCD* (Fig. 14), pour lors il n'y aura aucun inconvénient à supposer que les tranches se meuvent parallèlement ; on pourra faire sur la figure de ce vase infiniment étroit *ABCD*, les mêmes suppositions que dans le §. III, en prenant la courbe *BMD*, pour une parabole, une ligne droite ou une ellipse ; & connoissant la valeur de g' & celle de y, on en déduira pour les différens cas la valeur de $\int gy\,dx - g'a\,dx$.

8. Comme la quantité $\int\left(g - \frac{g'a}{y}\right)dx$ est $=0$ à la surface *AB* & à l'ouverture *CD*, & qu'elle est par conséquent un *maximum* en quelque point *M*, ce point *M* sera celui où la pression du fluide sera la plus grande, & on le trouvera en cherchant le point où $g - \frac{g'a}{y} = 0$, ce qui donne $y = \frac{g'a}{g}$, g' étant connue par l'équation $\int\left(g - \frac{g'a}{y}\right)dx = 0$ lorsque $x = AC$ & $y = CD$. Ce point *M* est évidemment celui où le fluide descend verticalement avec sa pesanteur naturelle.

9. On peut objecter que si la surface *AB* (Fig. 16)

descendoit au premier moment avec une vitesse égale à celle des corps pesans libres, la pression sur le fond seroit non-seulement nulle, mais négative. Cela seroit vrai, si la force accélératrice de la surface AD au premier instant, étoit exactement & rigoureusement égale à la pesanteur, mais elle n'est & ne peut lui être égale qu'*à peu-près*, & à la rigueur elle est toujours un peu moindre, comme il résulte évidemment de toute notre théorie. Ainsi la pression (en la supposant même si petite qu'on voudra) sera toujours positive, & jamais nulle ni négative. Mais d'ailleurs on a vu ci-dessus (art. 6) comment cette pression peut être très-sensible au moyen de la force d'adhérence entre les parties du fluide.

10. On peut observer en passant que dans la quantité $\int gydx - \int g'adx$ la partie qui répond au rectangle $KMFO$ (Fig. 13.) est nulle, puisque dans les colonnes verticales qui composent ce rectangle, on a $\int \left(g - \frac{g'a}{y}\right) dx = 0$, & par conséquent, en nommant ζ les constantes KM, PS, OF, &c. on aura $\int g\zeta dx - \int \frac{ga\zeta}{y} dx = 0$.

11. Il est aisé de trouver des cas où la tranche supérieure peut être animée au premier instant d'une force accélératrice égale à la pesanteur p; & où cependant le fond du vase soutiendra une pression comparable au poids du fluide.

12. En effet, soit $BMEF$ (Fig. 25.) la courbe dont

les ordonnées PM ſoient en raiſon inverſe des tranches y du vaſe, & ſuppoſons cette courbe telle que l'aire $ABMFC$ ſoit $=$ à l'aire du rectangle $ABCD$. Il eſt viſible, 1°. qu'en prenant AB pour la force de la peſanteur, cette ligne AB exprimera la force accélératrice de la ſurface ſupérieure au premier inſtant. 2°. Qu'en faiſant dans le vaſe $y = k - y'$, k étant la largeur de la ſurface ſupérieure, la preſſion du fond ſera $=$ à l'intégrale complette de $\int[dy' \times (BEM - EiO)]$, quantité évidemment poſitive, puiſque $BEM - EiO$ n'eſt $= 0$ qu'en DF, & juſque-là eſt toujours poſitif. 3°. Que cette quantité ſera au poids total du fluide, comme $\int dy' (BEM - EiO)$ eſt à $\int AB y dx$.

13. Il y a une infinité de manieres différentes de rendre l'aire $BEM = EDF$, la premiere ordonnée étant $= AB$, & la derniere CF plus grande que CD, ou égale, mais jamais plus petite.

14. Par exemple, il n'y a qu'à tracer une courbe $BEMF$ (Fig. 26), qui paſſe par le milieu M de BD, dont les deux parties BE, EM, répondantes au point milieu m de BM, ſoient égales & ſemblables, & dans laquelle en prenant MI double de MO, on ait $IO = io$. Cette conſtruction ſuppoſe que la courbe touchera en M ſon axe BD, afin que les côtés ne faſſent point un angle fini en M.

15. Si DF étoit $= 0$, il faudroit ſimplement prendre les courbes BEM, MOF ſemblables & égales.

16. En général, ſoit l'aire $BMN = az$, a étant $=$

AB (Fig. 25), & soit prise la quantité z telle qu'elle soit $= 0$ quand AP ou $x = 0$, & quand $x = BD$, l'ordonnée MN sera $= \frac{adz}{dx}$, ainsi dz doit être $= 0$, quand $x = 0$; enfin on aura $y = \frac{aa}{PM} = \frac{aa}{a - \frac{adz}{dx}}$; ce qui donnera les ordonnées du vase, d'où l'on tirera aisément la pression du fluide.

17. Lorsque le fluide sortant par EF (Fig. 13) est parvenu à avoir la vitesse $\sqrt{(2gq)}$ ou $\sqrt{(2pq)}$, g ou p exprimant indifféremment la pesanteur, & q étant $= KO$; on déterminera de la maniere suivante la pression que le fluide exerce sur le vase: on considérera que cette pression est $= \int py\,dx - \int y\,dx . \frac{dv}{dt}$; or $dv = \frac{uK}{y}$; donc puisque $u = \sqrt{(2pq)}$, on aura $dv = \frac{K.\sqrt{(2p)}.dq}{2\sqrt{(2q)}.y} - \frac{K.\sqrt{(2pq)}.dy}{y^2}$; donc à cause de $dt = \frac{-dq.k}{K.\sqrt{(2pq)}}$, on aura $\int y\,dx . \frac{dv}{dt} = \frac{K\sqrt{(2pq)}}{-kdq} \times \left[\int \frac{K.\sqrt{(2p)}.dq.dx}{2\sqrt{q}} - \int \frac{y\,dx.K.\sqrt{(2pq)}.dy}{y^2}\right] = -\frac{K^2pq}{k} - \frac{kdq.K^2.2pq}{kdq} \times \left(-\frac{1}{K} + \frac{1}{k}\right) = -\frac{2K^2pq}{k} + 2Kpq$. Donc nommant M la masse du fluide ou $\int y\,dx$, la pression dans l'instant dont il s'agit sera $= pM = 2Kpq + \frac{2K^2pq}{K}$.

Delà il s'enſuit que ſi K eſt fort petit, la preſſion ſera à très-peu-près $= p . M$.

18. On remarquera de plus que la maſſe M ou $\int y dx$ doit être diminuée de la quantité qK, c'eſt-à-dire, de la maſſe de fluide qui répond à l'ouverture ; à l'égard de la valeur de $\int y dx \times \frac{dv}{dt}$, il n'en faut rien retrancher, parce que la quantité $\int \frac{K dx dv}{dt}$ qu'il faudroit en ôter eſt $= 0$, K étant conſtante, & $\int \frac{dv dx}{dt}$ étant $= 0$.

19. Ce dernier réſultat confirme ce que nous avons avancé plus haut, ſavoir, que la preſſion du fluide ſur le vaſe, très-peu de temps après le commencement du mouvement, eſt à peu-près égale dans un vaſe cylindrique, au poids total du fluide contenu dans le vaſe, quand même au premier inſtant cette preſſion ſeroit preſqu'inſenſible.

20. Les Géométres qui croiroient que la force accélératrice de la tranche inférieure EF au premier inſtant, étoit égale à la peſanteur p, pourroient en fonder la preuve, ſur ce que le fond BE, FC eſt preſſé, ſelon eux, au premier inſtant par tout le poids du fluide $ALBE$, $MFCD$. Mais nous avons démontré de la maniere la plus rigoureuſe & la plus ſimple, que la force accélératrice de la tranche EF au premier inſtant, étoit beaucoup plus grande que la gravité g. De plus, il n'eſt pas difficile de voir que la preſſion du vaſe au

premier inſtant eſt $= \int gy\,dx - \int g'a\,dx$ (g' étant la force accélératrice à la ſurface), ou ce qui eſt la même choſe, $\int gy\,dx - \int G.K\,dx$, K étant le diametre de l'ouverture, & G la force accélératrice en EF. Or $G = \frac{gh}{K\int\frac{dx}{y}}$; donc $\int gy\,dx - \int G.K\,dx = g\left[\int y\,dx - \frac{\int dx.h}{\int\frac{dx}{y}}\right] = g\left[M - \frac{hh}{N}\right]$, en nommant M la maſſe $\int y\,dx$, & N l'intégrale totale $\int\frac{dx}{y}$. Or cette quantité eſt plus petite que $g.M$. Donc, &c.

21. Lorſque le fluide ſortant par EF a acquis toute ſa viteſſe, c'eſt-à-dire, que cette viteſſe eſt due à toute la hauteur KO, alors la preſſion du fluide ſur le vaſe, qui ſeroit égal au poids total du fluide ſi le vaſe étoit entiérement fermé, ne ſe trouve diminuée que d'une aſſez petite quantité qu'on a évaluée par le calcul. Donc, conclura-t-on, puiſque pour une viteſſe due à toute la hauteur KO la diminution de preſſion eſt une partie finie, & même peu conſidérable, du poids total du fluide; il s'enſuit que pour une viteſſe infiniment petite, c'eſt-à-dire, pour la viteſſe de la tranche EF au premier inſtant, cette diminution doit être infiniment petite par rapport à la diminution dans le premier cas, & par conſéquent qu'elle doit être nulle; d'où il s'enſuit que la preſſion au premier inſtant eſt égale au poids du fluide. Il faudroit, ce me ſemble, pour la juſteſſe

de

de ce raiſonnement, que les viteſſes dans les deux cas fuſſent proportionnelles aux diminutions de preſſion dans ces deux mêmes cas, ou du moins fuſſent l'effet de cette diminution de preſſion; c'eſt-à-dire, que la force accélératrice dans les deux cas fût égale au poids total du fluide, moins la preſſion du fluide ſur le vaſe. Or il eſt clair que dans le premier cas, la viteſſe acquiſe en tombant de la hauteur KO, n'eſt point cauſée par l'action inſtantanée d'une force motrice égale au poids total du fluide, moins la preſſion du fluide ſur le vaſe; car cette viteſſe $\sqrt{(2g.KO)}$ n'eſt pas acquiſe en un inſtant, elle eſt acquiſe pendant un temps fini; puiſqu'au premier inſtant la viteſſe eſt $= 0$. Il n'y a donc aucune parité entre les deux cas, & on ne peut conclure de l'un à l'autre.

22. A ces conſidérations, on peut ajouter la ſuivante, pour prouver que la preſſion d'un fluide au premier inſtant contre un vaſe d'où ce fluide s'écoule, eſt ſenſiblement moindre que le poids de ce fluide. En effet, ſi dans les premiers inſtans l'action du fluide ſur le fond du vaſe (que je ſuppoſe cylindrique), étoit ſenſiblement égale au poids des deux rectangles qui appuyent ſur cette baſe, il faudroit donc que le fluide pût être en quelque maniere regardé comme ſtagnant au-deſſus du fond du vaſe, ſuppoſition dont nous avons prouvé la fauſſeté.

23. Toutes les propoſitions que nous venons d'établir ſur la preſſion du fluide, ont lieu dans l'hypothèſe

même que les tranches horifontales ne defcendent point parallèlement, mais que le fluide fe meut au premier inftant dans des tuyaux ou filets curvilignes ou mixtilignes, qui s'étendent de la furface jufqu'à l'ouverture. Car fi on cherche la viteffe des filets le long du tuyau *BOD* (Fig. 16) adhérent aux parois & au fond du vafe, il eft aifé de prouver que la preffion fur le fond *od* au premier inftant, fera beaucoup moindre que le poids du fluide. Pour le faire voir, foit un vafe *ABCD* infiniment étroit, & dont la partie inférieure *OD* foit horifontale ou prefqu'horifontale, fi ce vafe étoit rempli de fluide depuis *AB* jufqu'en *CD*, & que l'ouverture *CD* fût bouchée, chaque point *E'* du fond feroit preffé verticalement avec une force = au poids de la colonne *FE'*. Imaginons préfentement qu'on débouche l'ouverture *CD*, & que pour chaque tranche (que je fuppofe par-tout perpendiculaire aux parois) la pefanteur *p* fe change en une force accélératrice $\frac{dv}{dt}$; il eft clair que la preffion fur E' fera $= p . E'F - \int \frac{dx\,dv}{dt}$, & par conféquent fenfiblement moindre que $p . E'F$; c'eft-à-dire, moindre que quand le vafe étoit fermé.

24. En effet, foit g' la force accélératrice de *AB*, que j'appelle μ, & foit ζ la largeur de chaque tranche, on aura $\frac{dv}{dt} = \frac{g'\mu}{\zeta}$, & $ph = g'\mu \int \frac{dx}{\zeta}$, en appellant *GD*, *h*. Soit donc $\mu \int \frac{dx}{\zeta} = \omega$, $\int \frac{dx}{\zeta}$ étant ici la va-

leur totale de cette intégrale, on aura $g' = \frac{ph}{\omega}$, & $\frac{dv}{dt} = \frac{ph\mu}{\zeta\omega}$; d'où $\int \frac{dx\,dv}{dt} = \frac{ph\mu}{\omega} \int \frac{dx}{\zeta}$; or il eſt aiſé de voir que $\frac{\mu}{\omega} \int \frac{dx}{\zeta}$ n'eſt pas une quantité très-petite, puiſque la valeur totale de $\frac{\mu}{\omega} \int \frac{dx}{\zeta}$ eſt $= 1$, à cauſe de l'équation $\mu \int \frac{dx}{\zeta} = \omega$. Donc $\int \frac{dx\,dv}{dt}$ n'eſt pas très-petit par rapport à ph; donc $p.E'F - \int \frac{dx\,dv}{dt}$ eſt une quantité très-ſenſiblement différente de $p \times E'F$.

25. Soit $Ee = dx$, on aura la preſſion de $Ee = phdx\left(1 - \frac{\mu}{\omega} \int \frac{dx}{\zeta}\right)$, & par conſéquent la preſſion totale $= ph.OE'D - ph \int \frac{\mu.Ee}{\omega} \int \frac{dx}{\zeta} = ph.OE'D - ph.OE'D \times \frac{\mu}{\omega} \int \frac{dx}{\zeta} + \frac{ph.\mu}{\omega} \times \int \frac{OE'.dx}{\zeta} =$ (à cauſe de $\frac{\mu}{\omega} \int \frac{dx}{\zeta} = 1$) $\frac{ph.\mu}{\omega} \times \int \frac{OE'.dx}{\zeta}$. On n'oubliera pas que la ligne OE' doit être regardée comme ſenſiblement droite & horiſontale.

26. Soit $OE' = x$, & $OD = a$, il eſt aiſé de voir que $\frac{ph.\mu}{\omega} \times \int \frac{x\,dx}{\zeta}$ eſt ſenſiblement plus petit que pha. Car $\frac{ph.\mu}{\omega} \times \int \frac{x\,dx}{\zeta}$ eſt ſenſiblement plus petit que $\frac{ph.\mu}{\omega} \times \int \frac{a\,dx}{\zeta} = \frac{ph.\mu a}{\omega} \int \frac{dx}{\zeta} = pha$. Donc, &c.

27. Suppoſons que les parties AO, OD du tuyau, l'une verticale, l'autre horiſontale, ſoient cylindriques l'une & l'autre, mais de diametres différens, ce qu'on peut facilement concevoir en imaginant un petit étranglement en O (voyez Fig. 28), alors ζ ſera $= CD$ & conſtant, ainſi que $\mu = AB$; en ce cas $\int \frac{x\,dx}{\zeta}$ ſera $= \frac{OD^2}{2\zeta}$, & ſera par conſéquent la moitié de $\int \frac{a\,dx}{\zeta}$, ou $\frac{\omega a}{\mu}$. Delà réſulte cette propoſition, que, quel que ſoit le rapport des diametres des parties cylindriques AO, OD, la preſſion ſur le fond OD ſera la même, & égale à la moitié du poids d'une colonne de fluide qui auroit AO pour hauteur, & OD pour baſe. On fait abſtraction ici de la petite partie du tuyau qui eſt vers O, & où le diametre paſſe de la valeur μ à la valeur ζ. Cette abſtraction n'apportera point de changement ſenſible dans notre calcul.

28. Soit à préſent $\zeta = k\left(1 - \frac{\omega x}{a^2}\right)^n$, $\frac{\omega}{a}$ étant plus petit que l'unité, afin que ζ ne ſoit pas $= 0$ lorſque $x = a$, on aura $\int \frac{x\,dx}{\zeta} = \int \frac{x\,dx}{k\left(1 - \frac{\omega x}{a^2}\right)^n} = \frac{1}{k}$ $\int \frac{a^2\,dx}{\omega\left(1 - \frac{\omega x}{a^2}\right)^n} - \frac{a^4}{k\omega^2} \times \int \frac{\omega\,dx}{a^2\left(1 - \frac{\omega x}{a^2}\right)^{n-1}}$, quantité dont il ſera aiſé de trouver l'intégrale, & de la comparer à la preſſion ha du fluide en repos.

29. Il eſt clair que connoiſſant la force perdue $p - \frac{dv}{dt}$ à chaque point I de la verticale BO, on aura $\int\left(p - \frac{dv}{dt}\right)dx$ pour la preſſion qui en réſulte horiſontalement en I; de maniere que faiſant pour chaque point $\int\left(p - \frac{dv}{dt}\right)dx = pZ$, on aura $\int pZ\,dx$ pour toute la réaction horiſontale du fluide contre le vaſe; cette intégrale $\int pZ\,dx$ étant priſe de telle maniere que $x = BO$.

30. Nous terminerons cette théorie de la preſſion d'un fluide par une propoſition qui nous ſera utile dans la ſuite, & d'où il réſulte que le fluide exerce toujours ſur le vaſe une certaine preſſion, à moins que le vaſe ne ſoit cylindrique & entiérement ouvert.

31. Les particules du fluide étant ſuppoſées animées par des viteſſes & des directions quelconques, ſi on imagine un tuyau de figure quelconque, infiniment petit, qui s'étende de la ſurface à l'ouverture, & qu'on appelle $\frac{du'}{dt}$ la force accélératrice des particules G du fluide le long de ce tuyau, & p' l'action de la peſanteur le long de ce tuyau, la quantité $\int G\left(p' - \frac{du'}{dt}\right)$, ſera toujours poſitive juſqu'à l'ouverture où elle eſt $= 0$, ou du moins ne ſera jamais négative. Car il eſt évident que ſi elle étoit négative en quelqu'endroit, la preſſion ſur ce point s'exerceroit de haut en bas,

& qu'alors il ne pourroit y avoir d'équilibre en vertu des forces $p' - \frac{du'}{dt}$. En effet, si par le point où $\int G\left(p' - \frac{du'}{dt}\right)$ seroit négatif, on imaginoit un autre tuyau quelconque terminé à la surface, il est clair que ce tuyau ne pourroit être en équilibre avec l'autre, puisque les forces n'y seroient pas dirigées de maniere à se détruire mutuellement.

32. Delà il s'ensuit que le fluide exerce toujours quelque pression contre le vase, puisque dans le tuyau qui seroit censé couché le long des parois & de la base, & se terminer à l'ouverture, $\int G\left(p' - \frac{du'}{dt}\right)$ seroit la pression que le fluide exerceroit en chaque point perpendiculairement aux parois. La pression ne pourroit être nulle que dans le cas où $\frac{du'}{dt}$ seroit par-tout $= p'$, c'est-à-dire, où toutes les parties du fluide, placées le long des parois & de la base, s'accéléreroient comme si elles se mouvoient librement par la force de la pesanteur; or c'est ce qui ne peut arriver, comme il est évident, que dans un vase cylindrique entierement ouvert. Donc, &c.

§. IX.

Théorie mathématique & rigoureuse du mouvement des fluides dans des vases de figure quelconque.

1. Si au lieu de l'hypothèse du parallélisme des tranches, on prend celle des tuyaux fictifs dans lesquels les parties du fluide se meuvent; il ne s'ensuit nullement de cette derniere hypothèse, qu'on puisse se permettre de regarder les tuyaux comme invariables pendant un instant; & cette hypothèse de la variabilité des tuyaux est en effet le moyen le plus exact & le plus naturel d'expliquer tous les phénomènes du mouvement des fluides, soit dans des vases de figure irréguliere, soit dans des vases submergés dans des fluides.

2. Il résulte d'abord de cette supposition que la vitesse du fluide à la sortie d'un vase ordinaire percé d'une petite ouverture, peut n'être pas exactement $\sqrt{2ph}$, comme on peut le prouver aisément par les formules données dans le Tome VI de nos *Opuscules*, pag. 385 & suiv.

3. En effet, si dans ces formules que nous supposons ici sous les yeux du Lecteur, on fait $m = K$ & K très-petit par rapport à k, on aura l'équation $2pq' =$

$uu + \frac{2u^2K^2}{kdq'}\int\frac{dx\,\delta y}{y^2}$ pour déterminer après les premiers inſtans la viteſſe du fluide qui ſort par une très-petite ouverture, q' étant la hauteur du fluide à chaque inſtant. Or il eſt aiſé de voir que $\int\frac{dx\,\delta y}{y^2 dq'}$ peut être comparable à $\int\frac{dy}{y^3} = -\frac{1}{2K^2}$, ou même beaucoup plus grand. Il ſuffit pour cela de ſuppoſer $y = a - z$, $\delta y = \frac{z^p dq'}{(a-z)^q}$; $dx = \frac{A\,dz}{(z+b)^r(c+a-z)^k}$, A, b & c étant des conſtantes, & z une variable, il eſt clair qu'on aura $\frac{dx\,\delta y}{y^2 dq'} = \frac{Az^p dz}{(a-z)^q(z+b)^r(c+a-z)^k} > \frac{Adz.z^p}{(z+b)^r(a-z)^q(c+a)^k}$; donc ſi on ſuppoſe, pour plus de ſimplicité $c=0$, $b=0$, $p=r$, on aura $\frac{dx\,\delta y}{y^2 dq'} > \frac{Adz}{(a-z)^q}$, & par conſéquent $\int\frac{dx\,\delta y}{y^2 dq'}$ beaucoup plus grand que $\int\frac{dz}{(a-z)^3}$, ſi q eſt beaucoup plus grand que 3, a étant pris ici pour l'unité, & ſuppoſant encore ſi l'on veut $A=1$. On peut obſerver que la ſuppoſition de c & $b=0$ rend $\frac{dz}{dx}=0$ lorſque $z=0$, & lorſque $z=a$.

4. Puiſqu'on peut toujours ſuppoſer m conſtante, (Tom. VI, *Opuſc.* art. 11, pag. 384) & par conſéquent

quent $\delta m = 0$, on prendra la valeur δy telle qu'elle soit $= 0$ quand $y = m$.

5. De plus, puisque y varie de la quantité δy dans l'instant dt, on peut supposer en général $\delta y = \varpi dt$, ϖ étant une fonction de y, de u, & de m, telle qu'elle soit $= 0$ quand $y = m$.

6. Et s'il devoit encore y avoir quelqu'autre valeur m' de y qui donnât $\delta y = 0$, il faudroit que la fonction ϖ fût encore $= 0$ quand y seroit $= m'$.

7. Soit $\delta y = -u\,dt \times (y-k) \times (y-K) \times \frac{1}{kK}$, dans la supposition que δy soit $= 0$, lorsque $y = k$, & lorsque $y = K$, on aura à cause de $dt = -\frac{k\,dq}{Ku}$; la quantité $\int \frac{dx\,\delta y}{y^2} = + \frac{k\,dq}{kK^2} \int \frac{dx\,(y-k)(y-K)}{y^2}$, & par conséquent $\frac{2u^2 K^2}{k\,dq} \int \frac{dx\,\delta y}{y^2} = + \frac{2u^2}{k}$ $\int \frac{dx\,(y-k)(y-K)}{y^2}$.

8. Supposons que le vase soit cylindrique, que les tranches descendent parallèlement jusqu'à une très-petite distance de l'ouverture, & faisons comme dans le §. V, art. 5, $\frac{k^2}{y} = k + z = k + \frac{b^{1-n}x^{n-1}}{k}$, on aura $\int \frac{dx\,(y-k)(y-K)}{y^2} = x - \int \frac{dx\,(k+K)}{y} + \int \frac{dx\,(Kk)}{y^2} =$ $x - \int \frac{dx\,(k+K)(k+z)}{k^2} + \int \frac{Kk\,dx\,(k+z)^2}{k^4} =$ (à cause

de k très-grand par rapport à K, & de $\int dx (k+z) =$ à très-peu-près kx) $\int \frac{K dx (k+z)^2}{k^3} =$ (à cauſe de $\int z dx$ très-petit par rapport à $\int k dx$) $\int \frac{K dx}{k} + \int \frac{K z^2 dx}{k^3} = \frac{Kx}{k} + \frac{K}{k^3} \int b^{4-2n} x^{2n-2} dx =$ (en négligeant le terme $\frac{Kq}{k}$) $\frac{k^3}{K} \cdot \frac{ND^{2n-1}}{2n-1} \times \frac{k^4}{K^2 . ND^{2n-2}} = \frac{ND . k}{(2n-1) K}$ $=$ (en ſuppoſant n fort grand) $\frac{ND . k}{2nK} =$ (art. 24, §. V) $\frac{rq}{2}$, r étant fort petit. Ainſi la valeur totale du terme $\frac{2uK^2}{kdq} \int \frac{dx \delta y}{y^2}$ reſte fort petite dans le cas dont il s'agit, & on aura ſenſiblement $2pq = u^2$; comme dans le cas où δm & δy étoient ſuppoſés $= 0$.

9. On peut donc expliquer par cette hypothèſe, & de même par pluſieurs autres ſemblables, pourquoi uu eſt ſenſiblement égal à $2pq$ dans un vaſe cylindrique percé d'une très-petite ouverture.

10. Il n'en ſeroit pas de même ſi le vaſe étoit de figure très-irréguliere, ou même ſimplement non cylindrique. Car alors les δy pouvant & devant même commencer fort au-deſſus de l'ouverture, il ſe pourroit, ſur-tout dans le premier cas, que uu ne fût pas $= 2pq$.

11. Il ſeroit bon de s'aſſurer par l'expérience, ſi cette loi de $uu = 2pq$ qui paroît s'obſerver aſſez

exactement dans les vases cylindriques, s'observeroit de même dans d'autres vases de figure réguliere, mais non cylindriques, & percés d'une petite ouverture à leur base.

12. On pourroit encore, par des expériences, s'éclaircir au moins en partie sur les loix du mouvement d'un fluide dans un vase.

13. Il faudroit pour cela avoir des vases de différente figure, non cylindriques, & dans lesquels les ordonnées fussent proportionnelles entr'elles, ainsi que les surfaces supérieures & les ouvertures, & voir si le temps de l'écoulement dans ces vases seroit le même, comme la théorie semble le donner.

14. On pourroit encore diviser l'intérieur d'un vase en tout ou en partie par une cloison curviligne, qui divisât les ordonnées de ce vase en raison donnée, & voir si les surfaces des deux parties de ce vase, séparées par la cloison, s'abaisseroient également, soit dans le cas où la cloison s'étendroit jusqu'au bas du vase, soit dans le cas où elle ne s'étendroit qu'à une certaine profondeur.

15. Enfin on pourroit calculer au moins par approximation, le temps de l'écoulement que donne la théorie dans un vase de figure quelconque, en ayant égard à la contraction de la veine, & voir si la différence observée entre la théorie & l'expérience seroit assez petite pour être attribuée aux frottemens.

16. Ce que nous avons dit ci-dessus de la loi de

$uu = 2ph$ appliquée à des vafes irréguliers, & des altérations dont cette loi eft alors fufceptible, s'applique évidemment aux vafes fubmergés dans des fluides ou percés de plufieurs diaphragmes; puifqu'il eft évident qu'à une certaine diftance au-deffus & au-deffous de ces diaphragmes, ainfi qu'au-deffus & au-deffous de l'ouverture qui communique d'un vafe à l'autre, le mouvement du fluide doit être très-irrégulier, & l'influence de δy très-fenfible.

17. La même quantité $\int \frac{dx \delta y}{y^2}$, qui altere l'expreffion $\sqrt{(2ph)}$ de la viteffe du fluide au fortir de l'ouverture, altere néceffairement l'expreffion de la preffion du fluide fur les parois du vafe, & par conféquent celle de la force repouffante. Ainfi les expreffions de cette derniere force, données jufqu'ici par les Géometres, ont befoin d'être foumifes à un nouveau calcul, fondé fur cette confidération. En effet, il eft évident par la théorie précédente, que la valeur de $\frac{dv}{dt}$ eft différente dans l'hypothèfe des tuyaux invariables & dans celle des tuyaux variables. D'où il eft clair que la preffion $\int \left(p - \frac{dv}{dt}\right) dx$ fera auffi différente dans les deux cas; ce qui pourra fervir encore à expliquer les réfultats que donneront les expériences dans les différens cas.

18. Nous avons déja prouvé dans le Tome VI de

nos *Opuſcules*, pag. 383, art. 8, & dans le Tome I des mêmes *Opuſcules*, IVe Mém. §. XVI, que la conſervation des forces vives a toujours lieu dans le mouvement du fluide, quelqu'irrégulier que ſoit le vaſe, quoique cette conſervation puiſſe très-bien n'avoir pas lieu dans les tranches parallèles à l'ouverture, dont les différens points peuvent avoir un mouvement fort inégal; on voit de plus qu'en admettant même cette conſervation, qui pourroit ne pas donner des réſultats conformes aux obſervations, ſi on la ſuppoſoit dans les tranches parallèles du fluide, la quantité $\int \frac{dx \delta y}{y^2}$, produite par la variabilité des tuyaux infiniment petits où les particules du fluide ſe meuvent; ſuffit pour expliquer tous les phénomènes de mouvement qu'on obſervera dans les vaſes les plus irréguliers, puiſqu'il ſuffit pour cette explication de ſuppoſer à δy la valeur convenable pour y ſatisfaire.

19. Lorſque la largeur du vaſe eſt finie, y peut être très-différente de l'ordonnée réelle y du vaſe; & par conſéquent auſſi dy & δy, ainſi la quantité $\int \frac{dx \delta y}{y^2}$ eſt alors très-comparable aux autres termes. Il n'en eſt pas de même lorſque le vaſe eſt infiniment ou extrêmement étroit, car alors la viteſſe de tous les points d'une même tranche eſt à peu-près la même, en ſorte que y différe toujours de y' & dy de $\delta y'$ d'une quantité infiniment petite par rapport à y & à dy, c'eſt-

à-dire, infiniment petite du ſecond ordre; par la même raiſon, δy eſt toujours infiniment petit du troiſiéme ordre, puiſque s'il étoit infiniment petit du ſecond, la ſomme des δy deviendroit infiniment petite du premier ordre au bout d'un temps fini, c'eſt-à-dire, du même ordre que y, & par conſéquent y & y' différeroient alors d'une quantité du même ordre qu'elles, ce qui ne ſauroit être; donc dans ce cas $\int \frac{dx\,\delta y}{y^2}$ ſera infiniment plus petit par rapport à $\int \frac{dy}{y^3}$ que dans le cas où le vaſe eſt ſuppoſé d'une largeur finie.

20. Il paroît donc que ſi le vaſe eſt très-étroit, ſoit qu'il ſoit ſimple, ſoit qu'il ſoit de pluſieurs diaphragmes, ſoit en général que ſa figure ſoit irréguliere, on pourra regarder, du moins dans le plus grand nombre des cas, les formules de notre *Traité des Fluides* comme aſſez exactes, du moins ſi on fait abſtraction de l'adhérence des particules du fluide, tant entr'elles qu'aux parois du vaſe; adhérence qui peut alors altérer beaucoup les réſultats.

21. Il n'en ſera pas de même d'un fluide qui s'écoule d'un vaſe ſubmergé dans un autre, car alors la ſuppoſition d'un vaſe infiniment petit ne peut avoir lieu.

22. On objectera peut-être que la remarque de l'article 20 a lieu pour le cas même où le vaſe eſt d'une largeur finie, parce que les particules du fluide étant cenſées ſe mouvoir à chaque inſtant dans des tuyaux

infiniment petits, la différence δy doit être infiniment petite du troisiéme ordre dans chacun de ces tuyaux. Mais il faut observer qu'il n'en est pas de ces tuyaux, dont la figure est variable à chaque instant, comme d'un tuyau *solide* infiniment petit, dont la figure reste toujours la même, & dont le fluide remplit toujours exactement la capacité; car comme les y & les y' different au bout d'un temps fini, d'une quantité finie, dans le vase d'une largeur finie, il est clair que dans ces tuyaux infiniment petits & continuellement variables, qui même ne renferment pas, ou peuvent être supposés ne pas renfermer à chaque instant la même quantité de fluide, les ordonnées infiniment petites y & y' répondantes à ces tuyaux, peuvent de même différer au bout d'un temps fini, d'une quantité de même ordre qu'elles.

23. Nous avons supposé (art. 44, §. V) que, quand un fluide se meut dans un syphon, la valeur de $v = \frac{um}{y}$ étoit telle que les quantités m & y restoient les mêmes, c'est-à-dire, que δm étoit $= 0$ & $\delta y = 0$. Mais si on ne suppose pas $\delta y = 0$, car (art. 4) δm peut toujours être supposé $= 0$, ce nouveau terme suffira pour expliquer tous les phénoménes que l'expérience pourra donner; car tout dépend de la supposition qu'on fera sur la valeur de δy. Il en sera de même pour le cas d'un vase plongé dans un fluide.

§. X.

Considérations sur le mouvement du centre de gravité d'un fluide qui se meut dans un vase.

1. Lorsqu'un fluide se meut dans un vase, si on retranche du poids total du fluide la pression qu'il exerce sur le vase à chaque instant, cette quantité divisée par la masse, donnera la force accélératrice qui anime en cet instant le centre de gravité.

2. En effet, soit G chaque particule du fluide renfermée dans une colonne verticale x, & animée de la pesanteur p, $\int Gp$ sera le poids de cette colonne verticale; maintenant supposons d'abord que les particules G ne soient animées que par une force accélératrice verticale, & soit cette force $= \frac{dv}{dt}$, la pression sur chaque point du vase placé dans la verticale x sera $\int G \times \left(p - \frac{dv}{dt}\right)$, & la différence des deux pressions sera $\int G \times \frac{dv}{dt}$. Or $\frac{Gdv}{dt}$ étant la force motrice de chaque particule, la force accélératrice du centre de gravité des particules G, en appellant M' leur masse, sera $\frac{\int \frac{Gdv}{dt}}{M'}$. Imaginons présentement que N soit le poids du cylindre de fluide qui est au-dessus de l'ouverture,

ture, & G' les particules de ce cylindre, $N+\int Gp$ sera le poids total du fluide, ou sa pression contre le vase, si ce vase étoit entierement fermé, & si on en retranche sa pression $\int Gp-\int\frac{G\,dv}{dt}$ contre le vase ouvert, on aura $N+\frac{G\,dv}{dt}$ pour la différence des pressions; or $\frac{dv}{dt}$ étant supposé la force accélératrice, constante ou variable, des particules G' du cylindre, on aura par notre principe de Dynamique $N-\int\frac{G'dv'}{dt}=0$; donc $N+\int\frac{G\,dv}{dt}=\int\frac{G'dv'}{dt}+\int\frac{G\,dv}{dt}$; force motrice de toutes les particules du fluide, qui divisée par la masse totale M donnera la force accélératrice réelle & verticale du centre de gravité $=\frac{\int\frac{G'dv'}{dt}+\int\frac{G\,dv}{dt}}{M}$. Donc cette force accélératrice est aussi égale à la différence $N+\int\frac{G\,dv}{dt}$ des pressions, divisée par la masse M.

3. Voyons maintenant ce qui résulte de la force horisontale qui peut animer les particules G & G' du fluide. Soit $\frac{d\sigma}{dt}$ cette force pour les particules G, & $\frac{d\sigma'}{dt}$ pour les particules G', & la force accélératrice horisontale du centre de gravité sera $\frac{\int\frac{G\,d\sigma}{dt}}{M}+\int\frac{G'd\sigma'}{dt}$,

$-\int\frac{Gd\sigma}{dt}-\int\frac{G'd\sigma'}{dt}$ étant la pression horisontale. La force accélératrice absolue du centre de gravité sera donc la force résultante des forces $\frac{\int\frac{G'dv'}{dt}+\int\frac{Gdv}{dt}}{M}$, & $\frac{\int\frac{Gd\sigma}{dt}}{M}+\int\frac{G'd\sigma'}{dt}$; & de plus la pression totale du fluide contre le vase, sera la force résultante des forces $\int Gp-\int\frac{Gdv}{dt}$, & $-\int\frac{Gd\sigma}{dt}-\int\frac{G'd\sigma'}{dt}$. Donc si on retranche du poids total du fluide $Np+\int Gp$ la pression verticale $\int Gp-\int\frac{Gdv}{dt}$ qu'il exerce contre les parois du vase, on aura une force $Np+\int\frac{Gdv}{dt}$, ou $\int\frac{G'dv'}{dt}+\int\frac{Gdv}{dt}$, qui combinée avec la force $\int\frac{Gd\sigma}{dt}+\int\frac{G'd\sigma'}{dt}$, égale & contraire à la pression horisontale, & divisée par la masse M, donnera la force accélératrice absolue du centre de gravité.

4. Quelques Auteurs d'Hydrodynamique ont fait usage de cette proposition, mais ils l'ont plutôt supposée que prouvée. Il étoit nécessaire, pour en donner la démonstration rigoureuse, d'avoir égard au mouvement tant horisontal que vertical de chaque particule, quelque variable que ce mouvement puisse être supposé.

5. Lorsqu'un fluide s'échappe d'un vase, le chemin du centre de gravité à chaque instant, est égal au pro-

duit de la hauteur du fluide par la petite maſſe du fluide qui ſort, ce produit étant diviſé par la maſſe totale.

Car ſoit α la petite maſſe de fluide qui ſort, z la diſtance verticale du centre de gravité de cette petite maſſe au centre de gravité du fluide, & h la hauteur totale du fluide. Le fluide diminue à ſa partie ſupérieure de la quantité α, & en vertu de cette diminution, le centre de gravité parcourt verticalement un eſpace $= \frac{\alpha(h-z)}{M}$; de plus, en vertu du mouvement de la partie inférieure α, le même centre de gravité parcourt verticalement un eſpace $= \frac{\alpha . z}{M}$. Donc la ſomme de ces deux eſpaces, chemin total du centre de gravité dans le ſens vertical, ſera $= \frac{\alpha . h}{M}$.

6. Cette propoſition ſera toujours vraie, quand même les centres de gravité du fluide & des deux particules ſupérieures & inférieures α, égales entr'elles, ne ſeroient pas en ligne droite; en ce cas h ſeroit la diſtance verticale des centres de gravité des deux parties α, ſupérieure & inférieure.

7. A l'égard du mouvement horiſontal du centre de gravité, ſoit ζ la diſtance du centre de gravité de la partie inférieure α à la verticale qui paſſe par le centre de gravité du fluide, & ζ' la diſtance du centre de gravité de la partie ſupérieure $\alpha' = \alpha$ à la même verticale, le chemin horiſontal du centre de gravité

du fluide dans le ſens de ζ, ſera $\frac{\alpha(\zeta-\zeta')}{M}$.

8. Comme le fluide exerce toujours au premier inſtant quelque preſſion, ou très-ſenſible, ou très-petite, ſur un vaſe cylindrique percé à ſon fond d'une ouverture, & qu'au contraire il n'exerceroit aucune preſſion dans un vaſe cylindrique entierement ouvert, il eſt clair qu'au premier inſtant le chemin du centre de gravité du fluide qui ſort par l'ouverture, eſt au moins tant ſoit peu plus petit que ſi le fond étoit entierement ouvert. Auſſi la force accélératrice de la ſurface au premier inſtant, n'eſt-elle jamais rigoureuſement égale à la peſanteur, mais toujours plus petite.

9. Il en ſera de même des inſtans ſuivans, où le fluide exerçant toujours contre le vaſe une preſſion ſenſible, comme la théorie & l'expérience le prouvent également, il en réſulte que le mouvement du centre de gravité ſera toujours moindre que ſi le vaſe étoit entierement ouvert. Il réſulte en effet de ce que nous avons démontré ci-deſſus (article 31, §. VIII), que $\int G\left(p-\frac{dv}{dt}\right)$ n'eſt jamais négative en aucun point des parois du vaſe; qu'ainſi le poids du fluide, diminué de cette preſſion, ſera moindre que ſi le fluide étoit libre, & par conſéquent auſſi le chemin du centre de gravité moindre dans le premier cas que dans le ſecond.

10. Obſervons qu'il eſt queſtion ici d'un fluide qui s'échappe d'un vaſe par une ouverture faite au fond de

ce vaſe, car ſi le fluide ſe mouvoit dans un vaſe ou tuyau indéfini, on pourroit, ce me ſemble, imaginer des cas où le centre de gravité d'une maſſe fluide, renfermée dans un vaſe, ne ſe meut pas moins vîte que ſi la maſſe fluide étoit libre, & même où il ſe meut plus vîte dans le premier cas que dans le ſecond.

12. Pour le prouver d'une maniere très-ſimple, nous prendrons un vaſe convergent *ABdc* (Fig. 29), & nous ſuppoſerons une maſſe fluide très-petite *ABDC*, qui ſe meuve dans ce vaſe, en ſorte que dans toutes les ſituations *ABDC*, *abdc*, &c. qu'elle peut prendre, on puiſſe ſans erreur ſenſible la regarder comme un trapèſe; & nous allons démontrer que la figure du vaſe convergent peut être ſuppoſée telle, que le centre de gravité de la maſſe fluide s'y meuve plus vîte que ſi cette maſſe deſcendoit dans l'air libre par ſa peſanteur, & par conſéquent ſans changer de figure.

12. Afin que les ſurfaces *AB*, *CD* demeurent toujours parallèles, nous ſuppoſerons, comme dans le §. V, que la force horiſontale qui peut animer les parties du fluide, ſoit détruite par l'adhérence de ces mêmes parties, & comme cette force horiſontale n'altere en rien le mouvement vertical du centre de gravité, qu'elle ne produit même dans ce centre de gravité aucun mouvement quelconque, même horiſontal, parce qu'elle eſt la même des deux côtés de la verticale *EF*, & dirigée en ſens contraire, il eſt viſible que l'hypothèſe que nous faiſons ici du parallèliſme des tranches,

laissera à la pesanteur du fluide toute l'action qu'elle peut avoir au-dedans du vase. On peut d'ailleurs supposer que le vase $ABab$ est infiniment étroit, ce qui rendra l'hypothèse du parallélisme encore plus permise. Cela posé,

13. Soit $ABDC$ un trapèse d'une hauteur très-petite, & soit $AB = k$, $EF = h$ (Fig. 29), la tangente de l'angle en B ou en $A = \rho$, on aura la masse $\int y dx$ du trapèse $= h(k - \rho h)$; la distance du centre de gravité à $k = \left(\frac{kh^2}{2} - \frac{2\rho h^3}{3}\right) : (kh - \rho h^2) = \left(\frac{h}{2} - \frac{2\rho h^2}{3k}\right) : \left(1 - \frac{\rho h}{k}\right) = \frac{h}{2}\left(1 - \frac{4\rho h}{3k} + \frac{\rho h}{k}\right) = \frac{h}{2}\left(1 - \frac{\rho h}{3k}\right)$; enfin la valeur totale de $\int \frac{dx}{y} = \frac{h}{k} + \frac{\rho hh}{kk} = \frac{h}{k}\left(1 + \frac{\rho h}{k}\right)$.

14. Donc si on fait $ab = K$, & $ef = H$, la tangente de l'angle en b ou en $a = R$, & qu'on suppose $abdc = ABDC$, on aura $h(k - \rho h) = H(K - R.H)$, & par conséquent $H = \frac{hk}{K} - \frac{\rho hh}{K} + \frac{hk}{K} \times \frac{R.H}{K} = \frac{hk}{K} - \frac{\rho hh}{K} + \frac{Rhk}{K} \times \frac{hh}{KK} = h\left(\frac{k}{K} - \frac{\rho h}{K} + \frac{Rk^2h}{K^3}\right)$; on aura de même $\frac{H}{2}\left(1 - \frac{RH}{3K}\right)$ pour la distance de k au centre de gravité de $abcd$.

15. Donc si la petite masse $ABDC$ prend la situation $abdc$, & qu'on nomme Ee, q, le centre de gra-

vité aura parcouru l'espace $q + \frac{H}{2}\left(1 - \frac{R.H}{3K}\right) - \frac{h}{2}\left(1 - \frac{\rho h}{3k}\right) = q + Z - z$, en nommant $\frac{H}{2}\left(1 - \frac{R.H}{3k}\right)$, Z, & $\frac{h}{2}\left(1 - \frac{\rho h}{3k}\right)$, z.

16. De plus, si on appelle m une tranche fixe prise dans le vase par-tout où l'on voudra, & u sa vitesse, on aura, en prenant $\int y dx$ pour la masse $ABDC$ ou $abdc$, $uu = \frac{2p,(q+Z-z).\int y dx}{m^2 \int \frac{dx}{y}} = \frac{2p(q+Z-z)H(K-RH)}{\frac{Hm^2}{K}\left(1+\frac{RH}{K}\right)}$ $= \frac{2pKK}{m^2}(q+Z-z)\left(1-\frac{2RH}{K}\right) =$, à un infiniment petit du second ordre près, $\frac{2pKK}{mm} \times \left[q + \frac{h}{2}\left(\frac{k-K}{K}\right) - \frac{2Rqhk}{KK}\right]$.

17. D'où il est aisé de voir que le quarré de la vitesse de la tranche ab ou $\frac{uumm}{K^4} = 2p\left[q + \frac{h}{2}\left(\frac{k-K}{K}\right) - \frac{2Rhqk}{KK}\right]$.

18. Delà il est évident que si R est plus petite que $\frac{(k-K)K}{4kq}$, le quarré de la vitesse de la tranche ab sera $> 2pq$, c'est-à-dire, plus grand que celui de la vitesse qu'acquerroit la masse $ABCD$ en tombant de la hauteur q, sans changer de figure.

19. Il eſt de plus évident que dans le cas où la maſſe *ABCD* tomberoit de la hauteur q librement & ſans changer de figure, le centre de gravité de cette maſſe parcourroit l'eſpace q, qui eſt évidemment plus petit que $q+Z-z=q+\frac{h}{2}\left(\frac{k-K}{K}\right)$.

20. Donc dans tous les cas où la quantité R, ſuppoſée variable, ſera plus petite que $\frac{(k-K)K}{4kq}$, la tranche *AB* ou *ab* aura plus de viteſſe après avoir parcouru l'eſpace q au-dedans du vaſe, que ſi elle l'eût parcouru librement & hors du vaſe, ſans que la maſſe *ABCD* changeât de figure; & de plus, le centre de gravité dans le premier cas, aura parcouru un plus grand eſpace que dans le ſecond.

21. Donc dans ce cas le centre de gravité de la maſſe fluide *ABCD*, renfermée dans le vaſe, ſe mouvra plus vîte que ſi la même maſſe fluide ſe mouvoit librement.

22. Il n'eſt pas difficile de voir que la viteſſe du centre de gravité de la maſſe *abdc*, eſt à celle de la ſurface *ab* de cette maſſe, comme $ab \times ef$ eſt à $abdc$, c'eſt-à-dire, comme $K.H$ eſt à $H(K-R.H)$, ou comme K à $K-R.H$. En effet, pendant que la ſurface *ab* deſcend d'une quantité infiniment petite ω, il eſt très-aiſé de prouver que le centre de gravité parcourt une ligne $=\frac{\omega \times ab \times ef}{abdc}$. Donc la viteſſe de *ab* étant connue

par

par les propoſitions précédentes, on aura celle du centre de gravité.

23. Lorſqu'il y a une partie du fluide ſtagnante (quoique cette hypothèſe ne ſoit pas exacte), on trouve toujours, dans l'hypothèſe du parallélisme des tranches, que la preſſion totale du fluide dans le vaſe fermé eſt égale au poids de la partie ſtagnante, plus $\int gydx - g'adx$ (§. VIII); ainſi la deſcente du centre de gravité eſt la même, ſoit qu'il y ait ou n'y ait pas de partie ſtagnante dans le fluide.

24. Si on appelle M la maſſe totale du fluide contenu dans un vaſe recourbé $ABGCD$ (Fig. 21), tel que nous l'avons ſuppoſé, art. 44, §. V, le chemin du centre de gravité de haut en bas à chaque inſtant ſera $\frac{kqdz}{M}$, ou $\frac{AB \times EL \times dz}{M}$; d'où il eſt clair, 1°. que la viteſſe du centre de gravité & ſa deſcente eſt un *maximum*, lorſque $q = 0$, c'eſt-à-dire, lorſque les deux ſurfaces AB, CD ſont de niveau; 2°. que quand q devient négative, c'eſt-à-dire, quand la ſurface AB deſcend au-deſſous du niveau de la ſurface CD, alors la viteſſe & la direction deviennent négatives, c'eſt-à-dire, que le centre de gravité remonte, en ſorte que quand la viteſſe redevient $= 0$, le centre de gravité ſe retrouve au même point qu'au commencement du mouvement, au moins ſi le tuyau eſt ſenſiblement cylindrique dans ſes parties ſupérieures.

25. La même remarque aura lieu dans le cas d'un

fluide qui descend dans un vase plongé dans un fluide indéfini. On dira peut-être que la surface *CD*, qui est alors indéfinie, reste sensiblement immobile dans ce dernier cas, d'où il s'ensuit que le centre de gravité de toute la masse descend toujours à mesure que la surface *AB* descend. Mais quand la surface *AB* descend, la surface indéfinie *CD* s'éleve réellement, quoiqu'insensiblement, si cette surface est indéfinie, & ce mouvement, quoiqu'insensible, suffit pour déplacer sensiblement le centre de gravité; parce que ce mouvement dépend de la masse déplacée, & que la masse déplacée en *CD*, est égale à la masse déplacée en *AB*.

§. XI.

Du principe de la conservation des forces vives dans le mouvement des fluides.

1. Nous avons déja expliqué ci-dessus comment & en quel sens la conservation des forces vives a lieu dans le mouvement des fluides, même le plus irrégulier. Cette conservation, comme nous l'avons observé, peut n'avoir pas lieu dans les tranches du fluide horisontales & parallèles entr'elles, sur-tout lorsque le vase est ou irrégulier, ou percé de plusieurs diaphragmes, ou plongé dans un fluide.

2. Mais la perte des forces vives peut-elle avoir lieu dans ces sortes de tranches, lorsqu'un fluide en mou-

vement perd une partie de ſa viteſſe contre le fluide antérieur ?

3. Cette ſuppoſition ne pourroit avoir lieu que dans le cas où le fluide perdroit bruſquement & ſans gradation une partie de ſa viteſſe contre le fluide antérieur, parce qu'en effet, comme je crois l'avoir démontré le premier rigoureuſement & en général dans la premiere édition de mon *Traité de Dynamique* (1743), la force vive ne ſe conſerve que lorſque le mouvement s'altere par degrés inſenſibles. Ainſi la prétendue perte ne pourroit avoir lieu lorſque les tranches du fluide, en paſſant à l'état voiſin du leur, ne changeroient qu'infiniment peu de largeur & de figure. En voici un exemple ſenſible.

4. Imaginons un vaſe *ABCD* (Fig. 30), qu'on peut ſuppoſer ſi l'on veut très-étroit, & dont une des parois *AC* ſoit une ligne droite verticale. Suppoſons que ce vaſe aille en s'élargiſſant de *A* vers *C*, & qu'un fluide qui a été pouſſé primitivement par une cauſe quelconque, ſe meuve dans ce vaſe de *A* vers *C* tandis que la peſanteur agit de *C* vers *A*; il eſt viſible que la viteſſe de ce fluide de *A* vers *C* allant toujours en diminuant, les viteſſes perdues du ſeront dirigées de *A* vers *C*, tandis que la gravité g l'eſt de *C* vers *A*; d'où il eſt aiſé de voir, 1°. que ce fluide ne ſe diviſera pas, quoique ſes côtés aillent en divergent, cette diviſion ou ſéparation n'ayant lieu que dans le cas où la divergence des parois ſe fait dans le même ſens que celui

ſuivant lequel la peſanteur s'exerce; 2°. que quoique le fluide *ABPM* perde continuellement de ſa viteſſe contre le fluide antérieur *PMCD*, cependant il n'y aura réellement aucune perte de forces vives, & qu'on pourra réſoudre ce problême comme celui du mouvement d'un fluide qui, pouſſé par la peſanteur de *C* vers *A* ſe mouvroit dans le tuyau convergent *CDAB*.

5. La raiſon pour laquelle quelques Auteurs admettent une perte de forces vives lorſque le fluide perd une partie de ſa viteſſe contre le fluide antérieur, c'eſt que d'une part ils ſuppoſent que toutes les parties du fluide ſe meuvent parallèlement avec une égale viteſſe, & de l'autre que la tranche de fluide qui perd ainſi une partie de ſa viteſſe, paſſe bruſquement & ſans gradation de la largeur qu'elle a dans l'endroit où elle eſt retrécie, à une largeur qui différe de celle-là d'une quantité finie. Or ni l'une ni l'autre de ces ſuppoſitions n'eſt légitime; ou du moins la premiere n'eſt nullement néceſſaire, & la ſeconde eſt impoſſible.

6. Il faudroit en effet, pour la légitimité de cette ſuppoſition, qu'une tranche de fluide changeât bruſquement d'étendue & de viteſſe tout-à-la-fois, c'eſt-à-dire, que les particules acquiſſent en un inſtant une viteſſe horiſontale infinie, ce qui ne ſe peut.

7. Il faudroit de plus (dans le cas, par exemple, d'un vaſe percé de pluſieurs diaphragmes, & dans les autres cas analogues) que la tranche qui eſt à l'ouverture du diaphragme (ſuppoſée infiniment petite) après

avoir acquis brusquement, en passant de l'état supérieur à l'état inférieur, une vitesse verticale infinie, & une vitesse horisontale infinie pour le retrécir, prît dans l'instant suivant, en passant de l'état inférieur au supérieur, une vitesse finie verticale, & une vitesse horisontale infinie en sens contraire pour s'élargir de nouveau, ce qui redouble l'impossibilité de ce changement brusque de vitesse & de figure.

8. Aussi est-il impossible d'établir dans cette hypothèse aucun équilibre entre la tranche qui est à l'ouverture & la tranche suivante; non plus qu'entre la tranche de l'ouverture & la tranche précédente. Nous en avons fait sentir les raisons dans l'art. 113 de notre *Traité des Fluides*, seconde édition, pag. 108 & suiv. & nous ne les répéterons point ici.

9. Il en seroit de même & par les mêmes raisons, si on supposoit que l'équilibre a lieu lorsque la tranche inférieure est à moitié sortie.

10. Aussi quand on veut appliquer nos principes à cette théorie, on est obligé d'établir l'équilibre, tantôt quand la tranche est à moitié sortie, tantôt quand elle n'a pas encore commencé à sortir, tantôt enfin quand elle est sortie tout-à-fait, selon le besoin qu'on a d'arriver à un résultat tel qu'on le desire. On sent assez par cela seul, combien ces hypothèses sont arbitraires.

11. D'ailleurs, quand bien même l'équilibre pourroit avoir lieu dans cette hypothèse de la tranche à moitié sortie, c'est une supposition purement précaire que celle

de prendre pour le ſecond membre de l'équation $\frac{BQ}{2}(V-u)+\frac{BQ.k}{2K}(V-u)$; (Voyez notre *Traité des Fluides* ci-deſſus cité, art. 113) (*a*).

12. Car pourquoi vouloir établir l'équilibre au moment où la tranche eſt à moitié ſortie, & non pas au moment où elle eſt ſortie de la quantité $\frac{1}{n}$, n étant un nombre conſtant inconnu & indéterminé? d'autant que le changement de u en V ſe faiſant néceſſairement & ne pouvant ſe faire que par degrés inſenſibles, quoique très-rapidement & comme dans un inſtant, on ignore abſolument ſuivant quelle loi la viteſſe u paſſe à V, & par conſéquent ſi c'eſt lorſque la tranche eſt ſortie à moitié, ou en général de la quantité $\frac{p}{q}$ (p étant $< q$) que la viteſſe u a pris la moitié de ſon accroiſſement, & eſt devenue $u+\frac{V-u}{2}$.

13. Pour que la viteſſe u ait pris la moitié $\frac{V-u}{2}$ de ſon accroiſſement lorſque la tranche eſt à moitié ſortie, il faudroit ſuppoſer que l'accroiſſement $V-u$ eſt cauſé par une force qui agiſſe toujours également comme la peſanteur, ou plutôt que ſi on nomme z les parties de la ligne BQ & V' les viteſſes correſpon-

(*a*) Je ſuppoſe qu'on ait ici cet endroit ſous les yeux, avec la Figure qui y eſt relative.

dantes, on ait $\frac{z}{BQ} = \frac{V'-u}{V-u}$, hypothèſe purement précaire.

14. Il faut, pour l'exactitude de la ſolution, qu'on ait $AB(pdt-du) = \int \frac{dz\,dV'}{dt}$; & cette quantité $\int \frac{dz\,dV'}{dt}$ eſt $= BQ \times \frac{(V-u)}{r}$, r étant un nombre conſtant, mais inconnu.

15. En ſuppoſant que la tranche ſoit ſortie de la quantité $\frac{1}{n} = \frac{p}{q}$, on auroit $AB(pdt-du) = \left[\frac{BQ\times k}{nK} + BQ\frac{(n-1)}{n}\right](V-u)$, c'eſt-à-dire (*Traité des Fluides*, pag. 108), $q\left(-\frac{pdq}{u}-du\right) = \left(-\frac{kdq}{nK} - \frac{dq(n-1)}{n}\right)\left(\frac{uk}{K}-u\right)$, ou $-nKKqpdq - nKKqudu = u^2[-kdq-Kdq(n-1)]\times[k-K]$, & mettant au lieu de u ſa valeur $\frac{K.V}{k}$, pour avoir la viteſſe V à l'ouverture, on trouvera $-nKKqpdq - \frac{nK^4qVdV}{k^2} = \frac{K^2V^2}{k^2}\times[-kdq-Kdq(n-1)]\times[k-K]$; ou, en réduiſant & ſimplifiant, $-nqpdq - \frac{nK^2VdV}{k^2} = \frac{V^2dq}{k^2}\times[-(k-K)^2-nK(k-K)]$; équation qui donne des valeurs de V différentes, ſelon la valeur de n.

16. Par exemple, si $n=2$, on aura $-2qpdq-\frac{2K^2qVdV}{k^2}=\frac{V^2dq}{k^2}[-(k-K^2)-2K(k-K)]$, ou $-qpdq-\frac{K^2qVdV}{k^2}=\frac{V^2dq}{2k^2}(-k^2+K^2)$.

17. Et si $n=\infty$, ce qui est l'hypothèse de notre *Traité des Fluides*, où l'équilibre est supposé avoir lieu quand la tranche n'a pas commencé à sortir, on aura $-qpdq-\frac{K^2qVdV}{k^2}=\frac{V^2dq}{k^2}\times -K\times(k-K)$, équation qui differe beaucoup de la précédente, car en supposant, par exemple, K très-petit, la premiere équation donne $V^2=2pq$, & la seconde $V^2=\frac{kpq}{K}$.

18. Et en général, supposant K fort petit, & n fini & quelconque, on aura $V^2=\frac{nk^2pq}{(k-K)^2+nK(k-K)}$ $=-\frac{nk^2pq}{k^2+nKk-2kK}$.

19. On peut faire encore ici la considération suivante, qui donnera un nouveau résultat, & qui n'est pas plus fondée.

20. Lorsque la tranche n'a pas encore commencé de sortir, sa base est k, & on a pour la condition de l'équilibre $AB\,.\,k\left(g-\frac{dV}{dt}\right)=k\,.\,BQ\left(\frac{u-V}{dt}\right)$; lorsque la tranche est entierement sortie, alors sa base n'est plus que K; c'est sur cette base que s'exerce uniquement l'action contraire du fluide supérieur, & par les loix

loix de l'équilibre, on a $AB.K\left(p-\frac{du}{dt}\right)=K.\frac{BQ.k}{K}$ $\left(\frac{V-u}{dt}\right)$, ou $AB.K\left(p-\frac{du}{dt}\right)=k.BQ\left(\frac{V-u}{dt}\right)$. Il ſemble donc que ſi on veut établir l'équilibre, au moment où la tranche eſt à moitié ſortie, il ſeroit naturel de prendre l'équation moyenne entre ces deux-là, c'eſt-à-dire, $\frac{AB(k+K)}{2}\left(p-\frac{du}{dt}\right)=k.BQ\left(\frac{V-u}{dt}\right)$; or il eſt aiſé de voir que cette équation eſt différente de l'équation ſuppoſée ci-deſſus, art. 11, pour le cas de $n=2$.

21. On doit bien remarquer que je ſuis très-éloigné de regarder & de donner le raiſonnement précédent pour concluant. Je dis ſeulement que ſi on veut s'en tenir à des hypothèſes vagues pour établir l'équilibre par la méthode de l'art. 11, & faiſant la ſomme $=0$, on eſt pour le moins auſſi en droit de prendre la moitié des deux équations de l'article précédent; mais la vérité eſt que ni l'une ni l'autre ſuppoſition ne doit être admiſe.

22. Il y a un autre inconvénient à ſuppoſer que l'équilibre a lieu lorſque la tranche eſt à moitié ſortie, ou même lorſqu'elle n'eſt ſortie qu'en partie. C'eſt que cette ſuppoſition renferme une eſpece de contradiction; en effet, puiſqu'on ſuppoſe que la tranche n'eſt ſortie qu'en partie, il n'y a réellement que la partie ſortie qui ait acquis la viteſſe u, la partie qui ne l'eſt pas n'a

encore que la viteſſe V, on ne doit donc ſuppoſer la viteſſe détruite $u-V$ que dans la partie $\frac{BQ.A}{n.B}$, & non dans la partie $BQ\left(\frac{n-1}{n}\right)$, dans laquelle il n'y a encore de détruit que la viteſſe infiniment petite $g-\frac{dV}{dt}$, ainſi on ne devroit réellement avoir que l'équation $AB\left(p-\frac{du}{dt}\right)=\frac{BQ.k}{nK}\times\left(\frac{V-u}{dt}\right)$.

23. Il eſt vrai que dans mon *Traité des Fluides* (article 113), j'ai ſuppoſé pour l'équilibre que la tranche inférieure étoit animée de la viteſſe $V-u$ avant que de commencer à ſortir du vaſe. Mais je n'ai fait cette ſuppoſition, que parce qu'elle étoit néceſſaire pour établir l'équilibre, ayant démontré que l'équilibre eſt impoſſible entre le fluide intérieur, & la partie qui eſt ſortie du vaſe; & d'un autre côté j'ai remarqué en même-temps, que cette ſuppoſition, abſolument néceſſaire pour établir l'équilibre, entraîne elle-même une ſuppoſition choquante, ſavoir, que la tranche inférieure ſe contracte dans un inſtant indiviſible, & qu'elle ait pour ainſi dire à-la-fois la largeur k de la ſurface, & la largeur K de l'ouverture. Auſſi l'équation qui réſulte de cette ſuppoſition donne-t-elle un réſultat oppoſé à celui que donne la vraie théorie, & que l'expérience confirme.

24. Quoi qu'il en ſoit, & de quelque maniere qu'on veuille établir l'équilibre, ſoit au commencement, ſoit

à la fin, soit au milieu de la sortie, soit en général lorsqu'il n'y a encore de sorti que la partie $\frac{1}{n}$; on trouveroit dans tous les cas par cette méthode que la surface AB descend au premier instant avec une vitesse égale à peu-près à celle que lui donneroit la pesanteur naturelle. En effet, soit ω la force accélératrice de la tranche supérieure au premier instant, celle de la tranche inférieure sera $\frac{k\omega}{K}$, & l'on aura au premier instant, en faisant les mêmes raisonnemens que ci-dessus, $AB(p-\omega)=[\frac{BQ.k}{nK}+BQ(\frac{n-1}{n})]\times(\frac{k\omega}{K}-p)$; ce qui donne $q(p-\omega)=[-\frac{kdq}{nK}-\frac{dq(n-1)}{n}]\times(\frac{k\omega}{K}-p)$, & $\omega=\frac{qp-pdq(\frac{k}{nK}+\frac{n-1}{n})}{q+\frac{k}{K}\times[-\frac{kdq}{nK}-\frac{dq(n-1)}{n}]}$. Or à cause de dq infiniment petite (*hyp.*), cette équation se réduit à $\omega=p$, quelle que soit la valeur de n.

25. Et si l'on faisoit, suivant l'hypothèse de l'art. 20, $AB(p-\omega)(k+K)=2k.BQ(\frac{k\omega}{K}-p)$, ou $q(p-\omega)(k+K)=-2kdq(\frac{k\omega}{K}-p)$; on auroit de même $\omega=p$, en regardant dq comme infiniment petit.

26. Il s'en faut bien que je préfere cette méthode de trouver la vitesse au premier instant, à celle que j'ai donnée, & qui est beaucoup plus rigoureuse, celle

dont il s'agit ici ayant l'inconvénient de ſuppoſer que le changement de la force p en ω ſe faſſe dans un inſtant indiviſible. Mais j'ai voulu ſeulement faire voir que ſi on ſe permet l'hypothèſe précaire qui établit l'équilibre au milieu de la ſortie, ou même en tout autre moment, on trouvera que la force accélératrice de la ſurface ſupérieure au premier inſtant, eſt égale à la peſanteur dans tous les cas.

27. M. Daniel Bernoulli eſt le premier qui ait employé le principe de la conſervation ou de la perte des forces vives dans la théorie du mouvement des fluides; mais il n'a, ce me ſemble, démontré ni l'un ni l'autre dans les différens cas où il les a employés. Lorſqu'il ſe ſert du principe de la conſervation des forces vives, il regarde les particules fluides comme de petits corpuſcules élaſtiques (Mém. de Peterſbourg, Tom. II), & lorſqu'il employe le principe de la perte des forces vives, il regarde ces particules comme des corps (*Hydrodyn.* Sect. VII, art. I). Or ni l'une ni l'autre de ces hypothèſes ne peut repréſenter les particules fluides, 1°. parce que nous ne ſavons pas ſi les particules fluides ſont des corps élaſtiques ou des corps mous, encore moins des corps durs, comme d'autres Auteurs l'ont ſuppoſé; 2°. parce qu'au moins on ne peut ſuppoſer qu'elles ſoient à-la-fois l'un & l'autre, c'eſt-à-dire, les regarder tantôt comme des corpuſcules élaſtiques, tantôt comme des corpuſcules mous, ſelon le beſoin qu'on a de l'une ou de l'autre de ces ſuppoſi-

tions; 3°. parce que les loix de l'équilibre des fluides étant très-différentes, comme tout le monde sait, des loix de l'équilibre des solides, les loix du choc des particules fluides les unes contre les autres, doivent être, par cette même raison, très-différentes de celles du choc mutuel d'un système de corpuscules élastiques, ou mous, ou durs. En effet, les corps solides sont équilibre entr'eux par toutes leurs masses, & les corps fluides simplement par leurs bases; & cette seule différence rendroit insuffisante toute théorie du mouvement des fluides, où l'on supposeroit que les parties de ce fluide se communiquassent leurs mouvemens à la maniere des corps solides.

28. Cette comparaison du choc des particules fluides à celui de petits corps élastiques ou mous, est donc fautive en elle-même. Mais elle l'est aussi, ce me semble, dans l'application.

29. Pour le montrer d'abord par un exemple très-simple, supposons un vase vertical traversé de plusieurs diaphragmes, dont chacun soit percé en son milieu d'une ouverture, & soit α la petite masse de fluide qui occupe l'ouverture d'un de ses diaphragmes, & V sa vitesse, cette petite masse a au-dessus & au-dessous d'elle (à la surface supérieure du diaphragme & à l'inférieure) deux autres petites masses qui lui sont égales, que j'appelle α' & α'', & qui ont pour vitesse $u = \frac{VK}{k}$, K étant l'ouverture du diaphragme, & k sa largeur

totale. Maintenant la maſſe α', en prenant la place de la maſſe α, change ſa viteſſe u en V, & acquiert par conſéquent la viteſſe $V-u$; & la maſſe α, en prenant la place de la maſſe α'', change ſa viteſſe V en u, & perd par conſéquent la viteſſe $V-u$. Donc pour l'équilibre, on a ici à conſidérer, 1°. la maſſe α' (ou α) animée de bas en haut de la viteſſe $V-u$, ou, ce qui revient au même, de la viteſſe $u-V$ de haut en bas; & 2°. la maſſe α animée de haut en bas de la viteſſe $V-u$. Or il paroît que ces deux forces ſe détruiſent, & que leur effet eſt nul, ſur-tout ſi l'on a égard à l'adhérence des parties. Donc dans l'hypothèſe que nous examinons, appliquée comme elle le doit être au mouvement des fluides, on trouveroit que l'effet des diaphragmes & de leurs ouvertures eſt nul, & que le mouvement du fluide eſt le même que ſi le vaſe étoit ſans diaphragme, & percé d'un ſeul trou à ſon ouverture. Or c'eſt ce qui ne paroît pas vrai.

30. Le même raiſonnement auroit lieu, ce me ſemble, dans toute autre hypothèſe, dans celle des vaſes irréguliers, des vaſes plongés dans d'autres, des ſyphons à étranglement, &c. on trouveroit toujours, ce me ſemble, que le mouvement devroit ſe faire comme dans un vaſe ſimple, où il n'y auroit qu'une ſeule ouverture.

31. Lorſqu'un tuyau, que je ſuppoſerai, pour plus de ſimplicité, fort petit & horiſontal, eſt adapté à un vaſe, le fluide, à l'endroit où la veine ſe contracte, ne perd pas ſubitement contre le fluide antérieur une par-

tie de sa vitesse; il ne la perd que successivement & par degrés insensibles, en sorte que la quantité $\int \frac{dxdu}{dt}$, depuis l'endroit de la contraction de la veine jusqu'à l'ouverture, se trouvera $= -\frac{1}{2}uu + \frac{m^2u^2}{2}$, en nommant u la vitesse à l'ouverture, & mu la vitesse à l'endroit de la contraction. La quantité $\int - \frac{dxdu}{dt}$ ne pourroit être $= a(-u + mu) \times \frac{dx}{dt}$, que dans l'hypothèse où la vitesse mu passeroit subitement & sans aucune gradation à la vitesse u; or c'est ce qui n'est pas. Car en général soit une quantité à intégrer $\int - dx dY$, la premiere valeur de Y étant $= \alpha$, & la derniere $= \beta$, il est aisé de voir que quelque rapide qu'on suppose l'accroissement de α à β, pourvu qu'il se fasse par degrés infiniment petits, $\int - dx dY$ ne sera pas $= dx(-\alpha + \beta)$.

32. Il paroît donc qu'il ne faut pas confondre l'effet d'un changement rapide, mais qui se fait par degrés infiniment petits, avec celui d'un changement brusque, subit & sans gradation, ce qui est fort différent.

33. Si l'on veut admettre une perte de forces vives dans le mouvement d'un fluide qui passe d'une petite ouverture dans un vase indéfini, il est bien plus naturel de penser qu'une partie du fluide qui entre dans ce vase, perd son mouvement en se dissipant latéralement, en

ſorte que la petite maſſe entrante $K\,dx$ peut être cenſée diminuée, & réduite à $\frac{K\,dx}{q}$, q étant un nombre plus grand que l'unité.

34. On peut faire le raiſonnement ſuivant pour prouver la perte des forces vives. Imaginons un ſyphon dont la partie horiſontale, celle qui joint les deux branches verticales, ait un étranglement infiniment petit, il faudroit donc qu'en ce point d'étranglement la viteſſe fût infinie, ce qui eſt impoſſible. On peut faire à ce raiſonnement pluſieurs réponſes.

1°. Il a pour but d'établir une hypothèſe illuſoire, & qui ne ſauroit être faite, ſavoir, qu'une tranche de fluide en paſſant à l'état voiſin, change bruſquement & dans un inſtant indiviſible, ſa viteſſe finie en une autre viteſſe finie, ce qui eſt impoſſible.

2°. La ſuppoſition du mouvement d'un fluide qui entre dans un vaſe ſubmergé, & qui paſſe tout d'un coup de la largeur K à k, entraîne toutes les difficultés de la viteſſe horiſontale infinie. En ſuppoſant même que le rapport de k à K n'eſt pas $=\infty$, mais ſeulement fini, il eſt néceſſaire que la tranche de fluide paſſe ſubitement & avec une viteſſe horiſontale infinie, de la contraction à l'expanſion, ce qui ne ſauroit être. On ne voit donc pas pourquoi il répugneroit davantage de ſuppoſer la viteſſe infinie dans l'étranglement infiniment petit d'un ſyphon, puiſqu'on admet, au moins tacitement, cette viteſſe infinie dans le changement ſubit

ſubit de figure qu'on ſuppoſe aux tranches du fluide.

3°. D'ailleurs, les raiſonnemens qu'on fait contre cette viteſſe infinie, prouveroient contre le principe généralement admis, que la viteſſe des tranches eſt en raiſon inverſe de leur largeur, lorſque cette largeur eſt très-petite.

4°. L'hypothèſe de la viteſſe *infinie* réſulte de la ſuppoſition même de l'étranglement *infiniment petit*, & n'eſt impoſſible, que parce qu'un étranglement *infiniment petit* eſt également impoſſible.

34. Le mouvement d'un fluide, qui entre ou qui s'écoule d'un vaſe ſubmergé dans un autre, ne ſe fait pas comme dans un vaſe priſmatique; il paroît au contraire, comme nous l'avons déja obſervé, que dans ces vaſes $\int\frac{dx}{y}$ eſt très-différent de $\frac{h}{a}$, ce qui doit d'abord produire un changement conſidérable dans les formules. Cependant cette ſuppoſition d'un mouvement priſmatique eſt néceſſaire pour la perte des forces vives, car il faut que u devienne bruſquement & ſans gradation égale à V.

35. La méthode de quelques Auteurs pour déterminer la viteſſe d'un fluide qui ſort d'un vaſe percé d'une ſeule ouverture, méthode dans laquelle on ſuppoſe les petits tuyaux invariables durant un inſtant, & les mouvemens parallèles à la ſurface ſupérieure & à l'inférieure, devroit, ſi elle étoit bonne, s'appliquer à toutes ſortes de vaſes, réguliers ou irréguliers, traverſés ou non par

des diaphragmes, plongés ou non dans d'autres vases remplis de fluide. Or cette application donneroit des résultats semblables à ceux de notre ancienne théorie, lesquels ne paroissent pas assez exacts.

36. Il est donc bien plus naturel, pour arriver à des résultats conformes à l'expérience, d'employer le principe des tuyaux variables à chaque instant, pour déterminer le mouvement dans tous les cas, même ceux où il paroît le plus irrégulier. C'est ce que nous avons fait dans le §. IX précédent.

§. XII.

Des cas où un fluide qui coule dans un vase, doit cesser de former une masse continue, & se séparer en plusieurs portions.

1. Nous avons déja traité cette matiere dans notre *Traité des Fluides* (art. 158 & suiv.), & dans le cinquiéme Tome de nos *Opuscules*, pag. 85 & suiv. Nous allons donner ici de nouvelles recherches sur ce sujet, qui pourront encore intéresser les Géomètres.

2. Nous supposerons ici, comme nous l'avons fait dans la plus grande partie de ces recherches, que les tranches du fluide se meuvent parallèlement & horisontalement, en sorte que la vitesse de chaque tranche est en raison inverse de la largeur. Nous avons prouvé

que cette ſuppoſition eſt admiſſible, cependant ſi on ne vouloit pas l'admettre, on pourroit en ce cas ſuppoſer que le tuyau dans lequel le fluide ſe meut, eſt très-étroit, auquel cas la ſuppoſition n'a plus aucune difficulté.

3. Nous diſtinguerons deux cas; celui où le fluide qui ſe ſépare étoit déja en mouvement avant de ſe ſéparer, & celui où il commence à ſe mouvoir. Nous traiterons d'abord du premier cas, qui, comme on va le voir, eſt bien plus facile que l'autre.

4. En effet, & c'eſt une réflexion qui avoit, ce me ſemble, échappé juſqu'ici à tous ceux qui ont traité cette queſtion, un fluide en mouvement ne ſe ſépare que parce que la quantité $\int p\,dx - \int \frac{dx\,dv}{dt}$ qui eſt $=0$ lorſque $x=0$, & $x=$ à la hauteur du vaſe, a quelque valeur négative répondante à $x<h$.

5. Donc avant le moment où le fluide ſe ſépare, il n'y avoit encore aucune quantité négative $\int p\,dx - \int \frac{dx\,dv}{dt}$.

6. Donc cette quantité, qui au moment de la ſéparation doit être négative, eſt infiniment petite. Donc l'inſtant d'auparavant, qui ne diffère point réellement de l'inſtant de la ſéparation, cette quantité eſt $=0$.

7. Donc dans les points où ſe ſépare un fluide qui eſt déja en mouvement, $\int p\,dx - \int \frac{dx\,dv}{dt}$ eſt $=0$, & poſitif dans tous les autres points.

8. Donc dans ces points on a non-ſeulement $\int p\,dx - \int \frac{dx\,dv}{dt} = 0$, mais $p - \frac{dv}{dt} = 0$, parce qu'une quantité X qui eſt nulle pour certaines valeurs de x, & poſitive pour toutes les autres, donne pour ces valeurs de x, non-ſeulement $X = 0$, mais $dX = 0$; autrement la courbe qui auroit pour abſciſſes les x, & pour ordonnées les X, formeroient des angles finis aux points où $X = 0$, & par conſéquent ne ſeroit pas continue; ce qu'on ne ſauroit ſuppoſer.

9. En général, ſi $\frac{dV}{dt}$ repréſente les forces perdues par les tranches du fluide, il eſt clair que lorſque le fluide ſe ſépare en quelqu'endroit, c'eſt une marque que $\int \frac{dx\,dV}{dt}$ eſt quelque part négative, ayant été poſitive juſqu'à ce moment; d'où il s'enſuit que dans l'inſtant où il commence à ſe ſéparer, les valeurs négatives de $\int \frac{dx\,dV}{dt}$ ne peuvent être qu'infiniment petites; ainſi que celle de $\frac{dV}{dt}$.

10. De plus, il eſt viſible par la même raiſon, que ces valeurs négatives, qui ſont infiniment petites à l'inſtant de la ſéparation, ne peuvent répondre qu'à des portions infiniment petites de la hauteur h du fluide.

11. D'où il s'enſuit que quand un fluide commence à ſe diviſer, la ſéparation doit être d'abord très-peu conſidérable, & ne pourra avoir lieu que dans une por-

tion infiniment petite de la partie ſupérieure, ou de la partie inférieure, ou de quelque partie moyenne.

12. Delà il s'enſuit encore que dans l'inſtant où le fluide ſe ſépare, il doit ſe ſéparer en deux ou pluſieurs maſſes, & qu'à l'endroit de la ſéparation, il ne doit point y avoir de tranches qui s'éparpillent, puiſque l'étendue de l'eſpace où ſe fait la ſéparation, eſt infiniment petite, c'eſt-à-dire, nulle.

13. De toutes ces remarques, il s'enſuit évidemment que dans l'endroit où le fluide ſe ſépare, il faut qu'avant l'inſtant de la ſéparation, 1°. $\int p\,dx - \int \frac{dx\,dv}{dt}$ ſoit $= 0$; 2°. que $p - \frac{dv}{dt}$ ſoit $= 0$; 3°. que $\int p\,dx - \int \frac{dx\,dv}{dt}$ ſoit négative l'inſtant d'après.

14. Soit donc q la hauteur du fluide au-deſſus de l'ouverture, x la diſtance de la ſurface ſupérieure à l'endroit où le fluide ſe ſépare; les deux premieres conditions donneront,

$$(A)\ldots p - \frac{mudu}{-kdq.y} + \frac{m^2u^2\,dy}{-kdq.y^2} = 0,$$

$$(B)\ \&\ px - \frac{mudu}{-kdq}\int\frac{dx}{y} + m^2u^2 \times \int\frac{dy}{y^3} = 0.$$

15. Il faudra de plus qu'on ait,

$$(C)\ pq - \frac{m^2udu}{-kdq}.N' + m^2u^2 \times \left(-\frac{1}{2K^2} + \frac{1}{2k^2}\right) = 0;$$

N' étant ce que devient $\int\frac{dx}{y}$ lorſque $x = q$.

16. De ces trois équations, on tirera facilement la

valeur de x, en faisant évanouir udu & uu, & mettant pour y & dy leurs valeurs en x & dx, supposées connues.

17. Il faut de plus que cette valeur de x ne soit pas plus grande que q.

18. D'après ces conditions, on aura la valeur de x, & par conséquent celle de y.

19. Pour remplir maintenant la troisième condition, il faut qu'il y ait une valeur x' infiniment peu différente de x, qui puisse donner dans l'instant suivant une valeur négative pour $px' - \frac{mu'du'}{-k'dq'}\int\frac{dx'}{y'} + m^2u'^2 \times \int\frac{dy'}{y'^3}$; & une valeur positive pour cette même quantité, dans l'instant qui précéde la séparation.

20. Pour faire ce calcul plus aisément, on remarquera d'abord que la troisième équation ci-dessus, donne une valeur de u^2 en q, k, K, N', d'où il est aisé de voir qu'on aura $\frac{udu}{-dq} = pR$, R étant une fonction de q, k, K, N', puisque les valeurs de dk, dK, dN' seront données en dq, q, k & K. En second lieu, on aura, par la même raison, $u^2 = pS$, S étant une fonction de q, k, K, N'; donc il faudra que $x' + \frac{R'm}{k'}$ $\int\frac{dx'}{y'} + m^2S'\left(-\frac{1}{2y'^2} + \frac{1}{2k'^2}\right)$ soit négative.

21. Soit donc $x' = x + \alpha$, α étant infiniment petite, il

faut que $\alpha + \frac{m}{k'} d\left(R\int\frac{dx}{y}\right) + m^2 d\left[S\left(\frac{1}{2k^2} - \frac{1}{2y^2}\right)\right]$, puisse être négative.

22. Or soit dz la quantité dont la surface supérieure s'abaisse, $\alpha = \zeta - dz$, ζ étant une quantité arbitraire, mais infiniment petite, positive ou négative, on aura $dR = \omega dz$, ω étant connu, $d\left(\int\frac{dx}{y}\right) = \frac{\zeta}{y} - \frac{dz}{k}$, $dS = \nu dz$, ν étant connu, $dk = \mu dz$, $dy = \mu'\zeta$, μ & μ' étant connus aussi; donc en substituant, l'équation, ou plutôt la condition se réduira à ce que $A\zeta + Bdz$ puisse être négative, A & B étant connues & données en m, q, k, K, x & y.

23. Or puisque (art. 8) $dX = 0$ au point cherché, donc $\frac{dX}{dx} = 0$; donc $A = 0$; donc la différence de X est ici Bdz. Donc si B est positive ou $= 0$, le fluide ne se séparera pas, mais il se séparera si B est négative. On voit aussi que pour prendre la différence de X, il suffit de supposer celle de $x = -dz$.

24. Lorsque le fluide sort d'un vase par une ouverture, dz est $= -dq$; lorsque le fluide se meut dans un vase continu, $dz = \frac{Kdq}{k - K}$; & il est aisé d'appliquer la théorie précédente à la séparation d'un fluide qui se meut dans un vase continu.

25. Nous avons fait abstraction dans la solution précédente de l'adhérence des parties du fluide, & de la

pression de l'atmosphere. Mais si on vouloit y avoir égard, rien ne seroit plus facile.

26. Pour cela, on nommera A la force d'adhérence, & P la pression de l'atmosphere; on cherchera ensuite à chaque instant la valeur de la pression en chaque point, savoir, $px - \int \frac{dx\,dv}{dt}$; & tant que la plus grande valeur négative de cette pression ne sera pas plus grande que $A + P$, il est clair que le fluide ne se divisera pas.

27. Supposons $A = pH$, & $P = pG = p.32$ pieds si le fluide est de *l'eau*; il faudra ajouter $A + P$, ou $p(H + G)$ au premier membre de l'équation B (art. 14), & achever ensuite le reste du calcul comme ci-dessus.

28. On ajoute $p(H + G)$ à l'équation (B) & non à l'équation (C), parce que la quantité exprimée par l'équation (B) est la pression dans les parties intérieures, qui peut être négative, & que la quantité exprimée par l'équation (C) exprime une quantité qui doit toujours être nulle, indépendamment de l'adhérence des parties du fluide, & du poids de l'atmosphere.

29. C'est ainsi qu'on déterminera les points de séparation, lorsque le fluide est déja en mouvement, soit dans un vase continu, soit dans un vase percé à son fond d'une ouverture.

30. Il n'est pas aussi facile de déterminer ces points lorsque le fluide doit commencer à se séparer dès le premier instant du mouvement; parce que la quantité

$\int p\,dx$ —

$\int p\,dx - \int \frac{dx\,dv}{dt}$ qui eſt $= 0$ dans le premier cas au point de ſéparation, peut dans le ſecond cas, c'eſt-à-dire, au premier inſtant être négative dans une grande portion du fluide, quoique nulle aux points de $x = 0$ & $x = h$; de ſorte qu'il peut y avoir en pluſieurs endroits des portions de fluide qui ſe ſéparent du vaſe.

31. Pour réſoudre le problême dans ce cas, c'eſt-à-dire, pour trouver au premier inſtant les différens points de ſéparation, nous commencerons par le théorême ſuivant.

32. Si dans un vaſe $ABCD$, d'ailleurs de figure quelconque, la ſurface AB (Fig. 31) eſt moindre que la tranche inférieure CD, il eſt impoſſible que le fluide deſcende au premier inſtant, en formant une maſſe continue, & la partie inférieure ſe ſéparera néceſſairement de la ſupérieure. Car ſoit HL, hl la force de la peſanteur qui tend à mouvoir au premier inſtant toutes les parties P de la colonne verticale GE; HK & MO les forces accélératrices réelles des points G, & E (je ſuppoſe, pour plus de ſimplicité & d'exactitude, que le vaſe ſoit infiniment étroit); il eſt clair que ces forces accélératrices devant être en raiſon inverſe des tranches AB, CD, & CD étant (*hyp.*) $> AB$, on aura $MO > HK$. Or (*Traité des Fluides*, ſeconde édition, pag. 97) HK ne ſauroit être $> HL$; donc MO eſt $< MN$. Mais par le même Traité, & par le même article, MO ne ſauroit être $< MN$. Donc, &c.

33. Soient $\frac{dV}{dt}$ les forces perdues à chaque inſtant par le fluide, il faudra, ſuivant notre principe, que $\int \frac{dx\,dV}{dt}$ ſoit $= 0$. Il faudra de plus, pour que le fluide ne ſe ſépare pas, que $\int \frac{dx\,dV}{dt}$ n'ait aucune valeur négative, en faiſant abſtraction de la preſſion de l'air, & ſi on a égard à cette preſſion, & que le vaſe ſoit ſuppoſé ouvert des deux côtés, il faudra que $\int \frac{dx\,dV}{dt}$ n'ait point de valeur négative plus grande que le poids d'une colonne d'eau de 32 pieds.

34. Dans tous les endroits où le fluide ſe ſépare, la tranche ſupérieure & l'inférieure, c'eſt-à-dire, la tranche inférieure de la partie ſupérieure, & la tranche ſupérieure de la partie inférieure (qui ſont proprement la même tranche), doivent avoir une force accélératrice $= \frac{dV'}{dt}$, $\frac{dV'}{dt}$ étant l'effet de la force quelconque qui tend à accélérer le mouvement; & cette regle n'a d'exception qu'à la ſurface du fluide & à ſa baſe, où cette condition n'eſt pas néceſſaire. En effet, dans toutes les portions de fluide qui ſe meuvent ſéparément les unes des autres, il faut que $\int \frac{dx\,dV}{dt} = 0$, en conſidérant cette portion comme une maſſe fluide iſolée. Donc dV ne ſauroit être négative à la partie ſupérieure, ni poſitive à l'inférieure. Or la tranche ſupé-

rieure est l'inférieure de la portion voisine, & placée au-dessus. Donc puisque dV ne sauroit être négatif dans l'une, & positif dans l'autre, il s'ensuit que $dV'=0$; Or $dV=dV'-dZ$, dZ représentant la vitesse de la tranche; donc $dZ=dV'$.

35. Cette proposition est démontrée d'une autre maniere dans le *Traité des Fluides*, art. 168.

36. Soit donc $\int\frac{dxdV}{dt}=0$, lorsque $x=0$, & lorsque $x=h$, & négatif en quelqu'endroit où $x<h$. On tracera d'abord la courbe $ACBDEFGHIKL$ (Fig. 32), dont les abscisses $AP=x$, & dont les ordonnées $PM=\int\frac{dxdV}{dt}$, en sorte que cette courbe coupe son axe au point A où $x=0$, & au point L où $x=h$. On prendra le point H où se termine la plus grande des ordonnées négatives, & on remarquera d'abord que la séparation doit se faire en H; puisqu'il est évident que la partie OL est pressée de O vers L avec une force telle que HO exprime la pression du point L; & que la partie OA est pressée de O vers A, en sorte que la pression de A suivant AS est $=HO$.

37. Nous allons chercher ce qui arrive dans la partie OL; on trouvera de même ce qui se passera en sens contraire dans la partie OA.

38. Pour y parvenir, nous remarquerons que si rs (Fig. 33) est la partie qui se sépare de la supérieure & de l'inférieure, en se mouvant comme une masse fluide

isolée, & qu'en nommant up, z, & pm, s, $\frac{ds}{dt}$ soient les forces accélératrices de chaque tranche correspondante, il faudra, 1°. à cause de $\frac{ds}{dt} = \frac{dV}{dt}$ aux points u & n (art. 34), que la courbe umn touche la courbe $HIKL$ aux points u & n; 2°. que les ds soient en raison inverse des tranches du fluide y.

39. Soit donc $Or = \beta$, $Os = \alpha$, on aura $ru = \Delta(\beta)$, $sn = \Delta(\alpha)$, Δ désignant une fonction donnée; & aux points u & n, $ds = dV = -d\Delta(\beta)$ & $-d\Delta(\alpha)$, enfin $y = \Gamma\alpha$ & $\Gamma\beta$ en s & en u, Γ désignant de même une fonction donnée; or ds est en raison inverse de y; donc, 1°. $\frac{m}{\Gamma\beta} = \frac{d\Delta(\beta)}{d\beta}$; 2°. $\frac{m}{\Gamma\alpha} = \frac{d\Delta\alpha}{d\alpha}$, m étant une constante; 3°. enfin, la plus grande valeur de $s = \Delta\beta - \Delta\alpha$, je mets $\Delta\beta - \Delta\alpha$, & non $\Delta\alpha - \Delta\beta$, parce que $\Delta\alpha$ étant négative, ainsi que $\Delta\beta$, & ur étant $> ns$, la valeur positive de $ur - ns$, est $\Delta\beta - \Delta\alpha$; or cette valeur de $s = \Delta\beta - \Delta\alpha$, donne, en supposant $\int \frac{dx}{y} = \Xi x - \Xi\alpha$ (Ξ désigne aussi une fonction connue), l'équation $-m\Xi\beta + m\Xi\alpha = \Delta\beta - \Delta\alpha$; de ces équations on tirera les valeurs de α & β.

40. En effet, on aura 1°. $\frac{d\Delta(\beta)\Gamma\beta}{d\beta} = \frac{d\Delta(\alpha)\Gamma\alpha}{d\alpha}$; 2°. $(-\Xi\beta + \Xi\alpha) \times \frac{d\Delta(\beta)\Gamma\beta}{d\beta} = \Delta\beta - \Delta\alpha$, ou si l'on

veut, $-\frac{\Xi\zeta.d\Delta(\zeta)\Gamma\zeta}{d\zeta}+\frac{\Xi\alpha.d\Delta(\alpha)\Gamma\alpha}{d\alpha}=\Delta\zeta-\Delta\alpha$. A l'égard de m, elle sera $-\frac{d\Delta(\zeta).\Gamma\zeta}{d\zeta}$.

41. Il faudra de plus avoir soin qu'en prenant $z>\alpha$, & $<\zeta$, la quantité $-m\Xi\zeta-\Delta\zeta+m\Xi z+\Delta z$, qui représente la valeur de s, ne soit jamais négative.

42. Si la courbe umn, toujours touchante en u, pouvoit s'étendre jusqu'en L, sans que $-m\Xi\zeta-\Delta\zeta+m\Xi z+\Delta z$ fût négative, alors toute la partie rL formeroit une masse continue; & il ne seroit pas même nécessaire que la courbe umn touchât en L la courbe $tn'L$; en ce cas il n'y auroit qu'une inconnue ζ; α étant $=OL-\zeta$.

43. Soit $OL=h'$, νp la force qui anime la surface supérieure du fluide, & μ cette surface, on aura d'abord ν par l'équation $ph'-\int\frac{dx.\nu p\mu}{y}=0$, le dernier terme du second membre étant celui qui répond à $x=h'$. Soit ensuite zp la force accélératrice réelle de chaque tranche, & $z=\frac{ds}{dx}$, on aura $\frac{z}{\nu}=\frac{\mu}{y}$. On aura donc en général $\Delta\zeta=\zeta-\int\frac{\nu\mu d\zeta}{\Gamma\zeta}$, $\frac{d\Delta\zeta}{d\zeta}=1-\frac{\nu\mu}{\Gamma\zeta}$, $\frac{d\Delta\alpha}{d\alpha}=1-\frac{\nu\mu}{\Gamma\alpha}$; d'où la premiere équation de l'article 40 deviendra $\Gamma\zeta-\nu\mu=\Gamma\alpha-\nu\mu$; ou $\Gamma\zeta=\Gamma\alpha$; c'est-à-dire, qu'aux points de séparation ν & s les ordonnées y doivent être égales.

44. C'eſt ce qu'il eſt d'ailleurs aiſé de voir directement, puiſqu'aux points de ſéparation la force accélératrice eſt $= p$, & qu'ainſi les viteſſes des deux tranches (ſupérieure & inférieure) doivent être égales, d'où réſulte l'égalité de ces tranches.

45. La ſeconde équation du même article 40, ſe ſimplifiera en y mettant $\Gamma\beta$ pour $\Gamma\alpha$, & cette équation combinée avec l'équation $\Gamma\beta = \Gamma\alpha$ donnera les valeurs de β & de α.

46. Soit $pi = \omega$, on aura, comme il eſt aiſé de le voir, $1 - \frac{\nu\mu}{y} = \frac{d\omega}{dx}$; & comme $\frac{ds}{dx} = \frac{m}{y}$, il s'enſuit que $\frac{\nu\mu ds}{m dx} = 1 - \frac{d\omega}{dx}$, & $x - \omega = \frac{\nu\mu s}{m}$; d'où réſulte la conſtruction ſuivante.

47. Soit tirée la ligne ur qui faſſe un angle de 45° (Fig. 34) avec up, on aura $pr = up = x$, & faiſant $ri = x - \omega = \int \frac{\mu\nu dx}{y}$, on aura $pm(s) = \frac{(x - \omega)m}{\nu\mu}$ $= \frac{ri.m}{\nu\mu}$.

48. Il eſt clair que ſi mr n'eſt nulle part négatif, c'eſt-à-dire, ſi pr eſt par-tout $=$ ou $> pm$, le fluide formera une maſſe continue; ſinon il ſe ſéparera.

49. Ayant trouvé par cette méthode les points r, s, qui déterminent la premiere portion du fluide (Fig. 33) qui deſcend en formant une maſſe continue & contigue au vaſe, on déterminera par une méthode ſem-

blable dans la partie SL les différentes portions qui defcendront de même ; ces portions fe détermineront par le moyen d'une courbe dans laquelle les ds foient en raifon inverfe des y, laquelle de plus touche la courbe $nn'L$ en fes deux points extrêmes, & foit par-tout extérieure à cette courbe $nn'L$.

50. La partie Or laquelle eft au-deffus de la premiere partie rs qui fe meut fans fe divifer, fe féparera du vafe, & peut même fe partager (dans certains cas) en une infinité de tranches. Il en fera de même de toutes les portions de fluide qui féparent les parties lefquelles fe meuvent fans fe féparer.

51. Si les forces accélératrices au premier inftant font telles qu'elles augmentent en plus grande raifon que la raifon inverfe de la largeur des tranches du vafe ; le fluide non-feulement quittera les parois du vafe, mais fe féparera en tranches ifolées infiniment petites. Par exemple, foit un vafe prefque cylindrique dans lequel les forces accélératrices au premier inftant aillent en augmentant de haut en bas fuivant une férie très-divergente, le fluide contenu dans ce vafe fera dans le cas dont nous parlons.

52. Si la pefanteur agit au premier inftant fur toutes les parties d'un fluide, & que le vafe foit divergent, le fluide quittera les parois du vafe, mais fans ceffer de former une maffe continue.

53. Soit $AP = x$, $PN = s'$ (Fig. 35), $\frac{ds'}{dx}$ ou ζp

étant les forces accélératrices qui agiſſent ſur chaque tranche & tendent à la mouvoir, $PM = u$, $\frac{du}{dx}$ ou zp étant les forces accélératrices réelles qui meuvent chaque tranche; ſoit enfin $AQ = h'$ la hauteur du fluide, ou du moins de la partie du fluide qui doit ſe ſéparer du reſte; il eſt néceſſaire, pour que le fluide ne ſe ſépare pas, que $PN - PM = MN$ ſoit $= 0$ en A & en Q, c'eſt-à-dire, lorſque $x = 0$, & lorſque $x = h'$, & que de plus MN ne ſoit jamais négative, c'eſt-à-dire, que la courbe entiere AMQ' doit être plus proche de l'axe AP que ANQ' pour que le fluide forme en deſcendant une maſſe continue.

54. Donc ſi du va en augmentant continuellement, & ds en diminuant, alors il eſt viſible que la courbe AMQ', qui doit paſſer par A & par Q', étant audehors de la courbe ANQ', le fluide ſe ſéparera; & il eſt même aiſé de voir qu'il ſe ſéparera dans toutes ſes parties, puiſque ds (*hyp.*) allant toujours en diminuant, & du toujours en augmentant, on ne peut tracer une courbe dont les différentielles des ordonnées ſoient du, & qui touche en deux points la courbe ANQ'.

55. Nous ſuppoſons ici, pour plus de généralité, que les forces accélératrices $\frac{ds'}{dx}$ qui tendent à mouvoir au premier inſtant les différentes tranches du fluide, ſoient exprimées par une loi quelconque; car ſi ces forces étoient conſtantes & égales à la peſanteur, comme il

il arrive dans l'état ordinaire & naturel, lorsque l'axe du tuyau est vertical; alors, comme nous l'avons déja dit, le fluide au premier instant ne peut s'éparpiller, il doit seulement former une masse continue en quittant le vase. Ainsi le fluide sera formé au premier instant de plusieurs masses finies continues, mais dont quelques-unes ne seront pas adhérentes au vase.

56. C'est ce qu'on peut d'ailleurs démontrer aisément par la théorie précédente; car la pesanteur p étant la force qui tend à mouvoir les tranches, & $\frac{dv}{dt}$ la force avec laquelle elles se mouvroient s'il n'y avoit point de séparation, $p - \frac{dv}{dt}$ seroit la force détruite dans chaque tranche. Or, dans les endroits où il y a séparation, nous avons vu que cette force $p - \frac{dv}{dt}$ n'est point nulle, mais qu'elle a son plein & entier effet. Donc cette force $p - \frac{dv}{dt}$ combinée avec la force $\frac{dv}{dt}$ donne p pour la force accélératrice réelle qui meut chaque tranche dans les endroits où elle se sépare du vase.

57. Mais si la force motrice primitive p n'étoit pas constante, alors non-seulement le fluide se sépareroit du vase, il se sépareroit encore en tranches infiniment petites, & s'éparpilleroit en ne formant plus une masse continue dans les endroits où il quitteroit le vase.

58. C'eſt ce qui arriveroit, par exemple, ſi l'axe du tuyau étoit une ligne courbe, comme dans la Fig. 36, ce que nous détaillerons dans un moment.

59. Quand le vaſe n'a point de figure réguliere, & qu'il y a des variations bruſques dans la valeur de dy, alors la méthode analytique ne peut être employée comme ci-deſſus pour déterminer les endroits où le fluide ſe ſépare; mais on peut toujours faire uſage des principes précédens pour trouver ces endroits.

60. Lorſque le tuyau eſt courbe & cylindrique, c'eſt-à-dire, que les ordonnées perpendiculaires aux parois ſont les mêmes dans toute l'étendue du tuyau, nous avons vu plus haut que le fluide doit ſe ſéparer, & voici comme on doit aſſigner les endroits où le fluide ſe ſépare.

61. Nous ſuppoſerons, pour plus de ſimplicité, que le vaſe eſt infiniment étroit, & que la ſurface ſupérieure & inférieure, perpendiculaires l'une & l'autre aux parois, ſont toutes deux horiſontales, c'eſt-à-dire, que les parois à ces deux extrêmités ſont verticales; afin que les forces détruites ſoient perpendiculaires aux deux ſurfaces, comme il eſt néceſſaire.

62. Ainſi le tuyau aura à peu-près la figure APB (Fig. 36), les parois étant verticales en A & en B; de ſorte que ſi on fait la droite $ab = APB$ (Fig. 37), & $ad = be =$ à la peſanteur p qui tend à mouvoir les particules au premier inſtant en A & en B, les forces motrices pm qui tendent à mouvoir les autres points au premier inſtant, par exemple, P, ſeront $< p$.

63. Maintenant, si l'on cherche la force accélératrice réelle ai qui doit animer chaque tranche au premier instant, & qui est la même pour toutes, puisque (*hyp.*) les tranches perpendiculaires aux parois sont égales, on aura le parallélogramme rectangle $aboi = adeb$, & si on trace la courbe $a'nlrb'$ (Fig. 38), dont les ordonnées qn soient égales à la différence des aires $admp$, & des rectangles $aifp$ correspondans, cette courbe aura des ordonnées négatives.

64. Soit rk la plus grande de ces ordonnées négatives, & la séparation se fera au point r, en sorte néanmoins que les tranches qui répondent depuis k jusqu'en b', s'éparpilleront & se sépareront les unes des autres, parce que la force accélératrice de ces tranches va en augmentant de k en b'.

65. Dans la partie ka', on trouvera par les méthodes exposées ci-dessus, le point z où se fait la séparation, en sorte que depuis z jusqu'en b', toutes les tranches s'éparpilleront & se sépareront les unes des autres.

66. Soit imaginée la ligne in tellement située, que dik soit $= kmn$, c'est-à-dire, le parallélogramme $ainx = adnx$, & le point x sera le vrai point de séparation, en sorte que depuis a jusqu'en x, le fluide sera une masse continue, & depuis x jusqu'en b, les tranches s'éparpilleront & se sépareront les unes des autres.

67. La solution du problême précédent fournit un autre moyen de trouver au premier instant les points

de ſéparation du fluide dans un vaſe de figure quelconque. Pour cela, on conſidérera, 1°. que dans tous les points où le fluide ſe ſépare, la force accélératrice à la partie ſupérieure & inférieure doit être égale à la peſanteur, ou en général à la force motrice qui tend à mouvoir la tranche ſupérieure & l'inférieure; qu'il n'y a d'excepté que la ſurface ſupérieure & inférieure de toute la maſſe, où la force accélératrice peut être différente de la peſanteur, ou force motrice primitive, mais jamais plus grande à la ſurface ſupérieure, & jamais plus petite à la ſurface inférieure. (On remarquera en paſſant que la force motrice primitive eſt égale à la peſanteur, ſi l'axe du tuyau (qu'on ſuppoſe toujours infiniment étroit) eſt vertical, & qu'elle eſt différente ſi cet axe eſt courbe comme dans la Fig. *36*.)

68. Soit donc *AB* (Fig. *39*) une ligne droite égale à l'axe du tuyau, & ſoient les ordonnées *PM* proportionnelles aux forces motrices primitives; en ſorte que *PM* ſera par-tout la même, & *DMC* une droite parallèle à *AB*, ſi cette force motrice primitive eſt $= p$, c'eſt-à-dire, ſi l'axe eſt vertical.

69. Soient enſuite les ordonnées *pm* en raiſon inverſe des ordonnées y du tuyau, c'eſt-à-dire, des petites lignes perpendiculaires à l'axe de ce tuyau; ſoit enfin l'aire $ADBC = adbc$, & ſi $ADPM - adpm$ eſt quelque part négatif, il eſt clair que le fluide ſe ſéparera.

70. Or pour trouver les points de ſéparation, il faut commencer d'abord par le haut & par le bas du fluide,

& chercher ſi cela eſt poſſible, les points A, L, & O, B, tels, qu'en traçant les courbes KZN & RXS, dont les ordonnées ſoient en raiſon des $\frac{1}{y}$ correſpondans, on ait l'aire $ADNL = AKNL$, & $ORCB = ORSB$.

71. Dans les portions moyennes du fluide, ſi la ſéparation a lieu, on en déterminera les points par la même méthode, en obſervant qu'il faudra que, pour ces portions moyennes, K tombe ſur D, & S ſur C.

72. Dans tous les autres endroits, le fluide ſe ſéparera du vaſe, en formant une maſſe continue ſi la force motrice primitive $= p$, & en s'éparpillant ſi la force motrice primitive n'eſt pas $= p$.

73. Lorſqu'il n'y a qu'une ſimple force finie, par exemple, celle d'un piſton, qui agit uniquement ſur la ſurface ſupérieure du vaſe, & lorſque de plus le vaſe eſt divergent, on demande ſi le fluide doit alors ſe ſéparer du vaſe, ou y reſter contigu? Dans le premier cas, c'eſt-à-dire, dans la ſuppoſition que le fluide ſe ſépare, ſoit M la maſſe du fluide, Ma la force pouſſante, v la viteſſe qui en réſulte, & qui eſt la même dans toutes les tranches, puiſque (*hyp.*) le fluide ſe ſépare du vaſe & ſe meut comme un ſolide continu; ſoit encore h la hauteur du fluide, & k la baſe à laquelle la force Ma eſt appliquée, on aura l'équation $Ma - Mv = vkh$, d'où $v = \frac{Ma}{M + kh}$. Dans le ſecond

cas, où le fluide est supposé rester contigu au vase, soit v' la vitesse de la surface k, x la distance de chaque tranche y à k, on aura $Ma - Mv' = v'k\int\frac{kdx}{y}$; donc $v' = \frac{Ma}{M + k\int\frac{kdx}{y}}$. Or comme y va en augmentant (*hyp.*) depuis la surface supérieure k, il est clair que $\int\frac{dx}{y}$ est $<$ que $\int\frac{dx}{k} = \frac{h}{k}$; donc $v' = \frac{Ma}{M + k\int\frac{kdx}{y}}$ est $> \frac{Ma}{M + kh}$; c'est-à-dire, $> v$. Donc la vitesse restante au corps choquant (qui est la même que celle du fluide) est plus grande dans le cas où le fluide reste contigu au vase, que s'il s'en séparoit.

74. Donc le fluide doit rester contigu au vase, afin que la vitesse perdue par le corps choquant, soit la moindre qu'il est possible.

75. On voit dans le problême précédent, que la question proposée, considérée mathématiquement, a deux solutions possibles, mais qu'il n'y en a qu'une qui doive physiquement être admise. Cette considération nous sera fort utile dans la suite pour résoudre d'autres questions plus épineuses que celle-ci.

76. Si un vase a une figure quelconque, que le fluide y soit sans pesanteur, & qu'on suppose une force quelconque agissante à la partie supérieure, on vient de voir que le fluide ne doit pas se séparer du vase; diffé-

rence essentielle d'avec le cas où toutes les tranches sont pesantes ; & nouvel argument contre la théorie de Jean Bernoulli dans son Hydraulique ; laquelle théorie consiste à transporter toutes les forces à la surface supérieure.

77. De plus, lorsque la force accélératrice d'une tranche est négative, comme il arrive lorsque cette tranche diminue de vitesse dans l'instant suivant, comment cette force négative peut-elle venir d'une force transférée à la surface supérieure, comme M. Bernoulli le suppose? Voyez notre *Traité des Fluides*, art. 183 & suiv. Cette translation est donc purement imaginaire & fictive.

78. On peut encore s'y prendre de la maniere suivante pour déterminer les endroits où le fluide se sépare, en ayant égard à la pression de l'atmosphere & à l'adhérence des parties ; on prendra le point où $\int \pi dx - \int \frac{dx dv}{dt}$ à la plus grande valeur négative, laquelle on suppose $> p(G+H)$, en sorte qu'on aura deux portions de fluide, séparées par ce point, & qui doivent, en vertu de cette pression négative, se mouvoir en sens contraire, la partie inférieure de haut en bas, la supérieure de bas en haut; on prendra depuis le point de séparation dans chacune de ces deux parties, une quantité $\int \pi dx - \int \frac{dx dv}{dt} = p(G+H)$, & il est clair qu'on pourra regarder le fluide comme s'il n'y avoit que cette

preſſion ainſi diminuée, $\int \pi dx - \int \frac{dx\,dv}{dt}$ qui agît ſur la maſſe totale; en ſorte que $\pi - \frac{dv}{dt}$ ſoit cenſée $= 0$ dans le bas de la partie inférieure, & dans le haut de la ſupérieure. Cela poſé, on pourra déterminer, par une méthode analogue aux méthodes précédentes, les endroits où le fluide ſe ſépare; c'eſt ſur quoi nous ne nous étendrons pas davantage.

79. Je ne doute point qu'on ne puiſſe réſoudre, & même aſſez aiſément, d'une maniere plus ſimple, les problêmes réſolus dans cette ſection. Mais je ne pouſſe pas plus loin cette recherche, me contentant d'en avoir ici expoſé les principes.

80. On pourroit, par exemple, faire uſage dans cette recherche de la conſidération ſuivante. Soit φ la force accélératrice avec laquelle chaque tranche tendroit à deſcendre au premier inſtant, ſi elle étoit iſolée; il eſt aiſé de voir qu'en ſuppoſant y la largeur de chaque tranche, & prenant $y\,dx$ conſtant, le fluide ne ſe ſéparera pas des parois, ſi $\frac{dx}{\varphi}$, c'eſt-à-dire, le petit temps naturel de la chûte, va en augmentant de haut en bas, puiſqu'alors les tranches inférieures tendant à aller moins vîte que les ſupérieures, en feroient néceſſairement preſſées. Donc puiſque dx eſt proportionnel à $\frac{1}{y}$, il s'enſuit que le fluide ne ſe ſéparera pas du vaſe

ſi

si $\frac{1}{\varphi y}$ va ainsi en diminuant de haut en bas dans toute l'étendue du vase, & par conséquent φy en augmentant. Si la chose n'est pas ainsi, alors il y aura, ou du moins il pourra y avoir séparation; & dans les endroits où cette séparation aura lieu, il faudra, 1°. que φy aille en augmentant de haut en bas; 2°. que dans la limite des portions qui se séparent & de celles qui ne se séparent pas, la force accélératrice qui mouvra *réellement* chaque tranche, soit = à la force φ qui tend à la mouvoir.

81. Supposons, par exemple, pour plus de simplicité, que φ soit par-tout constante & égale à la pesanteur naturelle p; ce qui est d'ailleurs le cas de la nature; il faudra, 1°. que les y aillent en augmentant de haut en bas dans la partie qui se sépare du vase; 2°. que dans les limites de la séparation, la force accélératrice réelle soit $=p$; le poids total ph d'un filet vertical dans la partie qui ne se sépare pas, étant d'ailleurs égal à $\int\frac{\gamma a dx}{y}$, γ étant la force accélératrice de la tranche supérieure à cette partie.

§. XIII.

Sur la résistance des Fluides.

1. Les difficultés dont nous avons parlé, pag. 170 du Tome V de nos *Opuscules*, art. 19, sur les loix de la résistance des fluides sont celles-ci.

2. Soit α le sinus d'incidence des particules fluides sur la surface AB (Fig. 40), & u leur vitesse, la vitesse perpendiculaire sera $= u\alpha$, & la résistance ou action du fluide sera $= AB \times \varphi(u\alpha)$. D'un autre côté, la résistance ou action sur Ba perpendiculaire aux filets, est $aB \times \varphi u$, & l'action sur AB est $= aB \times \varphi u \times \alpha$. Il paroît donc que $AB \times \varphi(\alpha u)$, & $aB \times \varphi u \times \alpha$, ou $AB \times \alpha^2 \times \varphi u$ doivent être égales entr'elles, ce qui ne peut avoir lieu, à moins que φu ne soit $= u^2$.

3. En effet, soit supposée l'équation identique $\alpha^2 \varphi u = \varphi(\alpha u)$, & soit différentiée deux fois cette équation en ne faisant varier que α, on aura $2\varphi u = u^2 \varphi'(\alpha u)$, $\varphi'(\alpha u)$ étant $= \frac{dd\varphi(\alpha u)}{d\alpha^2}$; donc $\frac{2\varphi u}{u^2} = \frac{dd\varphi(\alpha u)}{d\alpha^2}$, & comme cette équation est identique, & que le premier membre ne contient point α, il est clair que le second membre ne doit pas non plus contenir α.

4. Donc $\varphi(\alpha u)$ doit être nécessairement $= A\alpha^2 u^2 + B\alpha u + C$, A, B, & C étant des quantités constantes & indéterminées, donc $\varphi u = Au^2 + Bu + C$; donc

à cause de $\alpha^2 \varphi u = \varphi(\alpha u)$, on aura $A\alpha^2 u^2 + B\alpha^2 u + C\alpha^2 = A\alpha^2 u^2 + B\alpha u + C$. Donc pour que l'équation soit identique, quelle que soit la valeur de α, il faut que $B = 0$, & $C = 0$.

5. Voilà ce qui résulte des principes ordinaires de la Méchanique, appliqués à l'action des fluides sur les corps.

6. Mais l'expérience n'est pas conforme à ce résultat; car elle prouve que l'action d'un fluide n'est pas comme le quarré des sinus des angles d'incidence.

7. Si une surface *AB* se meut circulairement autour de *A* (Fig. 41), & qu'en même-temps le point *A* se meuve, la maniere dont chaque point *b* choque les particules du fluide est différente, en sorte que les directions suivant lesquelles les filets de fluide frappent ou sont censés frapper chaque point correspondant de la surface *AB*, ne sont point parallèles entr'elles. Or dans la théorie ordinaire, on suppose ce parallélisme. Il paroît néanmoins que le résultat devroit être fort différent dans le cas du parallélisme & du non parallélisme, & que l'action du fluide sur le point *b* doit dépendre en partie de l'angle que font entr'eux les filets de fluide non parallèles, qui frappent ce point *b*, indépendamment de l'angle sous lequel la partie infiniment petite *b*β est frappée par ces filets.

8. J'ai proposé aux Géomètres, dans le Tome V de mes *Opuscules*, pag. 132 & suiv. un paradoxe sur la résistance des fluides, paradoxe duquel il semble ré-

ſulter qu'en certains cas la réſiſtance eſt nulle. Voici ce que m'a écrit à ce ſujet un très grand Géomètre.

« J'ai un peu médité ſur le paradoxe qui concerne la » réſiſtance des fluides ; il me ſemble que tout dépend » de la ſuppoſition que les particules du fluide aient » le même mouvement à la partie poſtérieure qu'à la » partie antérieure, j'avoue que cette ſuppoſition eſt » légitime analytiquement, mais il ſe peut qu'elle ne » le ſoit pas phyſiquement. En effet, ſi on conſidere » un fluide homogène & ſans peſanteur qui ſe meuve » dans un tuyau infiniment étroit, ſi l'on veut, & évaſé » en haut & en bas, en ſorte que ce tuyau ait la même » figure de part & d'autre de la ſection où eſt la plus » petite largeur, il eſt clair qu'on peut ſuppoſer ana- » lytiquement que le mouvement du fluide ſoit auſſi le » même des deux côtés de cette ſection ; cependant il » eſt facile de concevoir que dans ce cas le fluide doit » néceſſairement quitter les parois du vaſe, & ſe mou- » voir comme une maſſe ſolide continue, après avoir » paſſé par la plus petite ſection ; c'eſt auſſi ce que vous » avez remarqué dans votre *Traité des Fluides*, & ail- » leurs. Or le cas qui donneroit la réſiſtance nulle, peut » ſe réduire, ſi je ne me trompe, à celui dont je viens » de parler ; moyennant quoi on pourra expliquer le » paradoxe propoſé ».

9. Ces obſervations ſont très-juſtes, 1°. ſi le vaſe ſuppoſé eſt d'une longueur finie ; 2°. ſi le vaſe, en le ſuppoſant d'une longueur indéfinie des deux côtés de

la plus petite section, va toujours en s'évasant de part & d'autre de cette section. Il n'en est pas de même, ce me semble, si le vase est supposé d'une longueur indéfinie de part & d'autre de la plus petite section *CD*, & si ce vase va en s'évasant de part & d'autre de *CD* (Fig. 42), jusqu'en *A* & en *A'*, où il devienne parfaitement rectangle ou cylindrique. Car alors il est aisé de prouver, par les principes établis ci-dessus (§. XII), que le fluide ne se séparera point du vase, & formera en coulant une masse continue. En voici la raison ; c'est que les forces détruites depuis *C* jusqu'en *A'*, lesquelles agissent suivant *CA'*, & les forces détruites depuis *C* jusqu'en *A*, lesquelles agissent suivant *CA*, ne peuvent produire aucun mouvement dans les masses infinies ou indéfinies *A'B'F'G'*, *ABFG*, comme on l'a démontré dans le LVIe Mém. §. I, article 56.

10. En effet, imaginons, pour plus de simplicité, que le vase supposé *G'F'DFG* (Fig. 42), partie curviligne, partie rectiligne, soit symmétrique des deux côtés de *CD*, & supposons que toutes les parties du fluide contenu dans ce vase, soient animées d'une même vitesse ou force *P* parallèle à *G'G*, avec laquelle elles *tendent* à se mouvoir ; supposons de plus que le vase soit infiniment étroit, afin qu'on puisse supposer la même vitesse *réelle* dans tous les points de chaque tranche perpendiculaire à *G'G*. Soit imaginée une ligne *f'f* (Fig. 43) parallèle à *g'g*, & telle que les ordonnées

$o'm'$, om, toutes égales entr'elles repréſentent la force motrice ou force de tendance P de chaque particule; imaginons enfin une ligne mixte $\varphi' b' d b \varphi$, dont les ordonnées ſoient en raiſon inverſe des tranches du vaſe $G'F'DFG$, c'eſt-à-dire, ſoient d'abord égales, puis croiſſantes, puis redeviennent égales. Enfin, ſuppoſons que l'aire indéfinie $g'f'fg$ ſoit égale à l'aire indéfinie $g'\varphi' d\varphi g$; il eſt clair, 1°. que les aires *indéfinies* $\varphi' f' u b' + b m f \varphi$ ſeront égales, priſes enſemble, à l'aire *finie* $udmu$, d'où il s'enſuit évidemment que $n'm'$ ſera infiniment petite ou zero, & qu'ainſi $f'f$ tombera ſur $\varphi' b' b \varphi$; donc les particules du fluide ſe mouvront avec des viteſſes $o'u' = o'm'$, $a'b'$, $c'd'$, &c. il eſt bien vrai que depuis c juſqu'en a, il y aura des forces détruites, repréſentées par id, ek, &c. & agiſſant de c vers a', & que depuis a juſqu'en c, il y aura de même des forces détruites, repréſentées par rm, id, & agiſſant ſuivant ac, mais ces forces ne produiront aucun mouvement dans la maſſe indéfinie $A'B'F'G'$, & par conſéquent le fluide ne ſe ſéparera pas.

11. Il n'en ſeroit pas de même ſi la maſſe $A'B'F'G'$ étoit finie, ou plutôt, n'étoit pas indéfinie, car alors l'action des forces ſuivant aa' produiroit un mouvement dans la maſſe $ABDF'G'$, quand même le fluide ſeroit indéfini vers GF, & le fluide ſe ſépareroit.

12. Pour déterminer dans ce cas l'endroit de la ſéparation, il faudroit placer la ligne mixte $\varphi' b' d m b \varphi$ (dont les ordonnées ſont toujours ſuppoſées en raiſon

inverse de celles du vase), de maniere que l'aire $\varphi' b' dmo$ fût $= g' f' mo$; en ce cas, $o' m'$ étant $= P$, les ordonnées $o' u'$, $a' b'$, cd, om, seront les vitesses réelles, & depuis o jusqu'en a, le fluide se séparera du vase, en formant une masse solide & continue dont la vitesse sera $om = P$.

13. C'est ce qui aura également lieu, soit que le fluide soit indéfini ou non vers GF; pourvu qu'il ne soit pas indéfini vers $G' F'$.

14. Si le fluide étoit indéfini vers GF, & qu'il se terminât à l'endroit CD de la plus petite section, alors la partie $CDBA$ se sépareroit du vase avec la vitesse imprimée P, en formant une masse continue avec $ABGF$.

15. Mais il n'en est pas de même s'il y a une partie supérieure indéfinie $CDF'G'$; car en ne considérant que cette partie supérieure, la vitesse de CD devroit être $> P$, & par conséquent les parties $A'B'CD$, $CDAB$, resteroient unies entr'elles, & adhérentes au vase.

16. On peut remarquer ici en passant que dans le cas du tuyau indéfini dans les deux sens, la quantité de mouvement *réelle* du fluide est plus grande que la quantité de mouvement que la force P tendoit à lui donner, puisque depuis a' jusqu'en a, la vitesse réelle de chaque tranche surpasse la vitesse P de la quantité ek, id, &c. & que par-tout ailleurs la vitesse *réelle* est $= P$.

17. Or ce cas d'un fluide indéfini, renfermé dans un vafe cylindrique ou rectangle par le haut & par le bas, & qui va en fe rétréciffant dans fa partie moyenne, eft précifément le cas de la réfiftance des fluides, ou l'impulfion d'un fluide qui vient choquer un corps. Car ce fluide ne commence à changer de viteffe & de direction qu'à une certaine diftance de part & d'autre du corps, en forte, comme nous l'avons dit dans notre *Effai fur la réfiftance des Fluides*, qu'il fe meut d'abord fuivant des lignes parallèles aux parois du vafe (que je fuppofe rectangle pour plus de fimplicité), & qu'il fe meut dans tous fes points avec la même viteffe, après quoi il décrit pendant un certain efpace & avec une viteffe variable de petits filets courbes, qui redeviennent enfuite des lignes droites.

18. De toute la théorie précédente, il réfulte que le fluide qui choque le corps, & qui décrit les filets dont il s'agit, doit toujours former une maffe continue, & qu'ainfi la folution propofée du paradoxe en queftion ne paroît pas y fatisfaire.

19. Après avoir de nouveau penfé à ce paradoxe, voici la folution que je crois en avoir trouvée. Tout le paradoxe eft fondé fur la fuppofition que le fluide a des mouvemens fymmétriques parfaitement égaux en avant & en arriere du corps, fuppofé lui-même parfaitement fymmétrique; & cette fuppofition de la *fymmétricité* parfaite, eft fondée fur cette autre affertion, que le fluide dans cet état de fymmétricité peut obferver les

les loix de l'équilibre & du mouvement des fluides, & que par conséquent s'il *peut* se mouvoir de cette sorte, il le *doit*, parce que le fluide n'a qu'une façon possible d'être mu par la rencontre du corps.

20. Or il est bien vrai que le fluide n'a qu'une façon possible de se mouvoir à la rencontre du corps ; il est bien vrai de plus qu'en se mouvant symmétriquement, les loix de l'équilibre & du mouvement seront observées, cependant il ne s'ensuit pas de ces deux propositions que le mouvement symmétrique doive avoir lieu, car il n'est pas démontré qu'il ne puisse y avoir d'autres mouvemens que le mouvement symmétrique, où ces loix soient observées ; en ce cas il ne seroit pas démontré que le fluide dût s'assujettir au mouvement symmétrique, mais il paroît devoir prendre celui qui donnera au corps le plus petit mouvement possible, & qui en fera le moins perdre au fluide.

21. C'est précisément un cas semblable à celui dont nous avons parlé ci-dessus, §. XII, art. 73, en examinant le mouvement d'un fluide poussé par un corps dans un tuyau qui va en s'évasant. Nous avons fait voir que mathématiquement ce problême a deux solutions, mais que la Physique n'en donne qu'une, celle qui fait perdre au corps choquant le moins de mouvement qu'il est possible.

22. En renversant cette derniere question, supposons un fluide contenu dans le vase évasé *ABCD* (Fig. 44), lequel pousse le corps rectangulaire *CDEF*, & ima-

ginons que toutes les parties du fluide ſoient animées de la même viteſſe P; ſoit P' la viteſſe que prendra le corps dont je ſuppoſe la maſſe M, $QM = y$; on peut avoir l'une de ces deux équations.

1°. En ſuppoſant que le fluide quitte le vaſe $(P - P')$ $\int y\,dx = P'M$, & $P' = \frac{P\int y\,dx}{M + \int y\,dx}$;

2°. En ſuppoſant que le fluide ne quitte point le vaſe, $CD \times \int dx \left(P - \frac{P'.CD}{y}\right) = M.P'$, ou en nommant CD, k, & AC, h, $kPh - P'\int \frac{k^2\,dx}{y} = P'M$, & $P' = \frac{kPh}{M + \int \frac{k^2\,dx}{y}}$; or $\frac{P\int y\,dx}{M + \int y\,dx} = \frac{P}{\frac{M}{\int y\,dx} + 1}$; & $\frac{kPh}{M + \int \frac{k^2\,dx}{y}} = \frac{P}{\frac{M}{kh} + \int \frac{k\,dx}{hy}}$. Maintenant $\frac{M}{kh} < \frac{M}{\int y\,dx}$, puiſque k eſt par-tout $> y$, & $\int \frac{k\,dx}{hy}$ eſt $> \int \frac{k\,dx}{hk} = 1$, donc on ne peut ſavoir par ce calcul ſi le dénominateur $\frac{M}{\int y\,dx} + 1$ eſt $>$, ou $<$, ou $=$ $\frac{M}{kh} + \int \frac{k\,dx}{hy}$.

23. Cherchons donc quelqu'autre moyen de nous en aſſurer; & pour cela remarquons d'abord que la valeur totale de $\int y\,dx$ eſt $kh - \int x\,dy$, où nous ſuppoſons que dy ſoit toujours poſitif, puiſque y (*hyp.*) va en croiſſant de A en C. De plus, & par la même

raiſon, $\int \frac{k^2 dx}{y} = kh + \int \frac{x k^2 dy}{y^2}$; donc pour ſavoir ſi $\frac{\int y dx}{M + \int y dx}$ ſera $>$, ou $<$, ou $= \frac{kh}{M + k^2 \int \frac{dx}{y}}$, il faut ſavoir ſi $\frac{kh - \int x dy}{M + kh - \int x dy}$ ſera $>$, ou $<$, ou $= \frac{kh}{M + kh + \int \frac{k^2 x dy}{y^2}}$; c'eſt-à-dire, ſi $Mkh + k^2 h^2 + kh \int \frac{k^2 x dy}{y^2} - M \int x dy - kh \int x dy - \int x dy \int \frac{k^2 x dy}{y^2}$ ſera $>$, ou $<$, ou $= Mkh + k^2 h^2 - kh \int x dy$, c'eſt-à-dire, ſi $k^3 h \int \frac{x dy}{y^2} - M \int x dy - \int x dy \int \frac{k^2 x dy}{y^2}$ ſera $>$, ou $<$, ou $= 0$. Or, pour cela, il faut que la quantité M ſoit $<$, ou $>$, ou $= \frac{k^3 h}{\int x dy} \int \frac{x dy}{y^2} - \int \frac{k^2 x dy}{y^2} = k^2 \int \frac{x dy}{y^2} \times \left(1 - \frac{kh}{\int x dy}\right)$. Or comme $\int x dy = kh - \int y dx$, on aura $1 - \frac{kh}{\int x dy} = 1 - \frac{kh}{kh - \int y dx}$, quantité négative; & comme M ne ſauroit être négative, il s'enſuit que M eſt toujours $>$ que $k^2 \int \frac{x dy}{y^2} \left(1 - \frac{kh}{\int x dy}\right)$, & que par conſéquent $\frac{\int y dx}{M + \int y dx}$ eſt $<$ que $\frac{kh}{M + k^2 \int \frac{dx}{y}}$. Donc la viteſſe du corps M, & par conſéquent la viteſſe reſtante au fluide eſt moindre dans le premier cas que dans le ſecond; or le premier cas eſt celui où le fluide se sépareroit du vase. Donc il ne doit point se séparer.

24. Voilà donc le paradoxe proposé résolu, au moins en partie ; puisque ce paradoxe est fondé sur le mouvement supposé symmétrique des parties du fluide au-delà & en-deçà de la plus grande largeur du corps, & qu'on vient de voir que cette supposition de *symmétricité* n'est pas indispensable.

25. Mais il resteroit encore à démontrer que le mouvement symmétrique n'a pas lieu ; & c'est ce qui n'est pas facile.

26. On peut imaginer, il est vrai, qu'il y ait à la partie postérieure du corps, un espace stagnant *HFL* (Fig. 45), & que cet espace soit plus grand qu'à la partie antérieure ; ce qui paroît même assez vraisemblable, par la difficulté que le fluide peut rencontrer à se replier entiérement autour de la partie postérieure du corps, & à l'embrasser tout-à-fait dans son mouvement.

27. Il est encore vrai, comme nous l'avons remarqué dans l'*Essai sur la résistance des Fluides*, que ces portions stagnantes de fluide à la partie antérieure & postérieure du corps, peuvent être supposées exister sans aucun inconvénient dans les instans qui suivent le premier, pourvu qu'on suppose de plus la vitesse constante le long du filet *FDBL* & de son correspondant à la partie antérieure.

28. Mais il n'en est pas de même dans le premier

instant. Car soit V la vitesse parallèle avec laquelle toutes les parties du fluide (& par conséquent la partie HFL) tendent à se mouvoir au premier instant, laquelle vitesse soit absolument détruite dans toute la partie HFL supposée stagnante dès ce premier instant, & soit changée pour le filet FfL en une vitesse V' le long de ce filet, laquelle soit uniforme ou variable pour chaque point. Il est clair que les parties du filet FfL, animées de la vitesse V qui est détruite, & de la vitesse $-V'$ en sens contraire, doivent faire équilibre aux parties de l'espace HFL animées de la seule vitesse V, détruite dans toutes les parties de cet espace. Or les parties du filet FfL, animées de la seule vitesse détruite V, sont déja en équilibre avec les parties de l'espace stagnant HFL. Donc il faudroit que les parties du filet FfL animées de la seule vitesse $-V'$ fissent équilibre avec les parties de l'espace HFL animées d'une vitesse nulle; ce qui est impossible.

29. Il seroit donc nécessaire, pour que l'espace stagnant HFL subsistât, que la vitesse $-V'$ fût $=0$, c'est-à-dire, que le filet FfL fût sans mouvement, & que par conséquent les parties qui sont à la droite de f, D, B, L, & infiniment voisines, en eussent très-peu; & il en sera de même à la partie antérieure.

30. Mais toutes ces difficultés n'ont lieu que dans une hypothèse abstraite, & en négligeant la ténacité & l'adhérence des parties du fluide qui doit arrêter l'effet des forces dont il s'agit; de plus, en n'ayant

pas même d'égard à cette ténacité, on confidérera que ces forces, qu'on vient de voir qui ne peuvent pas fe détruire mutuellement, ne pourront cependant produire d'effet, parce qu'elles auroient à communiquer du mouvement à une maffe fluide indéfinie, & que ce mouvement feroit infenfible. C'eft précifément un cas femblable à celui du paradoxe que nous avons difcuté ci-deffus, art. 8 & fuiv.

31. Nous avons démontré ailleurs que quand une fois le fluide s'eft formé en filets au premier inftant, ces filets doivent toujours refter les mêmes quand on imprimeroit à toutes les parties du fluide une nouvelle viteffe parallèle, & c'eft ce qu'il eft d'ailleurs très-aifé de voir, puifque la forme & la difpofition des filets eft évidemment indépendante de la quantité de viteffe imprimée au fluide. De plus, lorfqu'un corps fe meut dans un fluide, c'eft la même chofe que fi on fuppofoit une viteffe variable & parallèle imprimée à chaque inftant à toutes les parties du fluide, viteffe égale & contraire à celle du corps.

32. D'où il s'enfuit que les raifonnemens qu'on vient de faire fur les filets, ont également lieu dans le cas où le fluide eft en repos, & où le corps fe meut dans ce fluide.

33. Si on n'admet d'efpace ftagnant qu'à la partie poftérieure, alors il eft aifé de voir que l'action du fluide fur la partie antérieure, fera plus forte que fur la partie poftérieure, & qu'ainfi il y aura à chaque inftant une

action du fluide sur le corps, & par conséquent une résistance.

34. Cette action viendra des vitesses perdues $-dv'$, qui dans la partie *OG* sont dirigées de *O* vers *G*; & dont l'effet est plus grand que celui des vitesses perdues $+dv'$ dans la partie *OF*, lesquelles agissent sur la partie postérieure.

35. Remarquons qu'il est bien essentiel que dans la partie *OG* les vitesses perdues soient dirigées de *O* vers *G*, car si elles l'étoient de *G* vers *O*, c'est-à-dire, si toutes les forces perdues dans la partie *GOF* agissoient suivant *GOF*, la pression à la partie postérieure seroit plus grande qu'à la partie antérieure, puisque le point a', par exemple, auroit une pression égale à la pression totale de *GOF*, & le point correspondant a une pression égale seulement à celle de *GO*. Donc la force perdue $-dv'$ doit être négative dans la partie *GO*, & l'est en effet, puisque les vitesses vont en augmentant de *G* vers *O*.

36. On peut supposer, sans beaucoup d'inconvéniens, qu'il n'y ait aucun espace stagnant à la partie antérieure; & cette supposition même est assez naturelle.

37. Il est bien vrai que si le corps ne se termine pas par un élément *Qi* (Fig. 46) qui touche en *Q* l'axe *aG*, mais qu'il présente en *G* (Fig. 45) une petite surface oblique ou perpendiculaire à la direction du fluide, il faudra que le fluide en *G* change brusquement de direction. Mais cet inconvénient est léger, & pour ainsi

dire nul; parce qu'on peut ſuppoſer que l'adhérence mutuelle des parties du fluide détruiſe l'effet des forces, qui ſans cela ne ſeroient pas détruites, & que d'ailleurs, comme on l'a vu art. 30, ces forces ne pourroient communiquer à la maſſe indéfinie du fluide aucun mouvement ſenſible.

38. Soient aA & σQ les lignes quelconques droites ou courbes (Fig. 46) qui marquent les points où le fluide commence à changer ſa direction & ſa viteſſe par la rencontre du corps, il eſt évident que les canaux aP, σZ n'étant animés par aucune force, les canaux $aQRVS\sigma$, & PLZ doivent être en équilibre entr'eux.

39. De plus, il eſt évident que s'il y a une ligne droite OK au-delà de laquelle vers la droite le mouvement du fluide ne ſoit point altéré; les forces perdues ſeront abſolument nulles dans cette ligne OK, & comme le canal $PZKO$ eſt en équilibre, il eſt clair que les forces perdues étant auſſi nulles dans PO & ZK, il faut que les forces perdues ſoient nulles dans le canal PLZ.

40. Donc les forces perdues ſeront auſſi en équilibre dans le canal $aQRVS\sigma$.

41. Dans le canal $aQRS\sigma$ immédiatement contigu au corps, ou du moins le plus proche du corps, il y a un point V où la viteſſe commence à diminuer depuis V juſqu'en σ, tandis qu'au contraire elle augmente en allant de a vers V dans une partie au moins du canal ARV. L'effort de la partie $VS\sigma$ eſt de haut en bas, &

& celui de la partie VQa eſt de bas en haut, & ces efforts doivent ſe détruire. Obſervez, 1°. que le canal $aQRS\sigma$ ne peut être immédiatement contigu au corps, s'il y a dans le fluide quelque partie ſtagnante. 2°. Que ſi la courbe PL, par exemple, ſuppoſée infiniment proche de l'axe $a\sigma$, alloit d'abord en s'écartant de cet axe, alors la viteſſe iroit d'abord en diminuant de a vers Q; mais elle iroit enſuite en augmentant de quelque point i vers R & vers V, où l'on ſuppoſe qu'elle eſt la plus grande poſſible. Nous diſons de quelque point i, & non pas du ſommet Q du corps, car ſi le point a, où le fluide eſt ſuppoſé commencer à ſe détourner, eſt au-deſſus de Q, comme cela peut être; il paroît que la courbe PLZ, ſuppoſée infiniment proche du corps, tourne d'abord ſa convexité vers l'axe $a\sigma$, & qu'ainſi la viteſſe du fluide va d'abord en diminuant de a vers Q, & pourroit bien aller en diminuant juſqu'à un point i placé au-deſſous de Q.

42. Si un corps, ſymmétrique ou non, eſt plongé dans un fluide, on aura, par ce qui précéde, la valeur totale de $\int dx\,du$, ou $\int y\,dx.v\,du = 0$ dans le filet contigu au corps, ou le plus proche du corps.

43. Si deux corps plongés dans le même fluide ſont ſemblables, tout s'y paſſera abſolument de la même maniere, les figures des filets ſeront ſemblables, & tout le reſte le ſera par la même raiſon; on peut donc, au moins d'après la théorie, établir que les réſiſtances des corps ſemblables ſont en raiſon de leurs ſurfaces, ou

du quarré d'une de leurs dimenſions, la viteſſe reſtant la même.

44. Il faudra ſeulement obſerver que ſi la réſiſtance eſt comme a^2, toutes choſes d'ailleurs égales (a étant la dimenſion ſuppoſée), la maſſe ſera comme a^3, en ſorte que l'effet total ſera comme $\frac{1}{a}$.

45. La viteſſe du fluide étant ſuppoſée parvenue à l'état d'uniformité, ſi on imagine qu'il y ait derriere le corps $GOFH$ (Fig. 45) un eſpace ſtagnant FHL, la viteſſe devroit être conſtante dans la courbe $FfDBL$, ſuppoſition qui ne peut s'accorder avec celle du mouvement parallèle dans les tranches ef, CD, AB, puiſqu'il faudroit qu'en prenant $fD = DB$, on eût en même-temps $efDC = CDBA$, ce qui eſt impoſſible.

46. En ſuppoſant que les filets du fluide ſe terminent par une ligne droite parallèle à l'axe, l'équation de cette ligne, comme celle des autres filets, ſera $\varphi(x+y\sqrt{-1})-\varphi(x-y\sqrt{-1}) = 2A\sqrt{-1}$, dans laquelle y doit être $=$ à une conſtante a.

47. Il faudra de plus que dans cette ligne droite on ait $A=0$, car ſans cela il n'y auroit pas de raiſon pour que les filets courbes ne s'étendiſſent pas au-delà.

48. Enfin il faudra que l'équation générale $\varphi(x+y\sqrt{-1})-\varphi(x-y\sqrt{-1}) = 2A\sqrt{-1}$ ſatisfaſſe à-la-fois & à la figure du corps mu, à laquelle elle doit convenir, & à cette ligne droite limitrophe à laquelle elle

doit convenir aussi; accord qui ne paroît pas facile, quand même on ne supposeroit pas $A = 0$ pour l'équation de la ligne droite OK.

49. En conservant les mêmes noms que dans le Tome V de nos *Opuscules*, pag. 134, art. 5 & suiv. je dis que si on suppose que le fluide, dans son mouvement au premier instant, embrasse tout le contour du corps, en sorte qu'il n'y ait aucun espace stagnant, on aura $4R > M$. En effet, soit décomposée la vitesse de tendance u en deux autres vitesses, dont l'une $\frac{uq}{\sqrt{(pp+qq)}}$, ou $\frac{udx}{ds}$ soit dirigée le long de ds, & dont l'autre soit perpendiculaire à ds.

Il est aisé de voir, 1°. que si on imagine un canal infiniment proche de la surface du corps $aQRV\sigma$, ce canal ira en se rétrécissant de Q vers R, & en s'élargissant de R vers S, en sorte que la vitesse suivant ds sera par-tout $> u$, u étant la vitesse en a, laquelle ne differe point de la vitesse primitive. 2°. Que par conséquent si on nomme u' la vitesse suivant ds, qui est $= u\sqrt{(pp+qq)}$, on aura par-tout $u < u'$; donc $u - u'$ sera négatif dans toute l'étendue du canal $QRVS$; & par conséquent à plus forte raison $\frac{udx}{ds} - u'$. 3°. Donc toutes les forces perdues $\frac{udx}{ds} - u'$ agiront de S vers V, R, Q, & par conséquent il résultera évidemment de ces forces une pression suivant QS contre le corps.

4°. Il eſt aiſé de voir, par les principes de l'Hydroſtatique, que les forces $-\frac{udx}{ds}$ donneront une force $= -Mu$, & les forces $+u' = u\sqrt{(pp+qq)}$, donneront une force $= 4u\int dy\int ds\sqrt{(pp+qq)} = 4Ru$. Donc la preſſion qui s'exerce ſuivant QS ſera $= (4R-M)u$, donc cette preſſion ſera poſitive, puiſque ſi elle étoit négative, la preſſion ſe feroit de S vers Q ſuivant SQ.

50. Donc puiſque $4R > M$ en ſuppoſant que toute la ſurface ſoit enveloppée par le fluide en mouvement, $4R$ pourra reſter encore plus grand que M, en ſuppoſant qu'il y ait quelque partie ſtagnante, pourvu néanmoins que cette partie ne ſoit pas trop conſidérable.

51. Si on ſuppoſe que les forces perdues dans le canal $ALGCG'A'$ (Fig. 47) ſe détruiſent mutuellement (ce qui doit arriver (art. 40) quand il y a une ligne droite OK par-delà laquelle le mouvement du fluide ne ſouffre aucune altération), alors la difficulté eſt d'expliquer comment on a à-la-fois $\int dx\,dv = 0$ (art. 42), & une preſſion qui s'exerce de L vers L'.

52. Il eſt certain que dans cette Figure 47, la preſſion de L vers L', & de L' vers L ſera nulle, ſi dans le canal $ALGCG'A'$ contigu au corps, les viteſſes étoient abſolument les mêmes dans les points correſpondans V, V'; G, G'; Y, Y'; & que pour lors il n'y auroit point de réſiſtance.

53. Il faut avoir grand ſoin, dans l'expreſſion des viteſſes up & uq des particules du fluide parallèlement

à x & à y, que les quantités q, qui repréſentent la viteſſe parallèle à l'axe, ſoient toujours poſitives & dans le même ſens, au moins lorſqu'il s'agit d'un fluide qui coule à plein canal. Cette condition peut ſervir à exclure des équations de courbure des filets, qui donneroient q négative pour certaines valeurs de x.

54. Lorſque la courbe eſt ſymmétrique des deux côtés de RC (Fig. 47), ſi on veut que p & q ſoient auſſi ſymmétriques, il faudra, en nommant RZ, u, que u ſoit toujours élevée à une puiſſance paire, afin qu'elle ne change point de valeur en mettant $-u$ pour u; & ſi on nomme LZ, x, $LR = a$, il faudra qu'en mettant $2a - x$ pour x, la valeur de p & de q reſte la même.

55. Les courbes que forment les filets ne doivent pas ſe croiſer; car ſi elles ſe croiſoient, alors dans l'équation générale $\varphi(x + y\sqrt{-1}) - \varphi(x - y\sqrt{-1}) = 2M\sqrt{-1}$, M ſeroit la même au point de ſolution, donc les courbes ſeroient les mêmes dans tous les autres points.

56. Lorſqu'un corps eſt plongé dans un fluide, & que le vaſe eſt rectangle, il paroît difficile de ſuppoſer que les filets ſoient repréſentés par l'équation $\varphi(x + y\sqrt{-1}) - \varphi(x - y\sqrt{-1}) = 2M\sqrt{-1}$. Car au-deſſus & au-deſſous du corps, à une certaine diſtance, les filets ſont des lignes droites, qui donnent $\varphi(x + a\sqrt{-1}) - \varphi(x - a\sqrt{-1}) = 2M\sqrt{-1}$. Or il n'eſt pas facile de concevoir comment ces filets devenant courbes dans l'entre-deux, on pourra les aſſujettir à une équation de

la même forme. Il faudra du moins que la fonction φ soit telle que lorsque les filets deviennent des lignes droites, cette fonction devienne discontinue, sans que l'équilibre des forces détruites soit troublé. Cet objet mérite d'être examiné avec soin.

57. On voit par ces détails combien il est difficile de trouver une équation $\varphi(x+y\sqrt{-1})-\varphi(x-y\sqrt{-1}) = 2M\sqrt{-1}$, qui représente exactement les filets du fluide, au moins si l'on veut avoir une théorie rigoureuse de la résistance du fluide au mouvement du corps. Cette matiere paroît bien digne d'occuper les Géomètres.

LVIII. MÉMOIRE.

Recherches sur différens sujets.

§. I.

Sur les perturbations des Cometes.

1. J'AI donné dans le sixiéme Volume de mes *Opuscules*, pag. 306 & suiv. deux méthodes pour déterminer l'altération de l'orbite d'une Comète par une Planète, lorsqu'elles sont fort proches l'une de l'autre; & j'ai trouvé (pag. 308) que ces deux méthodes peuvent être indifféremment employées lorsque $J^2 x^5 = 2 S \xi^5$, S étant la masse du Soleil, J celle de la Planète perturbatrice, ξ la distance de la Planète à la Comète, & x celle de la Comète au Soleil.

2. En ayant égard à la masse C de la Comète, s'il est nécessaire, on trouvera aisément par les mêmes principes que pour que les deux méthodes puissent être employées indifféremment, il faut que $\frac{J}{\xi^2}$ soit à $\frac{S}{x^2}$ :: $\frac{2 S \xi}{x^3}$:

$\frac{J+C}{\xi^2}$; d'où l'on tire $J(J+C)x^5 = 2S^2\xi^5$.

3. Donc $\frac{x^5}{\xi^5} = \frac{2S^2}{J(J+C)}$, & $\frac{J.x^2}{\xi^2.S} = \frac{2^{\frac{2}{5}}.J^{\frac{3}{5}}}{(J+C)^{\frac{2}{5}}S^{\frac{1}{5}}}$.

4. On a vu dans l'Ouvrage cité (pag. 308), que cette quantité $\frac{Jx^2}{S\xi^2}$, qui exprime le rapport des forces perturbatrices dans l'orbite de la Comète, n'eſt pas très-petite, en ſuppoſant $C = 0$, & en prenant J pour la maſſe de Jupiter, & qu'ainſi les deux méthodes ont alors le même inconvénient, celui de donner une force perturbatrice très-comparable à la force principale.

5. Il n'en ſeroit pas de même ſi C étoit aſſez grand par rapport à J, car alors la valeur de $\frac{Jx^2}{S\xi^2}$ pourroit être beaucoup plus petite, & les deux méthodes auroient pour lors chacune ſon avantage; celle qui prend $\frac{J}{\xi^2}$ pour la force perturbatrice pourroit être employée avant le paſſage de la Comète à la diſtance ξ, & celle qui prend $\frac{2S\xi}{x^3}$ pour force perturbatrice pourroit être employée après ce paſſage. Mais il faut obſerver, que ſi la Comète C étoit très-groſſe par rapport à la maſſe J de Jupiter, on auroit $\frac{Cx^2}{S\xi^2}$ = à peu-près $\frac{2^{\frac{2}{5}}C^{\frac{3}{5}}}{S^{\frac{3}{5}}}$, quantité qui, quoique fractionnaire, pourra être très-ſenſible, & qu'ainſi, avant le paſſage à la diſtance ξ, l'orbite de

de Jupiter aura pu être dérangée très-sensiblement par l'action de la Comète.

6. On voit évidemment que ξ est d'autant plus grande par rapport à x, que C est plus grande, tout le reste étant d'ailleurs égal, & qu'il en sera de même de $\frac{J}{\xi^2}$ par rapport à $\frac{S}{x^2}$. Ainsi plus la Comète aura de masse, plutôt le dérangement dont il s'agit ici, commencera à être sensible.

7. On auroit les mêmes formules pour le dérangement de Jupiter par la Comète, en mettant J pour C, & C pour J; d'où l'on voit, que si C est $> J$, ξ sera plus grand pour la Comète, que pour Jupiter, & le rapport de $\frac{C}{\xi^2}$ à $\frac{S}{x^2}$ plus grand aussi.

8. Comme on suppose toujours dans ce calcul, que ξ est peu considérable par rapport à x, on peut supposer qu'elle ne passe pas $\frac{1}{10}x$; en sorte que la plus grande valeur de $\frac{\xi^5}{x^5}$ sera $\frac{1}{100000}$; & par conséquent si on suppose, par exemple, $C = J$, la plus grande valeur possible de $\frac{C^2}{S^2}$ ou $\frac{J^2}{S^2}$ sera $\frac{1}{100000}$; donc $\frac{C}{S}$ ou $\frac{J}{S}$ ne pourra être plus grand que $\frac{1}{100} \times \frac{1}{\sqrt{10}} =$ à peu-près $\frac{1}{317}$.

9. Dans ce cas, le rapport de $\frac{J}{\xi^2}$ à $\frac{S}{x^2}$, ou de $\frac{C}{\xi^2}$ à $\frac{S}{x^2}$, feroit $\frac{J^{\frac{1}{5}}}{S^{\frac{1}{5}}} = \frac{1}{\sqrt{(10)}} =$ à peu-près $\frac{1}{3+\frac{1}{6}}$, ou $\frac{6}{19}$, quantité qui n'eſt pas très-petite, de ſorte qu'on ne pourroit alors employer commodément aucune des deux méthodes, au moins dans la partie où ξ eſt à peu-près égale à $\frac{x}{10}$.

10. Le ſeul parti qu'il y ait alors à prendre, ainſi que dans tous les cas où $\frac{Jx^2}{S\xi^2}$ n'eſt pas une petite quantité, c'eſt de calculer les perturbations de la Comète, en diviſant l'orbite de cette Comète en très-petites parties, & en cherchant ſéparément & ſucceſſivement les perturbations dans chacune de ces parties; ce qui n'a de difficulté que dans la longueur du calcul. On eſt au moins certain que dans la partie de l'orbite qui précéde le paſſage de la Comète à la diſtance ξ de Jupiter, ou en général de la Planète perturbatrice, & dans la partie qui ſuit ce paſſage, la force perturbatrice eſt plus petite que la force principale, puiſqu'elle eſt à cette force dans le rapport de $\frac{2^{\frac{2}{5}} J^{\frac{3}{5}}}{(J+C)^{\frac{2}{5}} S^{\frac{1}{5}}}$ à l'unité.

11. Suppoſons en général $C = \frac{S}{n}$, on aura à très-peu-

près (à cause de $\frac{J}{S}$ = à très-peu-près $\frac{1}{1067}$) $\frac{Jx^2}{S\xi^2} = \frac{2^{\frac{2}{5}} n^{\frac{2}{5}}}{(1067)^{\frac{1}{5}}(1067+n)^{\frac{2}{5}}}$, & $\frac{Cx^2}{S\xi^2} = \frac{2^{\frac{2}{5}}.1067^{\frac{2}{3}}}{n^{\frac{1}{5}}(1067+n)^{\frac{2}{5}}}$, & enfin $\frac{\xi}{x} = \frac{(1067+n)^{\frac{1}{2}}}{2^{\frac{1}{5}} n^{\frac{1}{5}}(1067)^{\frac{2}{5}}}$.

12. Supposons de même $\xi = \frac{x}{\nu}$, en sorte pourtant que ξ soit peu considérable par rapport à x, c'est-à-dire, en sorte que ν soit un nombre au moins égal à 10, & nous aurons $\frac{J.(J+C)}{2S^2} = \frac{1}{\nu^5}$, ou $\frac{C}{S} = \frac{2S}{J\nu^5} - \frac{J}{S}$.

13. Puisque $\frac{\xi^5}{x^5}$ = (art. 3) $\frac{J(J+C)}{2S^2} = \frac{J^2}{2S^2}\left(1+\frac{C}{J}\right)$, on voit que le rapport de ξ à x dans le cas de $C=0$, ou très-petit par rapport à J, est à ce même rapport dans le cas où C & J sont comparables, comme 1 est à $\sqrt[5]{\left(1+\frac{C}{J}\right)}$.

14. De même, puisque le rapport de $\frac{J}{\xi^2}$ à $\frac{S}{x^2}$, est = (art. 3) à $\frac{2^{\frac{2}{5}} J^{\frac{3}{5}}}{(J+C)^{\frac{2}{5}} S^{\frac{1}{5}}} = \frac{2^{\frac{2}{5}} J^{\frac{1}{5}}}{S^{\frac{1}{5}}\left(1+\frac{C}{J}\right)^{\frac{2}{5}}}$, il est clair que le rapport de $\frac{J}{\xi^2}$ à $\frac{S}{x^2}$ dans le cas de $C=0$

ou très-petit, est à ce même rapport dans le cas de C & J comparables, comme 1 est à $\frac{1}{\left(1+\frac{C}{J}\right)^{\frac{2}{5}}}$.

15. C'est pourquoi, si la masse de la Comète & celle de la Planète perturbatrice sont comparables, ξ sera plus grand, c'est-à-dire, commencera plutôt que si la masse de la Comète étoit très-petite par rapport à celle de la Planète, & la force perturbatrice sera moindre à l'endroit où est la limite des deux méthodes, c'est-à-dire, à l'endroit où les forces perturbatrices ont le même rapport, dans les deux méthodes, à la force principale.

16. La grande difficulté de la méthode où l'on regarde pour quelque temps la Comète comme un satellite de la Planète perturbatrice, ou plutôt la Comète & la Planète perturbatrice comme tournant l'une & l'autre autour de leur centre commun de gravité, c'est qu'on ignore le rapport de la masse de la Comète à celle de la Planète, ce qui rend le problême indéterminé.

17. On ne peut, ce me semble, se tirer de cette difficulté qu'en employant une espece de tâtonnement, & en supposant d'abord $C=0$, puis lui donnant différentes valeurs jusqu'à ce qu'on trouve celle qui répond le mieux aux phénomènes.

18. Il me semble encore que pour rendre ce calcul le plus simple qu'il sera possible, il faudra chercher

l'orbite décrite par le centre de gravité commun de la Planète & de la Comète, en le ſuppoſant d'abord placé ſur la Planète perturbatrice, & en lui donnant ſucceſſivement différentes poſitions, & déterminer enſuite l'orbite de la Comète autour de ce centre de gravité, en regardant $\frac{J}{\xi^2}$ comme la force principale, & $\frac{2S\xi}{x^3} \times \frac{J}{J+C}$, comme la force perturbatrice. Mais en général, comme nous l'avons déja obſervé dans le Tome VI de nos *Opuſcules*, pag. 426, on ſuppoſe dans la recherche des altérations des Comètes, que la maſſe de la Comète n'eſt pas aſſez conſidérable pour altérer ſenſiblement l'orbite de Jupiter, durant le temps où elle en eſt proche; de plus, comme on doit ſuppoſer que la maſſe de la Comète eſt très-petite par rapport à celle du Soleil, on peut écrire S au lieu de $S+C$, ainſi il ſuffira de calculer les perturbations de la Comète par les forces $\frac{J}{\xi^2}$ & $\frac{2S\xi}{x^3}$, avant & après ſon paſſage à la diſtance ξ, la force principale étant $\frac{S}{x^2}$ avant le paſſage par la diſtance ξ, & la force principale étant $\frac{J}{\xi^2}$ après ce même paſſage, quoique la force principale réelle ſoit $\frac{J+C}{\xi^2}$. Il eſt vrai que dans le cas où C ſeroit comparable à J, il faudroit avoir égard à cette circonſtance, & prendre $\frac{J+C}{\xi^2}$ pour la force principale, *C* étant inconnue. Mais dans ce cas, on ne gagneroit rien à calculer directement l'orbite de la Comète autour du Soleil par les forces $\frac{S}{x^2}$ & $\frac{J}{\xi^2}$, parce que l'orbite de *J* seroit ou pourroit être au moins sensiblement troublée par l'action de la Comète *C*, dont il faudroit par conséquent connoître la masse. Cependant, si les masses *J* & *C* étant supposées comparables, étoient l'une & l'autre assez petites pour que $\frac{J}{\xi^2}$ fût toujours très-petite par rapport à $\frac{S}{x^2}$, en donnant à ξ la plus petite valeur qu'elle ait dans la position respective de *J* & de *C*, alors on pourroit se dispenser d'employer la méthode qui considére la Comète comme satellite de la Planète, & calculer l'orbite de la comète autour du Soleil, par les forces $\frac{S}{x^2}$ & $\frac{J}{\xi^2}$, l'une principale, l'autre perturbatrice. Cette méthode épargneroit la peine de chercher par tâtonnement la valeur de *C*. Mais il seroit difficile d'éviter cette peine, si $\frac{J}{\xi^2}$, dans sa plus grande valeur, se trouvoit considérable par rapport à $\frac{S}{x^2}$; & on trouvera dans le Tome II de nos *Opuscules*, pag. 144 & 145, les formules nécessaires pour déterminer les différentes ellipses que décrit ou peut décrire la Comète autour de *J*, en partant d'une vitesse donnée & de la distance ξ, & supposant à $J+C$

différentes valeurs. Les limites de ces ellipses seront données par les cas de $C=0$ & de $C=n'J$, n' étant supposé $=10$; car on ne juge pas que la masse de la Comète puisse être plus grande que $10J$ ou $\frac{S}{100}$ à peu-près; & les arcs de ces ellipses, décrits par la Comète autour de J, seront renfermés entre les deux rayons égaux ξ de part & d'autre du périhélie. Il est aisé de voir aussi, par les formules citées, que les cotangentes des angles entre ξ & la ligne du périhélie auront entr'elles une différence proportionnelle à $J+C$. Nous abandonnons aux Mathématiciens les détails & le reste de ce calcul, que nous nous contentons d'indiquer ici.

19. Nous avons donné dans le même Tome VI de nos *Opuscules*, pag. 321 & suiv. (art. 19 & 20), le moyen de déterminer, au moins en certains cas, si une Comète peut devenir satellite d'une Planète. En 1775, deux ans après l'impression de ce sixiéme Volume, M. du Séjour a donné son *Essai sur les Comètes*, où en employant un principe semblable à celui que j'ai indiqué dans l'endroit cité, il cherche si une Comète peut devenir satellite de la Terre. La savante théorie que M. du Séjour donne sur ce sujet, & qu'il a bornée à la Terre, m'a fait naître l'idée d'appliquer mon principe à la solution générale du problême dont il s'agit. Pour cela, soit g la vitesse de la Planète, g' celle de la Comète, que je suppose décrire une orbite à peu-près parabo-

clique, ainſi que la Planète, une orbite à peu-près circulaire dont le rayon ſoit r, & on aura à très-peu-près $g^2 = \frac{S}{r}$, & $g'^2 = \frac{2S}{r}$.

20. Soit à préſent θ l'angle que font entr'elles les directions de ces deux viteſſes, ſoit qu'elles ſe trouvent ou non dans le même plan, on aura $\sqrt{(g^2 + g'^2 - 2gg' \operatorname{cof.} \theta)}$, pour la viteſſe de la Comète relativement à la Planète; & ſi on ſuppoſe que la maſſe C de la Comète ſoit très-petite par rapport à celle de la Planète P, que ρ ſoit la diſtance initiale, & α le grand demi-axe de l'ellipſe que la Comète C tend à décrire autour de la Planète P, on aura $g^2 + g'^2 - 2gg' \operatorname{cof.} \theta = \frac{2P}{\rho} - \frac{P}{\alpha}$, & $\frac{S}{r}(1 + 2 - 2 \operatorname{cof.} \theta \sqrt{2}) = \frac{2P}{\rho} - \frac{P}{\alpha}$. Il eſt clair que la plus grande valeur de $\frac{1}{\alpha}$, & par conſéquent la plus petite valeur de α (ρ étant ſuppoſé le même) ſera quand $3 - 2 \operatorname{cof.} \theta \sqrt{2}$ ſera le plus petit qu'il eſt poſſible, c'eſt-à-dire, quand $\operatorname{cof.} \theta = 1$. Ce ſera le contraire ſi $\operatorname{cof.} \theta = -1$. Il eſt clair auſſi, en faiſant $P = \nu S$, & ſuppoſant ν très-petit, que $\frac{1}{\alpha} = \frac{2}{\rho} - \frac{1}{\nu r}(3 - 2 \operatorname{cof.} \theta \sqrt{2})$, & que la valeur de α doit être poſitive & très-petite par rapport à ν; en ſorte que faiſant $\rho = n'\nu$, la quantité $\frac{2}{n'} - \frac{1}{\nu}(3 - 2 \operatorname{cof.} \theta \sqrt{2})$ doit être fort grande; de ſorte que ſi on ſuppoſe que λ' ſoit un nombre fort

fort grand, il faut que $\frac{2}{n'} - \frac{1}{\nu}(3 - 2\cos.\theta\sqrt{2}) = \lambda'$; d'où supposant $\lambda' = \frac{Q}{\nu}$, Q étant un nombre fini ou très-grand & positif, on aura $\frac{2}{n'} = \frac{Q+3-2\cos.\theta\sqrt{2}}{\nu}$, & $n' = \frac{\nu}{2Q+6-4\cos.\theta\sqrt{2}}$; & en général n' sera très-petit, si $2Q+6-4\cos.\theta\sqrt{2}$ n'est pas très-petit.

21. De plus, comme 2α est $>$ que la plus grande distance de la Comète C à la Planète P dans cette ellipse; il faut que $\frac{P}{4\alpha^2}$ soit beaucoup plus grand que $\frac{2S.2\alpha}{\nu^3}$, afin que la force principale soit par-tout beaucoup plus grande dans cette ellipse, que la force perturbatrice; autrement on ne pourroit pas être assuré que la force perturbatrice ne changeroit pas considérablement la petite ellipse que la Comète tend à décrire autour de la Planète.

22. Soit donc $\frac{P}{4\alpha^2} = \frac{4\lambda S\alpha}{r^3}$, λ étant un nombre fort grand, ce qui donne $P = \frac{16\lambda\alpha^3.S}{r^3}$, on aura $\frac{(3-2\cos.\theta\sqrt{2})r^2}{\lambda\alpha^3} + \frac{1}{\alpha} = \frac{2}{\rho}$.

23. Et si on suppose $\alpha = nr$, n étant une quantité très-petite (art. 20), on aura $\frac{2}{\rho} = \frac{3-2\cos.\theta\sqrt{2}}{\lambda n^3 r} + \frac{1}{nr}$.

24. Dans cette équation, ρ doit être $< 2nr$, & l'eſt en effet, & de plus ρ doit être très-petit par rapport à r, ce qui aura lieu encore, puiſque l'on ſuppoſe n très-petit, & que ρ eſt $< 2nr$, nr étant toujours ſuppoſé très-petit par rapport à r.

25. Cette ſolution ſuppoſe de plus que la viteſſe initiale g' de la Comète, n'a point été ſenſiblement altérée avant que la Comète arrive à la diſtance r, afin qu'on puiſſe ſuppoſer $q'^2 = \frac{2S}{r}$. Or il faut pour cela que la force perturbatrice $\frac{P}{\rho^2}$ ſoit conſidérablement plus petite que la force principale $\frac{S}{r^2}$; donc il faut que $16\lambda n^3$ multiplié par le quarré de $\frac{3 - 2\,\text{coſ.}\,\theta\sqrt{2}}{2\lambda n^3} + \frac{1}{2n}$ ſoit une quantité très-petite.

26. Donc il faut que $\frac{4(3 - 2\,\text{coſ.}\,\theta\sqrt{2})^2}{\lambda n^3} + \frac{8(3 - 2\,\text{coſ.}\,\theta\sqrt{2})}{2n} + 4\lambda n^2$ ſoit une quantité fort petite.

27. Or il eſt évident que cela ne ſauroit être, puiſque les deux premiers termes de cette quantité ſont déja fort grands, étant évidemment égaux à $(3 - 2\,\text{coſ.}\,\theta\sqrt{2}) \times 4\left(\frac{3 - 2\,\text{coſ.}\,\theta\sqrt{2}}{\lambda n^3} + \frac{1}{n}\right) =$ (art. 23) $(3 - 2\,\text{coſ.}\,\theta\sqrt{2}) \times \frac{8r}{\rho}$. Car il faut bien remarquer que coſ. θ ne pouvant jamais être > 1 ou -1, la plus petite valeur de $3 - 2$ coſ. $\theta\sqrt{2}$ ſera $3 - 2\sqrt{2} = 3 - \sqrt{(9 - 1)} =$ à

très-peu-près $\frac{1}{6}$; de ſorte que la plus petite valeur de $(3 - 2 \cos. \theta \sqrt{2}) \frac{8r}{\rho}$ eſt à très-peu-près $\frac{4r}{3\rho}$, c'eſt-à-dire, très-grande.

28. Il paroît donc que ſi $\frac{P}{\rho^2}$ eſt très-petit par rapport à $\frac{S}{r^2}$, & qu'en même-temps ρ ſoit très-petit par rapport à r, la Comète ne peut devenir ſatellite de la Planète, au moins dans la ſuppoſition que C ſoit très-petit par rapport à P, que la viteſſe initiale g' de la Comète ſoit telle que $g'^2 =$ à très-peu-près $\frac{2S}{r}$, & que $\frac{P}{\alpha^2}$ ſoit très-grand par rapport à $\frac{2S\alpha}{r^3}$; car cette derniere condition eſt néceſſaire pour être autoriſé à ſuppoſer que la Comète peut devenir ſatellite de la Planète. Si la condition n'avoit pas lieu, alors il pourroit encore ſe faire que la Comète reſtât ſatellite de la Planète, mais il ſeroit très-difficile de s'en aſſurer, l'ellipſe de la Comète autour de la Planète étant alors très-conſidérablement dérangée, & difficile à ſoumettre au calcul. On peut ſeulement remarquer que ſi on ſuppoſe des forces perturbatrices $-2fx$ dans la direction du rayon, & $+\frac{3f'x}{2}$ perpendiculaire au rayon, telles que la diſtance apogée de la Comète à la planète, reſte toujours très-petite par rapport à r, alors la Comète

demeurera satellite de la Planète, parce que les forces perturbatrices réelles qu'elle éprouve dans son orbite, étant dirigées alternativement en différens sens, & n'étant jamais plus grandes que $2fx$, ou $\frac{3fx}{2}$, & même souvent beaucoup plus petites, elles tendent moins à allonger cette orbite, que ne font les forces perturbatrices fictives $-2fx$, & $+\frac{3fx}{2}$. La force perpendiculaire au rayon rend le calcul beaucoup plus difficile; mais en faisant abstraction de cette force, on aura (*Recherches sur le Système du Monde*, Tom. I, pag. 16) pour l'équation de l'orbite de la Comète autour de la Planète, $ddu + udz^2 - \frac{dt^2}{h^2 uugg} \times \left(Pu^2 - \frac{2f}{u}\right)$, ou $du^2 + u^2 dz^2 - \frac{2Pudz^2}{h^2 g^2} + \frac{2fdz^2}{h^2 g^2 u^2} + Cdt^2 = 0$; & l'équation $u^2 - \frac{2Pu}{h^2 g^2} + \frac{2f}{h^2 g^2 u^2} + C = 0$, servira à déterminer les distances apogée & périgée, desquelles distances il y en a une qui est $= 1$, ce qui donne $-C = 1 - \frac{2P}{h^2 g^2} + \frac{2f}{h^2 g^2}$; & l'équation pourra être mise sous cette forme :

$$(u-1)\left(u+1-\frac{2P}{h^2 g^2}\right)+\frac{2f}{g^2 h^2}\left(\frac{1}{u^2}-1\right)=0,$$

ou $(u-1)\left[(u+1)\left(1-\frac{2f}{g^2 h^2 u^2}\right)-\frac{2P}{h^2 g^2}\right]=0$, ou enfin $(u+1)\left(1-\frac{2f}{g^2 h^2 u^2}\right)-\frac{2P}{h^2 g^2}=0$, équation du troiſiéme degré qui a du moins une racine réelle, & qui par ſa ſolution peut fournir différentes remarques dans le détail deſquelles nous n'entrons point ici.

29. Il eſt aiſé de voir que la même concluſion que celle de l'art. 28, aura lieu dans le cas où les maſſes P & C de la Planète ſont comparables, pourvu qu'on ſuppoſe toujours les viteſſes initiales g, g' telles que $g^2 = \frac{S}{r}$ & $g'^2 = \frac{2S}{r}$ à très-peu-près; car il n'y aura pour lors de différence dans les calculs, que de mettre dans la formule de l'art. 20, $P + C$ au lieu de P; & dans l'art. 25, il faudra que $\frac{P}{\rho^2}$ & $\frac{C}{\rho^2}$ ſoient l'un & l'autre très-petits par rapport à $\frac{S}{r^2}$, afin que les viteſſes primitives ſuppoſées g & g' ne ſoient point ſenſiblement altérées; d'où il s'enſuit que $\frac{P+C}{\rho^2}$ ſera beaucoup plus petit que $\frac{S}{\rho^2}$; ainſi les calculs ſeront abſolument les mêmes que dans les articles précédens, excepté qu'au lieu de P, il faudra mettre par-tout $P + C$, ce qui conduira aux mêmes réſultats.

30. Donc en général ſi les orbites de la Planète & de la Comète, l'une circulaire, l'autre parabolique, ne ſont point encore ſenſiblement altérées lorſque la Planète & la Comète ſe trouvent à une aſſez petite diſtance l'une de l'autre, la Comète ne pourra devenir ſatellite de la Planète, ou du moins on ne pourra s'aſſurer qu'elle

le devienne. Nous remarquerons ici, pour fixer les idées sur la vraie dénomination de *satellite*, qu'une Planète devient satellite d'une autre, 1°. lorsque leur centre commun de gravité décrit sensiblement une ellipse autour du soleil; 2°. lorsqu'en même-temps les deux Planètes décrivent chacune sensiblement une ellipse autour de ce centre de gravité; 3°. celle des deux Planètes qui est considérablement la plus éloignée de ce centre de gravité, est le satellite de l'autre Planète; car si elles étoient toutes deux à peu-près également éloignées de ce centre, ou que les distances ne fussent pas fort différentes, alors on pourroit regarder les deux Planètes comme étant à peu-près indifféremment satellites l'une par rapport à l'autre; 4°. l'ellipse décrite autour du centre de gravité commun doit avoir un axe beaucoup plus petit que l'ellipse, ou en général que l'orbite décrite par le centre de gravité; autrement on ne pourroit pas regarder proprement les deux Planètes comme satellites l'une de l'autre. Il faut, pour qu'on les puisse censer telles, qu'elles conservent toujours l'une par rapport à l'autre très-peu de distance; & même il n'y a proprement de satellite, que celle qui est considérablement la plus petite des deux.

31. Maintenant si dans l'art. 20, on suppose $g^2 = \frac{m^2 S}{r}$, & $g'^2 = \frac{2\mu^2 S}{r}$, l'orbite de la Planète n'étant plus circulaire, ni celle de la Comète parabolique, l'équation de cet article deviendra $\frac{S}{r}(m^2 + 2\mu^2 -$

$2m\mu$ cos. $\theta\sqrt{2}) = \frac{2(P+C)}{\rho} - \frac{P}{\alpha}$; il faudra donc dans les calculs précédens mettre simplement $m^2 + 2\mu^2 - 2m\mu$ cos. $\theta\sqrt{2}$ à la place de $3 - 2$ cos. $\theta\sqrt{2}$; & l'assertion de l'article précédent aura encore lieu ici, pourvu que $m^2 + 2\mu^2 - 2m\mu$ cos. $\theta\sqrt{2}$ ne soit pas une quantité très-grande, & que les deux orbites n'aient point encore éprouvé d'altération sensible lorsque la Planète & la Comète se trouvent à une petite distance l'une de l'autre. Il y a cependant une modification à donner à cette proposition dans certains cas; nous en parlerons art. 40.

32. Si les deux orbites sont déja sensiblement altérées lorsque la Planète & la Comète seront parvenues à la distance très-petite ρ ou $n'r$, alors la condition énoncée art. 25 & 29 ne sera plus nécessaire, savoir, que $\frac{P+C}{\rho^2}$ soit une quantité très-petite par rapport à $\frac{S}{r^2}$.

33. Pour lors il suffira des deux conditions, 1°. que α soit très-petit par rapport à r, c'est-à-dire, que n soit très-petit; 2°. que $\frac{P+C}{\alpha^3}$ soit $= \frac{16\lambda S}{r^3}$, λ étant un nombre très-grand.

34. Donc si on fait pour abréger $m^2 + 2\mu^2 - 2m\mu$ cos. $\theta\sqrt{2} = \omega$, $P + C = \nu S$, on aura, 1°. $\frac{\nu}{n^2} = K$, K étant un nombre fini ou même très-grand, d'où

$n = \sqrt{\left(\frac{\nu}{K}\right)}$; 2°. $\alpha^3 = \frac{\nu}{16\lambda}$, ou $\alpha = \sqrt[3]{\left(\frac{\nu}{16\lambda}\right)}$.

35. Donc puisque $\frac{2}{\rho} - \frac{\omega}{\nu} =$ (art. 20) $\frac{1}{\alpha}$; on aura $\frac{2\sqrt{K}}{\sqrt{\nu}} + \frac{\sqrt[3]{(16\lambda)}}{\sqrt[3]{\nu}} = \frac{\omega}{\nu}$, ou $\omega = 2\sqrt{(K\nu)} - \sqrt[3]{(16\lambda\nu^2)}$, λ étant une fort grande quantité, & K une quantité fort grande aussi, ou du moins finie. C'est la condition nécessaire pour la quantité ω, $\sqrt{\left(\frac{\nu}{K}\right)}$ étant supposé d'ailleurs fort petit, ainsi que $\sqrt[3]{\left(\frac{\nu}{16\lambda}\right)}$.

36. Soit maintenant G la vitesse du centre de gravité commun de la Planète & de la Comète, au moment où leur distance est ρ, quantité que je suppose toujours très-petite par rapport à r, on aura $GG = \frac{2S}{r} - \frac{S}{a}$, à très-peu-près, a étant le demi-grand axe de l'orbite que le centre de gravité tend à décrire; & si on suppose que γ soit la vitesse relative de la Comète C par rapport à ce centre de gravité, on aura $\gamma^2 = \frac{2(P+C)}{\rho} - \frac{(P+C)}{\alpha}$.

37. Si on suppose en général dans l'art. 19 ci-dessus, $g^2 = \frac{2S}{r} - \frac{S}{a}$, & $g'^2 = \frac{2S}{r} - \frac{S}{a'}$, θ étant toujours l'angle que les directions des vitesses g & g' font entr'elles, il n'est pas difficile de déterminer par ces connues les vitesses G & γ.

38.

38. On trouvera en effet, par un calcul fort ſimple, que la viteſſe G du centre de gravité eſt $=$ à la racine de $\left[g+(g'\,\text{coſ.}\,\theta-g)\times\frac{C}{C+P}\right]^2+\frac{g'^2\,\text{ſin.}\,\theta^2\times C^2}{(C+P)^2}$, & que la viteſſe relative γ de la Comète eſt $=$ à la racine de $\left[g+\frac{(g'\,\text{coſ.}\,\theta-g)P}{C+P}\right]^2+\frac{g'^2\,\text{ſin.}\,\theta^2\,P^2}{(C+P)^2}$.

39. Il ne ſera pas non plus fort difficile de trouver l'angle que fait avec le rayon vecteur initial, la direction de la viteſſe du centre de gravité commun, & la valeur de ce rayon vecteur initial, qui différe peu du rayon r, & qui eſt ſenſiblement égal à $r\pm\frac{k\rho.P}{P+C}$, k étant le coſinus de l'angle que font entr'eux les rayons r & ρ.

40. Dans le cas où la Planète & la Comète deviennent ſatellites l'un de l'autre, c'eſt-à-dire, dans le cas où α ſe trouve très-petit par rapport à r; alors le centre de gravité commun décrit une nouvelle ellipſe ou orbite autour du Soleil, & cette ellipſe ou orbite peut être telle que les rayons vecteurs aillent en diminuant (au moins durant un certain temps) depuis le rayon vecteur initial r. Pour lors il faudroit examiner ſi $\frac{P+C}{4\alpha^2}$ ſeroit toujours aſſez petite par rapport à $\frac{4S\alpha}{r'^3}$, r' exprimant la plus petite valeur du rayon vecteur. Or cette valeur dépend de la viteſſe initiale & de ſa direction; on trouvera pour cela les formules néceſſaires, Tom. II

de nos *Opusc.*, pag. 144; & conformément aux noms donnés dans cet endroit, il n'eſt pas difficile de voir que la diſtance périhélie eſt $= \frac{rr}{\frac{(S+C+P)}{g^2 h^2} + \frac{\epsilon r}{\text{ſin.}\, A'}}$, ſin. A' étant tel que tang. $A' = \frac{\epsilon r}{r - \frac{S+C+P}{g^2 h^2}}$, ϵ étant la cotangente du ſupplément de l'angle de projection, & h le ſinus de cet angle.

41. Les temps périodiques de C & de P, l'un autour de l'autre, & du centre de gravité commun autour de S, feront entr'eux à très-peu-près comme $\frac{\alpha \sqrt{\alpha}}{\sqrt{(P+C)}}$ eſt à $\frac{a\sqrt{a}}{\sqrt{S}}$.

42. Nous avons fait voir dans le Tome II de nos *Opuſcules*, pag. 119, que lorſqu'une Comète eſt arrivée à une diſtance du Soleil, égale à vingt fois le rayon du grand orbe, on peut ſubſtituer à cette Comète un ſatellite qui ſe meut dans une ellipſe autour du Soleil, & dont la diſtance à la Comète eſt connue & très-petite.

43. Or le temps du ſatellite dans cette portion très-conſidérable d'orbite elliptique eſt égal au temps que la Comète employe à parcourir la portion correſpondante & *altérée* de ſon orbite; & nous allons faire voir que le temps du ſatellite dans cette portion d'orbite peut être conſidérablement plus grand que le temps que la Comète

employeroit à parcourir la partie correſpondante & *non altérée* de ſon orbite.

44. En effet, puiſqu'on a en général (art. 37) $gg = \frac{2S}{r} - \frac{S}{a}$, ſoit ſuppoſée la viteſſe g devenue $= \sqrt{\left(gg + \frac{2S\alpha}{r^2}\right)}$, α étant une quantité fort petite, poſitive ou négative, & r devenue $r+i$ (i étant de même une quantité fort petite, poſitive ou négative), on aura $gg + \frac{2S\alpha}{r^2} = \frac{2S}{r} - \frac{2Si}{r^2} - \frac{1}{a+\omega}$, $a+\omega$ étant le demi-grand axe de la nouvelle ellipſe; donc $\frac{1}{a+\omega} = \frac{1}{a} - \frac{2(i+\alpha)}{r^2}$; d'où $a+\omega = \frac{ar^2}{r^2 - 2a(i+\alpha)} = a\left[\frac{1}{1 - \frac{2a(i+\alpha)}{r^2}}\right]$.

45. Donc le temps périodique ſera altéré, en raiſon de 1 à $\left(1 - \frac{2a(i+\alpha)}{r^2}\right)^{\frac{3}{2}}$; d'où il eſt clair que ſi $\frac{i+\alpha}{r}$ n'eſt pas très-petit par rapport à $\frac{r}{2a}$, l'altération pourra être fort grande; ce qui pourra arriver ſi $2a$ eſt fort grand par rapport à r.

46. Or lorſque la diſtance de la Comète au Soleil eſt égale à 20 fois le rayon du grand orbe, on connoît ſa viteſſe g, altérée par l'action des Planètes; on connoît de plus le rayon vecteur $20+x$ du ſatellite

(le rayon du grand orbe étant ſuppoſé 1), & ſa viteſſe relative autour de la Comète ; de ſorte qu'on aura auſſi ſa viteſſe abſolue $\sqrt{\left(gg + \frac{2S\alpha}{r^2}\right)}$ autour du Soleil, α étant une quantité fort petite ; on aura donc le demi-grand axe de ſon orbite, & par conſéquent ſon temps périodique dans la portion d'ellipſe qu'il décrit. On aura, comme il eſt aiſé de le conclure des articles 38 & 39, $i = \rho$ coſ. θ', ρ étant $= \frac{Jr'}{J+S}$, r' étant le rayon de l'orbite de Jupiter, & θ' l'angle que le rayon vecteur ρ du ſatellite & celui de la Comète font entr'elles ; on aura de plus $g^2 + 2S\alpha =$ à très-peu-près $gg + 2gg' \cdot \frac{J}{J+S}$ coſ. θ ; θ étant l'angle que font les directions des viteſſes du ſatellite & de la Comète, & g' la viteſſe de Jupiter, & cet angle θ dépend de celui que le rayon 20 fait avec l'orbite de la Comète, lequel dépend lui-même du demi-grand axe a, & de la diſtance périhélie, & ſe trouvera aiſément par les formules des pag. 142 & 143 du ſecond volume de nos *Opuſcules.* On remarquera de plus que g'^2 eſt égal à très-peu-près $\frac{S}{5}$, 1 étant toujours le rayon du grand orbe, & que $\frac{J}{J+S} =$ à très-peu-près $\frac{1}{1000}$; qu'enfin $r = 20$, & $a = \mu$, μ étant un nombre très-grand, ou du moins beaucoup plus grand que l'unité, & qui dans la Comète dont la révolution eſt la moindre, c'eſt-à-dire, celle de 1759, eſt environ $= 17$; on a enfin $g^2 = \frac{2S}{20} - \frac{S}{\mu}$, d'où $\alpha = \frac{\operatorname{cof.} \theta}{1000} \times \sqrt{(\frac{1}{5})} \times \sqrt{(\frac{1}{10} - \frac{1}{\mu})}$; donc $\frac{2a(i+\alpha)}{rr} = \frac{\mu}{200} (\frac{\operatorname{cof.} \theta'}{5.1000} \pm \frac{\operatorname{cof.} \theta}{1000} \times \sqrt{(\frac{1}{50} - \frac{1}{5\mu})})$.

47. On voit par-là combien le temps périodique d'une Comète peut être altéré par l'action de Jupiter & de Saturne; & il eſt clair que cette altération pourroit être très-conſidérable. Car le temps périodique du ſatellite dans la portion de ſon orbite que donne la théorie, eſt une partie très-conſidérable de ſa révolution totale, & ſouvent plus de la moitié de cette révolution; de plus, le temps de la révolution totale du ſatellite peut être beaucoup plus grand que celui de la révolution totale de la Comète, comme il eſt aiſé de le voir par l'art. 45. Donc, &c.

48. On peut remarquer dans la formule de l'art. 44 que ſi a eſt $= \infty$, le demi-axe nouveau ſera $- \frac{r^2}{2(i+\alpha)}$, & par conſéquent poſitif ſi $i+\alpha$ eſt négatif. Si a eſt négatif dans la même formule, le nouveau demi-axe ſera poſitif, ſi $r^2 - 2a(i+\alpha)$ eſt négatif, c'eſt-à-dire, ſi $i+\alpha$ eſt négatif, & ſi cette quantité, priſe poſitivement, eſt plus grande que $\frac{r^2}{2a}$, pris poſitivement.

49. Si a, i, α, r, ſont tels que $r^2 = 2a(i+\alpha)$;

ou $< 2a(i+\alpha)$, on aura $a+\omega=\infty$; l'ellipſe deviendra une parabole ou une hyperbole, de ſorte que le temps de la révolution deviendra infini, de fini qu'il étoit auparavant.

50. On peut remarquer en paſſant que la formule générale $g^2 = \frac{2S}{r} - \frac{S}{a}$ eſt fautive lorſque $g=0$; car alors on auroit $\frac{2}{r} - \frac{1}{a} = 0$, & $a = \frac{r}{2}$; d'où il s'enſuivroit que l'ellipſe infiniment applatie, décrite en ce cas par le corps, devroit avoir $r = 2a$ pour axe total, que par conſéquent elle paſſeroit par le point central S, & que le corps, après avoir atteint ce point, remonteroit enſuite vers le point d'où il étoit parti, au lieu qu'il eſt évident que dans ce cas le corps repaſſe de l'autre côté de S juſqu'à une diſtance $=r$, & que par conſéquent l'axe de l'ellipſe infiniment allongée qu'il décrit, eſt en ce cas $2r$, & non pas r. Sur quoi voyez le Tome IV de nos *Opuſcules*, pag. 64.

51. Par les formules que nous avons données Tome II de nos *Opuſcules*, pag. 145 & ſuiv., il eſt aiſé de voir que le temps périodique depuis l'aphélie juſqu'à la diſtance $20r$ du Soleil (r étant ſuppoſé le rayon du grand orbe), eſt $\frac{\delta^{\frac{3}{2}}}{\sqrt{(S+C)}} \times K + \frac{(\delta - a)\sqrt{\delta}}{\sqrt{(S+C)}} \times \sin. K$, K étant l'angle dont le coſinus eſt $\frac{\delta - 20}{\delta - a}$, & le ſinus eſt $\frac{\sqrt{(40\delta - 400 + aa - 2a\delta)}}{\delta - a}$, & δ étant le demi-grand

axe de l'ellipſe, & $\delta - a$ l'excentricité; d'où il eſt clair que le temps total de la révolution ſera $\frac{\delta^{\frac{3}{2}}}{\sqrt{(S+C)}} \cdot 360^{\circ}$.

52. Le double de ce temps (depuis l'aphélie juſqu'à la diſtance $20r$) ſera celui que le ſatellite employe à parcourir ſon arc elliptique, ſans altération ſenſible; & ce temps ſera au temps périodique total, comme $K + \frac{\delta - a}{\delta}$ ſin. K eſt à 360°. Ainſi ce temps ſera aiſé à déterminer, puiſqu'on connoîtra δ & a par les articles 46 & 40 ci-deſſus; δ étant ici le demi-grand axe, & a la diſtance périhélie.

53. Il eſt à remarquer de plus que ſi $\delta > 2a$, (ce qui a lieu dans toutes les Comètes connues, excepté celle de 1759) coſ. K eſt poſitif, & que l'angle K, pris depuis l'aphélie eſt $> 90^{\circ}$; ce qui augmente conſidérablement le temps par l'arc elliptique dont il s'agit, & par conſéquent l'altération du temps périodique de la Comète.

54. Dans le Tome II de nos *Opuſcules*, pag. 114, 115 & ſuiv. nous avons indiqué les forces perturbatrices, très-petites, qui empêchent le ſatellite de décrire autour du Soleil dans l'eſpace abſolu une orbite elliptique rigoureuſe. On pourra, ſi l'on veut, avoir égard à l'action de ces forces, qui dérangent un peu cette orbite elliptique, au moins dans les commencemens, & qui ſont de l'ordre de $\frac{J\xi^2}{x^4}$, x étant la diſ-

tance de la Comète au Soleil, & ξ celle de Jupiter; de ſorte que la force perturbatrice eſt à la force principale en raiſon de $\frac{J\xi^2}{Sx^2}$ à l'unité.

55. Dans l'hypothèſe que la Comète C ſe meuve autour de la Planète perturbatrice J' (Fig. 48), CJ' étant ſuppoſé fort petit par rapport à SJ', les forces qui agiſſent ſur elle ſont, 1°. une force principale $\frac{C+J}{CJ'^2}$; 2°. une force dans la direction du rayon CJ, laquelle eſt égale à $\frac{S.CJ'}{SJ'^3} - \frac{3S.CJ' \text{coſ.} CJ'O^2}{SJ'^3}$; 3°. une force perpendiculaire à CJ' & $=$ $\frac{-3S.CJ' \text{coſ.} CJ'O \text{ ſin.} CJ'O}{SJ'^3}$. Suppoſons maintenant que le ſatellite fictif γ ſe meuve autour de C, à la diſtance $C\gamma = \frac{SJ'.J}{S+J}$, & dans le même temps que la Planète J' ſe meut autour du Soleil, il eſt évident que ce ſatellite γ ſe mouvra autour de i (en faiſant γi parallèle à CJ') avec les mêmes forces, tant principale que perturbatrices, de la Comète C autour de J'. Donc les forces principale & perturbatrices du Satellite γ autour de i, ſe trouveront en mettant dans les expreſſions précédentes $Si+iJ'$ & ſes puiſſances, au lieu de SJ' & ſes puiſſances; ce qui ne changera point ſenſiblement les forces perturbatrices. Ainſi elles ſeront à très-peu-près les mêmes dans le ſatellite fictif & dans la Comète, & la conſidération de l'orbite du ſatellite fictif autour de

de i, n'apporte ici aucune ſimplification pour trouver le mouvement de la Comète. Ceci peut ſervir d'éclairciſſement & de ſimplification aux remarques qui ont été faites ſur cet objet, pages 425, 426, 427, &c. du Tome VI de nos *Opuſcules*.

56. Nous avons vu combien le temps périodique de la Comète peut être altéré par les forces perturbatrices. Il eſt aiſé de voir que la figure même de ſon orbite peut l'être auſſi, c'eſt-à-dire, qu'elle peut devenir d'elliptique, parabolique ou hyperbolique, & réciproquement. Pour le prouver, conſidérons que ſi on a en général $gg = \frac{2Sp}{r}$, l'orbite eſt elliptique ſi p eſt < 1, parabolique ſi $p = 1$, & hyperbolique ſi $p > 1$. Or ſoit $gg = \frac{2Sp}{20}$, lorſque le ſatellite fictif commence à décrire ſenſiblement une ſection conique autour du Soleil; la viteſſe g' de ce ſatellite fictif, ſera telle que $g'g' = gg + \frac{2g\sqrt{S}.\lambda}{1000\sqrt{5}}$, λ étant un nombre poſitif ou négatif qui ne paſſera jamais l'unité; & le rayon vecteur ſera $20 \pm \frac{5\nu}{1000}$, ν étant de même un nombre poſitif ou négatif, qui ne ſera jamais > 1. Donc $g'g'$ ſera $= \frac{2Sp'}{20 + \frac{5\nu}{1000}} = \frac{2Sp}{20} + \frac{2\sqrt{p.S}.\lambda}{1000\sqrt{(50)}}$; donc $p' = p + \frac{p.5\nu}{20.1000} + \frac{\lambda\sqrt{p}}{50\sqrt{(50)}}$ à peu-près.

57. Par cette formule, on verra les cas où p' sera $<$, ou $=$, ou >1, p étant supposé $<$, ou $=$, ou >1; & ν, λ des nombres positifs ou négatifs, qui ne doivent pas être >1.

58. Soit $gg=\frac{2S}{20}-\frac{S}{\alpha}$, α étant le demi-axe $=$ à une quantité positive, négative, ou infinie, on aura $\frac{2Sp}{20}=\frac{2S}{20}-\frac{S}{\alpha}$, d'où $p=1-\frac{20}{2\alpha}$.

59. La plus petite valeur de α dans les Comètes connues, est $+17$; c'est le demi-axe de la Comète de 1682 & 1759. Ainsi la plus petite valeur de p est $1-\frac{20}{34}=1-\frac{10}{17}=\frac{7}{17}$.

60. On peut assigner de même la valeur de α pour les Comètes de 1264, 1532 & 1680, dont les périodes paroissent être de 292 ans, 130 ans, & 575 ans. Car on aura $\alpha=(292)^{\frac{2}{3}}$, $(130)^{\frac{2}{3}}$, $(575)^{\frac{2}{3}}$. De plus, on remarquera que les plus grandes valeurs, tant positives que négatives, de $\frac{5\nu}{20.1000}$, & $\frac{\lambda}{50\sqrt{50}}$ sont $\pm\frac{1}{4000}$, & $\pm\frac{1}{350}$ à très-peu-près. Par-là on sera à portée de vérifier dans la formule précédente, si p' sera $<$, ou $=$, ou >1, pour chacune de ces Comètes; car on aura pour la premiere, $\alpha=44$ à très-peu-près; pour la seconde, $\alpha=25$; pour la troisiéme, $\alpha=69$; ainsi

les valeurs de p seront à très-peu-près $\frac{34}{44} = \frac{17}{22}$, $\frac{15}{25} = \frac{3}{5}$, $\frac{59}{69}$ = à peu-près $\frac{6}{7}$; d'où il est aisé de voir que p' restera toujours < 1 dans ces Comètes, & qu'ainsi leurs orbites demeureront elliptiques.

61. On observera de plus que le corps central placé au foyer de l'orbite du satellite est $S + C + J + \sigma$, J & σ exprimant la masse de Jupiter & de Saturne, au lieu que le corps central placé au foyer de l'orbite de la Comète, est seulement $S + C$, S étant la masse du Soleil, & C celle de la Comète. Voyez le Tome II de nos *Opuscules*, pag. 109. Or, il est évident que ces corps fictifs J & σ, tendent encore à empêcher l'orbite de devenir parabolique ou hyperbolique, puisqu'ils tendent à rapprocher le satellite du Soleil. Nouvelle raison pour empêcher que dans un très-grand nombre de cas la Comète ne soit forcée de suivre une orbite non elliptique par l'action des forces perturbatrices.

62. On peut remarquer en passant que $\frac{5r}{1000}$, ou plus exactement $\frac{5r}{1064}$, qui est la distance du Soleil au centre commun de gravité du Soleil & de Jupiter, est à peu-près égale au rayon du Soleil, en sorte que ce centre de gravité se trouve presque sur la surface du Soleil ; en effet, le rayon du Soleil est (à cause du demi-diamètre de 32') $\frac{16r}{57.60} = \frac{4r}{57.15}$ = environ $\frac{r}{214}$; or

$\frac{5r}{1060} = \frac{r}{212}$, & cette derniere quantité doit même être un peu augmentée, parce que la diſtance de Jupiter au Soleil eſt > 5. Donc, &c.

63. Nous avons cherché juſqu'ici les cas dans leſquels la Terre & une Comète, ou en général une Comète & une Planète quelconque pourroient altérer réciproquement leurs orbites & leurs mouvemens d'une maniere très-ſenſible. Il eſt ſur cette matiere un autre objet de recherche qui peut intéreſſer les Mathématiciens, c'eſt de chercher en quels cas une Comète pourroit tomber dans le Soleil.

64. De toutes les Comètes connues, celle de 1680 eſt la ſeule à qui cela puiſſe arriver. Cette Comète, ſuivant le calcul de Newton, & des Aſtronomes qui l'ont ſuivi, a paſſé à ſon périhélie très-près de la ſurface du Soleil, en ſorte qu'elle ne s'eſt trouvée qu'à une diſtance de cette ſurface, égale à environ la ſixiéme partie du diamètre ſolaire, c'eſt-à-dire au tiers du rayon de cet aſtre. En effet, ſuppoſant que la diſtance moyenne de la Terre au Soleil ſoit 1000000, on a trouvé que la diſtance périhélie de la Comète de 1680 eſt 6125: de plus, ſi on prend 32′ pour le diamètre apparent du Soleil, on aura pour le rayon ſolaire la valeur $\frac{1000000 \times 16'}{\text{ſin. tot.}} =$ à très-peu-près $\frac{1000000 . 16'}{57 . 60'} = \frac{1000000}{15 . 15 \times (1 - \frac{1}{20})} = 4444 \times (1 + \frac{1}{20}) = 4666$; donc le rayon ſolaire =

0,004666 (la diſtance du Soleil à la Terre étant ſuppoſée = 1), & la diſtance de la Comète périhélie à la ſurface du Soleil = 0,006125 — 0,004666 = 0,001459 qui eſt un peu moins du tiers du rayon ou de la ſixiéme partie du diametre.

65. Il s'agit maintenant d'examiner ſi la réſiſtance de l'éther, pendant tout le temps de la révolution de la Comète, peut à ſon retour diminuer cette diſtance périhélie, au point qu'elle devienne plus petite que le rayon du Soleil.

66. Pour cela, nous remarquerons d'abord qu'en nommant a ou 1 la diſtance périhélie, z l'angle parcouru par la Comète depuis ſon périhélie, x le rayon vecteur, & en faiſant $\frac{1}{x} = u$, nous aurons (*Recherches ſur le Syſtême du Monde*, Tom. II, pag. 150, art. 277) l'équation $ddu + udz^2 - \frac{q^2 F dz^2}{gg} = 0$, F étant la force attractive du Soleil à la diſtance 1, g la viteſſe initiale, & q étant telle que $-\frac{dq}{q^3} = \frac{x^3 dz}{gg} \times -\frac{Rdz}{uds}$, équation dans laquelle R marque la réſiſtance, & ds les petits arcs de l'ellipſe décrite par la Comète.

67. Maintenant on remarquera, 1°. que $F = \frac{S}{a^2}$, ou S, S étant la maſſe du Soleil, & $a = 1$; 2°. que $gg =$ à très-peu-près $\frac{2S}{a}$, ou $2S$, parce que l'orbite de la Comète eſt ſenſiblement une parabole à 90° en-

deçà & au-delà du périhélie ; 3°. que la résistance R peut être supposée proportionnelle à la densité du fluide & au quarré, ou à quelqu'autre puissance de la vitesse $\frac{ds}{dt}$; en sorte que nommant R' la résistance à la distance a ou 1, on aura $R = \frac{R' ds^m}{dt^m} \times u^n$ en supposant que les densités soient comme $\frac{1}{x^n}$, ou u^n. Donc la force perpendiculaire π ou $-\frac{Rdz}{uds}$ (*art. cité*) $= -\frac{R'dz}{uds} \times \frac{ds^m}{dt^m} \times u^n =$ (à cause de $dt = xxq\,dz$) $-\frac{R'dz}{uds} \times \frac{dS^m . u^{n+2m}}{q^m dz^m}$; d'où l'équation $-\frac{dq}{q^3} = -\frac{Rdz}{uds} \times \frac{x^3 dz}{g^2}$ deviendra $-\frac{dq}{q^3} = -\frac{R'dz}{uds} \times \frac{ds^m \times u^{n+2m-3} dz}{q^m g^2 dz^m} = -\frac{R' ds^{m-1}}{q^m dz^{m-2} g^2} \times u^{n+2m-4}$; équation d'où l'on tirera la valeur de q.

68. Soit maintenant dans l'équation de l'orbite $-\frac{q^2 F}{g^2} = M$, on aura, comme le savent les Géomètres, $u = \text{cos.}\, z + \text{cos.}\, z \int M dz \,\text{sin.}\, Nz - \text{sin.}\, z \int M dz \,\text{cos.}\, z$, qui se réduit, lorsque $z = 360°$, à $u = 1 + \int M dz \,\text{sin.}\, z$. Il s'agit donc de voir quelle peut être la valeur de ce terme, $\int M dz \,\text{sin.}\, z$.

69. Or l'équation $-\frac{dq}{q^3} = -\frac{R x^3 dz^2}{g^2 uds}$ fait voir aisément que q est positif, & qu'ainsi dans le terme —

$\frac{q^2 F d z^2}{g^2}$ la partie qui dépend de la résistance est négative; d'où il s'ensuit que dans le terme $\int M dz$ sin. z, la partie de la quantité M qui dépend de la résistance, est négative. De plus, l'équation $-\frac{dq}{q^3} = -\frac{R x^3 dz^2}{g^2 u ds}$, fait encore voir aisément que cette quantité M va toujours en augmentant à mesure que z croît; d'où il suit qu'elle est plus grande quand sin. z est négatif, que quand sin. z est positif; donc $\int M dz$ sin. z est positif lorsque $z = 360°$; donc lorsque $z = 360°$, u est $> a$, & $x < a$. Donc la distance périhélie est diminuée après une révolution par la résistance de l'éther.

70. Mais sera-t-elle assez diminuée pour que la Comète tombe dans le Soleil? c'est-à-dire, pourra-t-elle être diminuée de plus d'un tiers de cette distance? C'est ce qui paroît difficile à croire par les considérations suivantes.

71. La Comète de 1680 n'a point souffert d'altération sensible dans son mouvement durant le temps qu'elle a été vue, puisque le calcul de cette Comète, fait dans une orbite parabolique, a donné assez exactement son mouvement, qui paroît avoir été sensiblement le même avant & après le passage au périhélie; d'où il s'ensuit que dans la partie visible de l'orbite de cette Comète, la quantité u n'a pas été sensiblement altérée par la résistance de l'éther. Or cette partie visible renferme un angle z de beaucoup plus de 180°, & qui n'est même

au-dessous de 360°, que d'un angle assez aigu ; en sorte qu'il paroît difficile que dans la partie non visible de l'orbite, renfermée par cet angle aigu, l'effet de la résistance soit assez grand pour diminuer d'un tiers environ la distance a, lorsque $z = 360°$.

72. Si on veut pousser plus loin cette recherche, on remarquera, 1°. que m est toujours positive; 2°. que les couches de l'éther doivent être, d'une part, plus denses à mesure qu'elles sont plus proches du Soleil, à cause de la pression des couches supérieures, & de l'autre, plus dilatées par la chaleur, de sorte que le signe de n reste incertain ; 3°. que si on suppose $R' =$ à la résistance lorsque $u = a$ ou 1, & lorsque la Comète passe au périhélie, c'est-à-dire, lorsque $gg = \frac{2S}{a}$, ou $2S$ à très-peu-près, on pourra supposer $R' = \frac{kS}{g^m}$, k étant un nombre fort petit. Donc on aura $-dq \cdot q^{m-3} = -\frac{kds^{m-1} \cdot u^{n+2m-4}}{2g^m dz^{m-2}}$.

73. Or dans la partie non visible de l'orbite, & qui a beaucoup d'étendue, x est fort grand & u fort petit; d'où il est clair qu'afin que l'effet de la résistance puisse être sensible ou même considérable au bout d'une révolution, il seroit bon que $n + 2m - 4$ fût négatif, afin que la valeur de q fût plus grande.

74. L'hypothèse la plus vraisemblable & la plus ordinaire sur la valeur de m, est celle de $m = 2$, d'où l'on

l'on voit d'abord que $u^{n+2m-4} = u^n$. Il eſt clair d'ailleurs que proche l'aphélie, & en général lorſque x eſt très-grand & u très-petit, n eſt poſitif, puiſque la chaleur du Soleil n'agiſſant pas ſenſiblement à une ſi grande diſtance, les couches les plus éloignées doivent auſſi être les moins denſes, étant les moins comprimées par les couches ſupérieures.

75. De plus, on a $x =$ à très-peu-près $\frac{A}{B+C \operatorname{coſ.} z}$, A, B & C étant des coefficiens que nous déterminerons dans un moment; donc u ou $\frac{1}{x} = \frac{B+C \operatorname{coſ.} z}{A}$; de plus, $ds^2 = dx^2 + xx\,dz^2$; or $dx = -\frac{AC\,dz \operatorname{ſin.} z}{(B+C \operatorname{coſ.} z)^2}$; d'où $ds = \frac{dz}{(B+C \operatorname{coſ.} z)^2} \times \sqrt{\left(A^2 C^2 \operatorname{ſin.} z^2 + \frac{A^4}{x^2}\right)}$; ainſi on aura dans le ſecond membre de l'équation différentielle en q (art. 67), la quantité $\frac{(B+C \operatorname{coſ.} z)^n}{A^n} \times \frac{1}{(B+C \operatorname{coſ.} z)^{2m-2}} = \frac{(B+C \operatorname{coſ.} z)^{n-2m+2}}{A^n} = \frac{(B+C \operatorname{coſ.} z)^{n-2}}{A^n}$; & comme dans les parties ſupérieures & inviſibles de l'orbite $B+C$ coſ. z eſt très-petit, parce x eſt très-grand, il eſt clair qu'afin que le ſecond membre de l'équation en q ne ſoit pas trop petit, il faut que n ſoit < 2.

76. Maintenant on a (Tom. II, *Opuſc.* pag. 142) $x = \frac{2a\delta - aa}{\delta + (\delta - a) \operatorname{coſ.} z}$, δ étant le demi-axe de l'ellipſe,

d'où il eſt clair, 1°. que $A = 2a\delta - aa$, ou ſimplement 2δ à très-peu-près ; 2°. que le radical qui entre dans la valeur de ds eſt (en effaçant ce qui ſe détruit) $\frac{A\sqrt{(B^2 + 2BC \operatorname{coſ.} z + C^2)}}{B + C \operatorname{coſ.} z}$; donc la quantité radicale $A\sqrt{(B^2 + 2BC \operatorname{coſ.} z + CC)}$ ſera, en mettant pour $\operatorname{coſ.} z$ ſa valeur, $-1 + \frac{\operatorname{ſin.} z^2}{2}$, $A\sqrt{[(B-C)^2 + BC \operatorname{ſin.} z^2]} = 2a\delta\sqrt{(a^2 + \delta\delta \operatorname{ſin.} z^2)}$ à très-peu-près ; ainſi la quantité ds^{m-1} ou ds (à cauſe de $m = 2$), donnera une quantité de la forme $\delta\sqrt{(1 + \delta^2 \operatorname{ſin.} z^2)}$, & la quantité A^n donnera δ^n ; de ſorte que la quantité à intégrer ſera de la forme $kdz \times \delta^{1-n} \times (B + C \operatorname{coſ.} z)^{n-2} \sqrt{(1 + \delta^2 \operatorname{ſin.} z^2)}$, ou à très-peu-près $kdz \cdot \delta^{1-n} \times \left(1 + \frac{\delta \operatorname{ſin.} z^2}{2}\right)^{n-2} (1 + \delta^2 \operatorname{ſin.} z^2)^{\frac{1}{2}}$.

77. Or dans la Comète de 575, en ſuppoſant comme ci-deſſus (art. 60), $\delta = 69000000$, & (art. 64) $a = 6125$, imaginons que cette Comète ait ceſſé d'être viſible à la diſtance de Saturne, ou ſi l'on veut à celle de la Terre, c'eſt-à-dire, lorſque x ou $\frac{2a\delta - aa}{\delta + (\delta - a)\operatorname{coſ.} z}$ a été $= 9000000$ ou 1000000 ; & ſuppoſons $\frac{2a\delta - aa}{\delta + (\delta - a)\operatorname{coſ.} z} = \lambda$, λ étant la diſtance où la Comète diſparoît, nous aurons $\frac{2a\delta - aa}{\lambda} = \delta + (\delta - a)\operatorname{coſ.} z$; & $\operatorname{coſ.} z = \frac{2a\delta - aa - \delta\lambda}{(\delta - a)\lambda}$; cette quantité eſt peu dif-

férente de l'unité; car elle eſt à très-peu-près égale à $\frac{2a\delta - aa - \delta\lambda}{\delta\lambda} + \frac{a}{\delta^2\lambda}(2a\delta - aa - \delta\lambda) =$ (en ſuppoſant λ beaucoup plus grand que a) $-1 + \frac{2a}{\lambda} - \frac{a}{\delta} =$ à très-peu-près $-1 + \frac{2a}{\lambda}$, en regardant λ comme beaucoup plus petit que δ; d'où ſin. $z^2 = \frac{4a}{\lambda}$ à très-peu-près. Ainſi δ^2 ſin. z^2 ou $\frac{\delta^2 \text{ſin.} z^2}{a^2} = \frac{4\delta^2}{a\lambda}$, quantité qui eſt fort grande; & δ ſin. z^2, ou $\frac{\delta}{a}$ ſin. $z^2 = \frac{4a}{\lambda} \times \frac{\delta}{a} = \frac{4\delta}{\lambda}$, quantité qui eſt très-grande auſſi, quoique moins grande que la précédente.

78. Mais comme ſin. z va toujours en diminuant juſqu'à être $= 0$, on voit que $1 + \delta^2$ ſin. z^2 va toujours en diminuant, ainſi que $1 + \delta$ ſin. z^2. Ainſi pour avoir la valeur de l'intégrale cherchée, il faut ſavoir quelle valeur primitive on veut ſuppoſer à ſin. z.

79. De plus, comme ſin. z eſt fort petit, on peut, au lieu de ſin. z, mettre z, ce qui facilitera les intégrations. Par ce moyen, on pourra voir quelle eſt la valeur de l'intégrale, ſuivant les ſuppoſitions qu'on aura faites, ſur la valeur primitive de ſin. z, ſur celle de k, & ſur celle de n, qui non-ſeulement doit être < 2, comme nous l'avons déja vu, mais qui paroît devoir être < 1, afin que δ^{1-n} ſoit une quantité aſſez grande pour remédier à la petiteſſe de k.

80. Quoique l'intégration de la quantité dont il s'agit doive, pour être exacte, commencer au point où $z=0$, & finir à celui où $z=360°$. Cependant, comme l'observation de la Comète de 1680 a prouvé que les élémens de son orbite n'ont pas souffert d'altération sensible pendant le temps où elle a été visible, on peut se borner à faire commencer & finir l'intégration au point où la partie visible finit, & au point où elle recommence.

81. On peut aussi observer que la quantité à intégrer $\int M dz$ sin. z peut être mise sous la forme $-$ cos. $z M+ \int dM$ cos. z, & que $\int dM$ cos. $z =$ à peu-près $\int -dM$ ou $-M$, à cause de cos. $z =$ à peu-près -1 dans toute la partie invisible de l'orbite. Ce qui facilitera & simplifiera l'intégration.

82. Si on vouloit que l'éther fût d'une densité uniforme, ce qui donne $n=0$, on auroit (art. 72) $-\frac{dq}{q} = -\frac{kds}{2g^2}$, & on voit que la quantité kds, & par conséquent q peut être très-sensible malgré la petitesse de k, si l'ellipse est fort allongée, comme elle l'est ici. Cette supposition de $n=0$, n'a rien d'impossible en elle-même, mais ne peut aussi être appuyée sur aucune observation, non plus que la valeur de n.

83. On voit assez par ce détail, qu'attendu l'incertitude des données, il est difficile de rien statuer de satisfaisant sur la question dont il s'agit. Nous pouvons

d'ailleurs ajouter ici plusieurs autres considérations qui augmenteront encore l'incertitude du résultat.

84. En premier lieu, il n'est nullement sûr que la Comète de 1680 ait une période de 575 ans; cette hypothèse n'est fondée que sur l'apparition d'une grande Comète, dont l'Histoire fait trois fois mention à trois époques, éloignées l'une de l'autre de 575 ans; or on sent combien cette induction est peu démonstrative.

85. En second lieu, si la distance périhélie est altérée du tiers, il faut que le temps de la révolution le soit très-sensiblement; il faut de plus qu'il le soit à peu-près également à chaque révolution, en vertu de la résistance de l'éther; or il ne paroît pas que la Comète de 1680, si sa période est de 575 ans, ait éprouvé une pareille altération, puisque cette période a été à peu-près la même.

86. Il reste donc très-incertain, & même peu vraisemblable qu'aucune Comète, au moins parmi celles qui sont connues, puisse tomber dans le Soleil. Il sera facile aux Géomètres de pousser plus loin, s'ils le jugent à propos, l'essai de recherches que nous venons de faire sur ce sujet.

§. II.

Sur les quantités négatives.

1. On suppose ordinairement que dans la solution des problêmes géométriques, les quantités négatives se prennent toujours du côté opposé aux positives. Cela est vrai pour les ordonnées des courbes, mais personne, que je sache, ne l'avoit prouvé généralement & rigoureusement avant moi, dans l'article *Courbe* de l'Encyclopédie, & il me semble que cette supposition avoit besoin d'être démontrée. J'ai fait voir encore au même endroit, auquel je renvoye mes Lecteurs, que dans l'équation d'une courbe algébrique, il faut supposer les x négatives, après les avoir supposées positives, pour avoir toutes les branches de la courbe, & cela se peut encore démontrer d'une autre maniere que je n'ai fait dans l'endroit cité, en transportant l'origine des x & des y en quelque point du côté des x négatives, & en faisant $x + a = z$; l'équation de la courbe sera en y & en z; & si la courbe doit avoir des ordonnées réelles répondantes aux x négatives, il est clair que la courbe dont l'équation est exprimée en y & en z, aura des ordonnées réelles répondantes à $z < a$. Il est clair de plus que quelque part qu'on place l'origine des

coordonnées, on doit toujours avoir la même courbe. Donc, &c.

2. Il eſt d'autant plus néceſſaire de démontrer cette poſition des quantités négatives dans le ſens oppoſé aux poſitives, qu'elle n'a pas toujours lieu. Par exemple, ſoit $r = \frac{aa - ee}{a - e \operatorname{coſ.} z}$ l'équation d'une ellipſe, a étant le demi-grand axe, e l'excentricité, r les rayons vecteurs, & z les angles dont le ſommet eſt au foyer, & qui partent du point de l'axe le plus éloigné du foyer, il eſt clair que e étant toujours plus petit que a, cette valeur de r eſt toujours poſitive. Cependant, le rayon qui répond à $z + 180$ eſt en ligne droite & en ſens contraire du rayon qui répond à z. Voilà donc deux quantités dont l'une eſt négative, l'autre poſitive, ou plutôt dont l'une va dans un ſens, & l'autre dans le ſens oppoſé, qui toutes deux ont une expreſſion poſitive. Au contraire, dans l'équation de l'hyperbole $\frac{ee - aa}{e \operatorname{coſ.} z - a} = r$, ſi on augmente z de 180 degrés, l'expreſſion du rayon ſera négative, & cependant ce rayon devra être pris, comme il eſt aiſé de le voir, du même côté que le rayon qui répond à z.

3. C'eſt qu'en général le ſigne négatif indique qu'une quantité doit être priſe dans la ſolution, non pas préciſément en ſens contraire des quantités poſitives, mais ſeulement du côté contraire à celui qu'on avoit ſuppoſé; & avec un peu d'attention on verra ici que lorſ-

qu'on suppose z augmenté de 180, le rayon r de l'hyperbole ne doit pas être pris, comme on le suppose, sur la ligne qui va du foyer à l'extrêmité de l'arc $z+180$, mais sur cette ligne prolongée dans le sens opposé. Au contraire, dans l'ellipse, le rayon r qui répond à $z+180$, doit être pris, comme on le suppose, sur la ligne même qui va du foyer à l'extrêmité de l'arc $z+180$, & non comme dans l'hyperbole, sur cette ligne prolongée en sens contraire.

4. Il se présente des cas encore plus embarrassans dans la position des quantités négatives. Soit, par exemple, proposé ce problême très-simple. Un cercle $BEFDO$ (Fig. 49) étant donné, & le point A étant placé sur le diametre BD prolongé, mener la ligne AEF telle que EF soit égale à une ligne donnée f. En faisant $AD=b$, $AB=a$, & AE, x, on trouve aisément l'équation $(x+f)\times x=ab$, dont les racines sont $x=-\frac{1}{2}f\pm\sqrt{(\frac{1}{4}ff+ab)}$. La racine positive est donnée par AE, & la négative par AF, quoique AF soit du même côté que AE; & si le point A étoit sur le diametre BD, on auroit $fx-xx=ab$, les deux valeurs de x seroient positives, & cependant, comme il est aisé de le voir, elles seroient en sens contraire l'une de l'autre.

5. On pourroit répondre à cette difficulté que le produit ab étant aussi-bien celui de $-a$ par $-b$, que de $+a$ par $+b$, ce produit représenteroit également $AB\times AD$, & $Ab\times Ad$, en faisant Ab & Ad égales & de sens

ſens contraire à *AB* & *AD*; de ſorte que la racine négative eſt indiquée par *Af* égale & de ſens contraire à *AF*.

6. Cette réponſe ne me paroît pas ſatisfaiſante, parce que ſi les racines qui donnent la ſolution étoient *AE* & *Af*, il devroit y avoir deux autres ſolutions qui donneroient *AF* & *Ae*. En effet, puiſque *AE* eſt la racine poſitive de l'équation, pourquoi $Ae = AE$, & priſe en ſens contraire, n'en ſeroit-elle pas la racine négative? D'ailleurs, la quantité x ou *AE* indique la ligne qui part de *A*, & qui ſe termine au cercle *donné*. Or la ligne *AF* eſt dans ce cas, ainſi que *AE*, & par conſéquent elle paroît indiquée par la ſeconde valeur de x.

7. De plus, il eſt clair que dans la ſolution, on ne cherche que la ligne *AE* terminée au demi-cercle *BEFD*, puiſqu'autrement il devroit y avoir deux autres lignes *AE'*, *AF'* qui ſatisferoient également au problême, & qu'ainſi l'équation du problême devroit avoir quatre racines, & par conſéquent être du quatriéme degré, au lieu qu'elle n'eſt que du ſecond. Donc puiſque la ſolution ne regarde que le demi-cercle *BEFD*, pourquoi placeroit-on le demi-cercle *befd* au-deſſous de la ligne *bd*? Car *ab* & *ad* ſont également négatifs pour le demi-cercle *bod*; & pour lors la négative ſeroit *Af'* qui n'eſt pas oppoſée à *AF* en ſens contraire.

8. Voici, ce me ſemble, une ſolution plus naturelle.

Si on faisoit $AF = x$, l'équation seroit $xx - fx - ab = 0$, qui differe par le signe de fx de l'équation $xx + fx - ab = 0$, qu'on trouve en faisant $AE = x$. Pour lors la valeur positive de x est AF, & la négative AE; parce que les racines négatives d'une équation sont celles qui deviennent positives en changeant les signes des termes pairs. Ainsi AF est exprimée négativement dans l'équation $xx + fx - ab = 0$, parce que si on changeoit le signe de fx, elle deviendroit positive.

9. Lorsque le point A est au-dedans du cercle, alors l'équation $fx - xx = ab$ a ses deux racines positives, quoiqu'en sens contraire, parce que dans quelque sens qu'on prenne x, on aura toujours $(f - x)x = ab$, & la valeur de x positive. Il en est à peu-près ici comme dans le cas de l'ellipse & de ses rayons vecteurs. Voyez l'art. 2 ci-dessus.

10. Voici une difficulté du même genre. Soient x les abscisses d'un cercle prises depuis le sommet, $2a$ son diametre, & z les cordes des arcs répondans à x, lesdites cordes partant du sommet, on aura $zz = 2ax$, & $z = \pm\sqrt{(2ax)}$. En nommant AP, x, & AD, z, la racine négative $-\sqrt{(2ax)}$ semble indiquée par la corde AC (Fig. 50), qui répond à la positive $AD = +\sqrt{(2ax)}$, & qui tombe de l'autre côté du diametre. Cependant ces deux cordes ne sont pas placées en sens contraire, & même lorsque $x = 2a$, elles coincident toutes deux. Dira-t-on que la corde $z = -\sqrt{2ax}$ est

indiquée par celle d'un cercle $AD'B'C'$ qui auroit pour diametre $-2a$, & pour abſciſſe $-x$, & qui ſeroit placé au-deſſus du cercle donné $ACBD$? En ce cas, on n'auroit que les cordes AD, AD' répondantes aux deux demi-cercles ADB, $AD'B'$, & non pas, comme on doit l'avoir, les deux cordes égales AD, AC, répondantes à la même $AP(x)$ dans le cercle $ADBCA$. De plus, ces deux cordes AD, AD', répondroient évidemment à deux différentes x, l'une poſitive, l'autre négative, ce qui ne paroît pas poſſible, puiſqu'alors la corde AD' ſembleroit devoir être imaginaire, AD' étant $=$ (*hyp.*) $-\sqrt{(2ax)}$, & x étant négative.

11. Il me paroît donc que la corde $-\sqrt{(2ax)}$ doit être repréſentée par AC, quoique AC & AD ne ſoient pas oppoſés en ligne droite.

12. C'eſt ce qu'on peut confirmer, ce me ſemble, par la théorie de la multiſection des arcs de cercle. Je ſuppoſe, par exemple, qu'on ait un arc a à diviſer en trois parties égales. L'équation eſt de cette forme : $\sin. x^3 + A \sin. x = \sin. a$, x étant le tiers de l'arc a, & les racines de cette équation ſont $\sin. \left(\frac{a}{3}\right)$, $\sin. \left(\frac{c+a}{3}\right)$ $\sin. \left(\frac{2c+a}{3}\right)$, c étant la demi-circonférence. Or il eſt clair que $\frac{2c}{3} + \frac{a}{3}$ eſt $> \frac{c}{2} + \frac{a}{3}$, & $< c + \frac{a}{3}$, & que par conſéquent $\sin. \left(\frac{2c}{3} + \frac{a}{3}\right)$ eſt négatif; tan-

dis que ſin. $\left(\frac{a}{3}\right)$, & ſin. $\left(\frac{c}{3} + \frac{a}{3}\right)$ ſont poſitifs, parce que a étant ſuppoſé plus petit que la demi-circonférence, $\frac{a}{3}$ & $\frac{c}{3} + \frac{a}{3}$ ſont moindres que $\frac{c}{2}$. Maintenant ſuppoſons qu'on veuille diviſer l'arc $2a$, plus petit que la demi-circonférence, en trois parties égales, & que z ſoit la corde du tiers de cet arc, on aura cord. $z = 2$ ſin. x; $\frac{\text{cord.}\, z^3}{8} + \frac{A\, \text{cord.}\, z}{2} = \frac{\text{cord.}\, 2a}{2}$; & les racines de cette équation ſeront évidemment cord. $\left(\frac{2a}{3}\right)$, cord. $\left(\frac{c}{3} + \frac{2a}{3}\right)$, cord. $\left(\frac{2c}{3} + \frac{2a}{3}\right)$, égales à 2 ſin. $\left(\frac{a}{3}\right)$, 2 ſin. $\left(\frac{c}{6} + \frac{a}{3}\right)$, 2 ſin. $\left(\frac{c}{3} + \frac{a}{3}\right)$; ces trois dernieres quantités ſont poſitives, puiſque a, & même $2a$, étant ſuppoſé $< \frac{c}{2}$, aucun de ces trois angles n'eſt plus grand que $\frac{c}{2}$. Cependant, comme l'équation cord. z^3, &c. manque de ſecond terme, il eſt clair qu'une des cordes au moins a une expreſſion négative, & qu'en même-temps toutes ces cordes partent d'un même point, ſans qu'aucune ſoit jamais oppoſée à l'autre en ligne droite. Ainſi voilà des cordes exprimées par des ſignes contraires, & qui ne ſont pas placées en ſens contraires.

13. Les cordes négatives ne ſeront pas même toutes

placées de l'autre côté du diametre par rapport aux positives. Car M. de l'Hôpital a démontré dans le dixiéme Livre de son *Traité des Sections coniques*, que si on divise la circonférence en un nombre impair n de parties, les cordes qui répondent à zéro, $\frac{2c}{n}$, $\frac{4c}{n}$, &c. sont positives, & les cordes qui répondent à $\frac{c}{n}$, $\frac{3c}{n}$, &c. négatives. Or les cordes qui répondent à $\frac{c}{n}$, $\frac{2c}{n}$, $\frac{3c}{n}$, $\frac{4c}{n}$, sont toutes du même côté du diametre tant que l'arc n'est pas plus grand que $\frac{c}{2}$, & toutes de l'autre côté du diametre, tant que les arcs correspondans sont $> \frac{c}{2}$ & $< c$. Voilà donc des cordes alternativement positives & négatives qui sont du même côté du diametre, & des cordes positives qui sont de différens côtés du même diametre.

14. Je remarquerai en finissant que toute la théorie des quantités négatives n'est pas encore bien éclaircie. Voyez le Tome I de nos *Opusc.* pag. 201 & suiv. j'y ai donné, si je ne me trompe, pag. 204, la vraie raison pourquoi $-a \times -a = a^2$; & si on demande pourquoi $\frac{aa}{-a} = -a$, je répondrai qu'en demandant le quotient de la division de aa par $-a$, on ne demande pas combien de fois $-a$ est contenu dans aa, ce qui

seroit absurde, on demande une quantité telle qu'étant multipliée par $-a$ elle donne aa. Or cette quantité cherchée est $-a$.

15. Il seroit à souhaiter que dans les Traités élémentaires, on s'appliquât davantage à bien éclaircir la théorie mathématique de ces quantités, & du moins qu'on ne la présentât pas de maniere à laisser dans l'esprit des Commençans des notions fausses. Par exemple, dans la solution des équations du second degré, lorsque de l'équation $(x+p)^2=b$, on en conclut $x+p=\pm\sqrt{b}$, il faudroit bien faire sentir à ces Commençans qu'on ne suppose point la quantité positive $x+p$ égale à la négative $-\sqrt{b}$ (parce que cela ne se peut pas, & que si on avoit, par exemple, $aa=bb$, on en conclueroit $+a=+b$, ou $-a=-b$, & non pas $+a=-b$, ou $-a=+b$), mais que la quantité x étant inconnue & indéterminée, tant par son signe que par sa valeur, il se pourroit que cette quantité fût négative, & que $+x+p$ fût par conséquent négatif; auquel cas on auroit $x+p$ égale à $-\sqrt{b}$, & non pas à $+\sqrt{b}$; de sorte que comme il se peut que l'inconnue x soit positive ou négative, c'est-à-dire, ait une valeur positive & une autre négative, on doit supposer les deux équations $x+p=\sqrt{b}$, & $x+p=-\sqrt{b}$, dont l'une a ses deux membres positifs, & l'autre les a négatifs. De même, quand on a $(x-p)^2=b$, ou plutôt $xx-2px+pp=b$, on en conclut $x-p=\pm\sqrt{b}$, ou si l'on veut (ce qui revient au même)

$x-p=+\sqrt{b}$, & $p-x=+\sqrt{b}$, parce que x étant inconnue, il ſe peut faire que p ſoit $<$ ou $>x$, le premier cas donnera $x-p=+\sqrt{b}$, & le ſecond $p-x=+\sqrt{b}$, ou $x-p=-\sqrt{b}$; les deux membres ſont poſitifs dans les deux premiers cas, & négatifs dans le ſecond.

16. La théorie des quantités négatives n'eſt pas la ſeule qui ait beſoin d'être approfondie dans les élémens d'une maniere bien claire & bien ſatisfaiſante. Nous avons fait voir dans l'Encyclopédie, aux mots *Diviſion*, *Equation*, *Cas irréductible*, & dans pluſieurs autres, combien les Livres élémentaires ſont remplis de notions fauſſes ou imparfaites ſur ces différens ſujets. On en verra encore des exemples dans le paragraphe ſuivant.

---

§. III.

Sur la multiſection de l'angle.

1. ON ſait que l'expreſſion de ſin. $2mx$, renferme toujours dans chacun de ſes termes l'expreſſion radicale $\sqrt{(1-zz)}$, z étant le ſinus de x; & qu'au contraire l'expreſſion de ſin. $(2m-1)x$ ne renferme point de radical. C'eſt pourquoi ſi on cherche à diviſer un angle a en $2m$ parties égales, on aura une équation

$\sin. 2mx = \sin. a$, qui en faiſant diſparoître le ſigne radical montera au degré $4m$, & au contraire, ſi on cherche à diviſer le même angle a en $2m - 1$ parties égales, on aura une équation qui ne montera qu'au degré $2m - 1$. Je ne ſais ſi on a donné la raiſon de cette différence. Les Géomètres exercés la trouveront ſans beaucoup de peine ; mais elle pourroit embarraſſer les autres, & c'eſt pour eux ſeulement que cet article eſt deſtiné.

2. Obſervons d'abord que dans l'équation du degré $4m$, tous les termes pairs manquent, que la racine de cette équation eſt zz, & qu'ainſi chaque valeur poſitive de z en donne une négative égale, qui lui répond.

3. Obſervons en ſecond lieu,

1°. Que ſin. a repréſente également le ſinus de $\frac{c}{2} - a$; c étant la circonférence.

2°. Que les racines de l'équation $\sin. 2mx = \sin. a$, ſont, comme l'on ſait, $\sin. \frac{a}{2m}$, $\sin. \left(\frac{c+a}{2m}\right)$, $\sin. \left(\frac{2c+a}{2m}\right)$, ... $\sin. \left[\frac{(2m-1)c+a}{2m}\right]$, leſquelles racines ſont au nombre de $2m$.

3°. Que les racines de cette équation doivent être auſſi par la même raiſon $\sin. \left(\frac{\frac{c}{2} - a}{2m}\right)$, $\sin. \left(\frac{\frac{3c}{2} - a}{2m}\right)$, $\sin. \left(\frac{\frac{5c}{2} - a}{2m}\right)$, ... $\sin. \left(\frac{(2m-1)c + \frac{c}{2} - a}{2m}\right)$; leſquelles

lesquelles racines sont aussi au nombre de $2m$, & complettent les $4m$ racines de l'équation.

4°. Que a étant supposé $< \frac{c}{2}$, les sinus de $\frac{a}{2m}$, $\frac{c+a}{2m}$, &c. sont tous successivement positifs jusqu'à ce qu'on arrive au sinus de $\frac{mc+a}{2m} = \frac{c}{2} + \frac{a}{2m}$, lequel est négatif, ainsi que tous les suivans, parce que les angles correspondans sont tous $> \frac{c}{2}$, & $< c$; le dernier terme étant $\frac{(2m-1)c+a}{2m}$. Nous examinerons plus bas le cas de $a = \frac{c}{2}$, & celui de $a = 0$.

5°. Que les sinus négatifs dans la premiere suite, sont égaux, & de signe contraire aux sinus positifs chacun à chacun, en sorte que le sinus positif de $\frac{pc+a}{2m}$, p étant $< m$, est le même que le sinus négatif de $\frac{(m+p)c+a}{2m}$, parce que le second de ces angles est évidemment égal au premier, plus la demi-circonférence.

6°. Que de même dans la seconde suite, le sinus de $\frac{pc+\frac{c}{2}-a}{2m}$, p étant moindre que m, & le sinus de $\frac{(m+p)c+\frac{c}{2}-a}{2m}$ sont égaux & de signes contraires.

7°. Que dans la premiere ſuite les ſinus, tous *poſitifs*, de $\frac{a}{2m}$, $\frac{c+a}{2m}$, $\frac{2c+a}{2m}$ .... $\frac{(m-1)c+a}{2m}$, ſont auſſi tous différens les uns des autres, parce qu'il n'y a, comme il eſt aiſé de le voir, aucun de ces angles qui, ajouté avec un autre de la même ſuite, donne la demi-circonférence, ou la moitié de la circonférence répétée un nombre impair de fois, car ſoit $\frac{(m-p)c+a}{2m}$ un de ces angles, & $\frac{(m-q)c+a}{2m}$ un autre, leur ſomme ſera $c-\left(\frac{q+p}{2m}\right)c+\frac{a}{m}=$ (à cauſe de q & $p<m$) $c+\frac{\omega c}{2m}+\frac{a}{m}$, ω étant $<2m$; or cette quantité ne ſauroit jamais être $=\frac{(2n+1)c}{2}$, puiſqu'il faudroit qu'on eût $2mc+\omega c+2a=m(2nc+c)$, équation qui ne ſauroit avoir lieu, au moins tant que a eſt $<\frac{c}{2}$, & n'eſt pas $=0$.

8°. Que par la même raiſon, les ſinus, tous *poſitifs* de $\frac{\frac{c}{2}-a}{2m}$, $\frac{\frac{3c}{2}-a}{2m}$ ..... $\frac{(m-1)c+\frac{c}{2}-a}{2m}$, ſeront auſſi tous différens les uns des autres, puiſqu'on peut écrire a' au lieu de $c-a$, ce qui revient au cas précédent; de plus ces ſinus ne ſeront pas les mêmes que les ſinus poſitifs de $\frac{a}{2m}$, $\frac{c+a}{2m}$ .... $\frac{(m-1)c+a}{2m}$. Car il faudroit pour cela que les angles de la premiere ſuite, ajoutés aux angles reſpectifs de la ſeconde, fiſſent une ſomme $= \frac{(2n+1)c}{2}$. Or ſoit $\frac{(m-p)c+\frac{c}{2}-a}{2m}$, un des angles de la premiere ſuite, & $\frac{(m-q)c+a}{2m}$ un des angles de la ſeconde; ces deux angles ajoutés enſemble font $c+\frac{nc}{2m}+\frac{c}{4m}$ qui n'eſt pas égal à $\frac{(2n+1)c}{2}$, puiſqu'il faudroit qu'on eût $4mc+2nc+c=2m(2nc+c)$, équation qui ne ſauroit avoir lieu; puiſque l'un des membres eſt impair, & l'autre pair.

4. De-là il s'enſuit que les ſinus des deux ſuites repréſentent les $4m$ racines de l'équation, ſavoir, les ſinus de la premiere ſuite, m ſinus poſitifs & m négatifs qui leur ſont égaux, & les ſinus de la ſeconde ſuite, m ſinus poſitifs différens des premiers, & m négatifs qui leur ſont égaux.

5. On peut remarquer encore qu'élevant au quarré l'équation ſin. $2mx =$ ſin. a, pour faire diſparoître le ſigne radical, on a une équation du $4m^e$ degré qui ſeroit également venue de l'équation ſin. $2mx = -$ ſin. a; auſſi les ſinus de $-\frac{a}{2m}$, $\frac{c-a}{2m}$, $\frac{2c-a}{2m}$, &c. ſont-ils les mêmes & de ſigne contraire, que ceux de $\frac{a}{2m}$, $\frac{c+a}{2m}$, $\frac{2c+a}{2m}$, &c. puiſqu'il eſt évident que $\frac{pc+a}{2m}$ & $\frac{(2m-p).c-a}{2m}$ étant ajoutés enſemble, font

la circonférence c, & que les angles qui, ajoutés ensemble, font c, ont des sinus égaux & de signe contraire.

6. Supposons maintenant qu'on veuille diviser l'angle a, moindre que la demi-circonférence, en un nombre impair $2m-1$ de parties égales, il est aisé de voir,

1°. Que tous les angles $\frac{a}{2m-1}$, $\frac{c+a}{2m-1}$,........ jusqu'à $\frac{(m-1)c+a}{2m-1}$ auront des sinus positifs, & les autres des sinus négatifs, parce que les premiers seront moindres que $\frac{c}{2}$, & les autres plus grands.

2°. Que les sinus négatifs ne seront jamais égaux aux positifs, parce qu'aucun des angles $\frac{(m-q)c+a}{2m-1}$ ne différera d'aucun des angles $\frac{(2m-p)c-a}{2m-1}$ de la valeur la demi-circonférence répétée un nombre impair de fois, cette différence étant évidemment $\frac{(m-p+q)c}{2m-1}$ qui ne sauroit être $=\frac{(2n-1)c}{2}$ puisqu'on auroit le nombre pair $2m-2p+2q$ égal au nombre impair $(2m-1)(2n-1)$.

3°. Que par conséquent dans cette suite les sinus seront tous différens, les uns positifs en nombre $m+1$ depuis $\frac{a}{2m-1}$ inclusivement jusqu'à $\frac{(m-1)c+a}{2m-1}$ inclusivement, les autres négatifs en nombre $m - 2$.

4°. Qu'il en sera de même dans la suite des sinus de $\frac{\frac{c}{2} - a}{2m - 1}$, $\frac{\frac{3c}{2} - a}{2m - 1}$, &c. où les sinus doivent être aussi les racines de l'équation du $(2m - 1)^e$ degré représentée par $\sin. (2m - 1) x = \sin. a$.

5°. Que dans la premiere suite, chaque angle $\frac{(2m - p)c + a}{2m - 1}$ aura un angle correspondant dans la seconde suite, savoir $\frac{(2m - q)c + \frac{c}{2} - a}{2m - 1}$, qui lui étant ajouté, sera $= \frac{kc}{2}$, k étant un nombre impair; car il suffira pour cela de prendre q & p tels que $\frac{8m - 2q - 2p + 1}{2(2m - 1)} = \frac{k}{2}$, ou $8m - 2q - 2p + 1 = (2m - 1)k$, nombre impair; ce qui donne, $2q = 8m - 2p + 1 - 2mk + k$, nombre pair, puisque k est impair; d'où l'on tirera q. Soit $p = 2$, qui est sa plus petite valeur, on aura $2q = 8m - 3 - 2mk + k$; d'où il est aisé de voir que k, qui ne sauroit être < 1, ne sauroit être > 3; car la plus petite valeur de q est 2, & $2q$ doit toujours être positif; & il est clair qu'en général $q = 4m - mk - p + \frac{k + 1}{2}$; de sorte qu'en faisant p successivement égal à 2, 3, 4, &c. jusqu'à $2m$, & k aux nombres impairs 3, 1, on aura $q =$

$m-p+2$, & $q=3m-p+1$; la premiere formule ſert pour tous les cas où p n'eſt pas plus grand que m, & la ſeconde pour les cas où il eſt plus grand; en ſorte qu'en prenant ſucceſſivement dans la premiere formule $p=2, 3$, &c. juſqu'à m incluſivement, les valeurs de q ſont ſucceſſivement dans cette premiere formule, m, $m-1$, &c. juſqu'à 2 incluſivement; & dans la ſeconde formule, en prenant ſucceſſivement $p=m+1$, $m+2$, juſqu'à $2m$ incluſivement, les valeurs de q ſont ſucceſſivement dans cette ſeconde formule $2m-2$, $2m-3$, juſqu'à $m+1$ incluſivement; ce qui renferme (au moyen des deux formules) toutes les valeurs poſſibles de q.

6°. Delà il eſt clair que puiſqu'il y a toujours dans la ſeconde ſuite un terme qui, ajouté avec un terme correſpondant de la premiere ſuite, donne $\frac{kc}{2}$, k étant un nombre impair, les ſinus de la ſeconde ſuite ſont les mêmes que les ſinus de la premiere ſuite.

7. Voilà donc pourquoi l'équation aux ſinus pour la diviſion d'un angle en $2m$ parties égales eſt du degré $4m$, & pourquoi au contraire elle n'eſt que du degré $2m-1$ pour la diviſion en $2m-1$ parties égales.

8. Au contraire, ſi on cherchoit l'équation par les coſinus, on trouveroit toujours une équation du degré $2m$ dans le premier cas, & $2m-1$ dans le ſecond, parce que le coſinus de $2mx$, & celui de $(2m-1)x$ ne renferme point le radical $\sqrt{(1-zz)}$, en nommant

z ce cosinus. Ainsi il y a de l'avantage, lorsque le nombre des divisions est pair & $= 2m$, à résoudre l'équation par les cosinus (cos. $2mx =$ cos. a), parce qu'elle est seulement du degré $2m$, au lieu que l'équation par les sinus seroit du degré $4m$. On peut trouver aisément la raison de cette différence.

9. En effet, on verra, 1°. que le cos. de a répond également à l'angle a & à l'angle $c-a$, & que dans les suites, $\frac{a}{n}$, $\frac{c+a}{n}$, $\frac{2c+a}{n}$, &c. $\frac{(n-1)c+a}{n}$, (n étant pair ou impair) & $\frac{c-a}{n}$, $\frac{2c-a}{n}$.... $\frac{nc-a}{n}$, il y aura toujours deux angles qui étant pris l'un dans une suite, l'autre dans l'autre, & étant ajoutés ensemble, donneront c, puisque le dernier terme de la premiere $\frac{(n-1)c+a}{n}$ ajouté avec le premier terme $\frac{c-a}{n}$ de la seconde donne c, de même, l'antépénultiéme de la premiere avec le second de la seconde, & ainsi du reste. Donc ces deux suites donneront respectivement les mêmes cosinus.

2°. On voit aussi que dans la premiere suite, les cosinus sont positifs jusqu'à ce qu'on soit arrivé à un angle $\frac{(n-p)c}{n} + \frac{a}{n}$ qui soit $> \frac{c}{4}$ & $< \frac{3c}{4}$; qu'ils redeviendront positifs lorsque $\frac{(n-p)c+a}{n}$ sera $> \frac{3c}{4}$, & $< c$; & qu'il en sera de même dans la seconde suite. Mais en voilà assez sur ce sujet.

10. Si a eſt $=0$, on aura $x=0$, & les termes des deux ſuites ſont dans le cas de la diviſion paire, 0, $\frac{c}{2m}$, $\frac{2c}{2m}$, $\frac{3c}{2m}$, ... $\frac{(2m-1)c}{2m}$, $\frac{c}{4m}$, $\frac{5c}{4m}$, $\frac{7c}{4m}$ .... $\frac{(4m-1)c}{4m}$. Or dans la premiere de ces deux ſuites, il n'y a point de terme $\frac{(2m-p)c}{2m}$, ou $\frac{(4m-2p)c}{4m}$, qui ajouté avec un terme correſpondant de la ſeconde ſuite $\frac{(2m-q)c+\frac{c}{2}}{2m}$, ou $\frac{(4m-2q+1)c}{4m}$, donne $\frac{kc}{2}$, k étant impair; car il faudroit pour cela que $8m-2p-2q+1$, nombre impair, fût $=2mk$, nombre pair. Ainſi les ſinus des deux ſuites ſont différens; mais chaque ſinus poſitif dans une des ſuites, en a un négatif qui lui répond dans la même ſuite; par exemple, le ſinus de $\frac{2m-1}{2m}c$ eſt égal & de ſigne contraire à celui de $\frac{c}{2m}$, parce que ces deux angles ajoutés enſemble font c; &c.

11. On peut encore obſerver qu'il y a dans la premiere ſuite deux termes dont le ſinus eſt $=0$, ſavoir, le premier terme, & le terme $\frac{mc}{2m}$; ce qui doit être en effet; car l'équation étant du degré $4m$, & le dernier terme étant du degré 2, il y a deux valeurs du ſinus z qui doivent être $=0$, & qui viennent de $zz=0$.

12.

12. Si la division eſt impaire, les deux ſuites ſont

$$0, \frac{c}{2m-1}, \frac{2c}{2m-1} \ldots\ldots \frac{(2m-2)c}{2m-1};$$

$$\frac{c}{4m-2}, \frac{3c}{4m-2} \ldots\ldots \frac{(4m-3)c}{4m-1},$$

& on prouvera comme ci-deſſus (art. 6) que chaque ſuite a dans l'autre un terme correſpondant, qui donne un ſinus égal & de même ſigne.

13. Si l'on cherche l'équation par les cordes pour la diviſion d'un angle, on trouvera cord. $nx =$ cord. a, & les racines ſeront, cord. $\frac{a}{n}$, cord. $\left(\frac{c+a}{n}\right) \ldots\ldots$ cord. $\left(\frac{(n-1)c+a}{n}\right)$, ou 2 ſin. $\frac{a}{2n}$, 2 ſin. $\left(\frac{c+a}{2n}\right), \ldots$ 2 ſin. $\left(\frac{(n-1)c+a}{2n}\right)$. Or il eſt aiſé de voir que a étant ſuppoſé $< \frac{c}{2}$, tous ces ſinus ſont poſitifs, parce que les angles ne paſſent pas la demi-circonférence, le dernier & le plus grand étant égal $\frac{c}{2} - \frac{c}{2n} + \frac{a}{2n}$. Ainſi il ſemble que toutes les racines de l'équation cord. $nx =$ cord. a doivent être poſitives.

14. Cependant ſi on remarque que cord. $nx =$ 2 ſin. $\frac{nx}{2}$, & qu'on cherche l'expreſſion de ſin. $\frac{nx}{2}$, ou, ce qui revient au même, de $\frac{\text{cord. } nx}{2}$, en nommant cette quantité z, on trouvera que dans l'équation tous les termes pairs manquent; ce qui prouve que parmi les

racines de cette équation, il y en a qui ont une expression négative. C'eſt ce que nous avons déja remarqué dans le paragraphe précédent.

15. En général, ſoit propoſé de diviſer la circonférence en n parties égales, & prenons d'abord l'équation par les ſinus, l'équation ſera du degré n, le terme conſtant ſera zero, & tous les termes pairs manqueront, de ſorte que dans le cas de n pair, l'équation aura deux racines $=0$, & les autres racines égales deux à deux, tant poſitives que négatives, & dans le cas de n impair, une racine $=0$, & les autres racines auſſi égales deux à deux, tant poſitives que négatives. Les racines de cette équation, en calculant par les ſinus, ſont 0, ſin. $\left(\frac{c}{n}\right)$, ſin. $\left(\frac{2c}{n}\right)$, ... ſin. $\left(\frac{(n-1)c}{n}\right)$, & en calculant par les cordes, elles ſont 0, 2 ſin. $\left(\frac{c}{2n}\right)$, 2 ſin. $\left(\frac{2c}{2n}\right)$, 2 ſin. $\left(\frac{3c}{2n}\right)$, ... 2 ſin. $\left(\frac{(n-1)c}{2n}\right)$; ou 0, cord. $\left(\frac{c}{2n}\right)$, cord. $\left(\frac{2c}{2n}\right)$, ... cord. $\left(\frac{(n-1)c}{2n}\right)$. Or il eſt clair que toutes ces dernieres racines ſont poſitives; cependant la moitié doit ſe préſenter ſous une forme négative dans la ſolution de l'équation, puiſque chaque racine poſitive en a une négative correſpondante. Donc, &c.

16. Voici encore une remarque relative à ce ſujet. Soit ADF un cercle dont le rayon $AC=1$, & dont les arcs $AD=z$ (Fig. 51), il n'eſt pas difficile de

voir qu'on aura la corde $AD = 2\,\text{fin.}\left(\frac{z}{2}\right)$. Or lorſque $z = 360^\circ + AD$, la corde AD revient à la même place, & cependant le ſin. de $\frac{z}{2}$, ou $\frac{360 + AD}{2}$ eſt négatif.

17. L'article ſuivant a rapport au théorême de Newton ſur la quadrature indéfinie des courbes ovales. Soit une courbe dans laquelle les rayons $AC = r$, les angles $BAC = z$ (Fig. 52), & dont l'équation ſoit $r = a\sqrt{(\text{cof. } z)}$; il eſt aiſé de voir que cette courbe ſera une courbe rentrante; & que l'élément de ſon aire ſera $\int \frac{rrdz}{2} = \int \frac{a^2 dz \text{ cof. } z}{2} = \frac{a^2 \text{ fin. } z}{2}$. Cette courbe ſera donc quarrable.

Mais il faut remarquer que cette courbe eſt une lemniſcate, à cauſe de la double valeur de $\sqrt{(\text{cof. } z)}$, qui donne pour chaque valeur de z deux valeurs de r, l'une $AC = +\sqrt{(\text{cof. } z)}$, l'autre $AC' = -\sqrt{(\text{cof. } z)}$. Ainſi cet exemple ne contredit pas préciſément le théorême de Newton ſur l'impoſſibilité de la quadrature indéfinie des courbes rentrantes. Mais les objections que nous avons faites d'ailleurs contre ce théorême, Tom. IV de nos *Opuſc.* pag. 67, nous paroiſſent toujours ſubſiſter dans toute leur force.

§. IV.

Sur la Figure de la Terre.

1. J'AI dit (page 61, Tome VI de mes *Opuscules*) qu'il y avoit tout lieu de croire que l'équation $2\omega = \frac{(3k^2+9)ATk - 9k}{k^3}$, qui donne tous les sphéroïdes d'équilibre, dans le cas de l'homogénéité, n'avoit que deux racines réelles, mais que j'abandonnois à d'autres Géomètres les calculs plus longs que difficiles, par lesquels on pouvoit vérifier cette assertion. M. de la Place m'en a communiqué une démonstration assez simple qui m'en a fait aussi trouver une très-simple, presque sans aucun calcul.

2. On voit d'abord que la courbe dont l'ordonnée est ATk, coupe son axe à l'origine sous un angle de 45°, & qu'elle a une asymptote distante de son axe d'une quantité $= 90°$; on voit de plus que la courbe dont l'ordonnée est $\frac{2\omega k^3 + 9k}{3k^2+9}$, ou $\frac{2\omega k^3}{9+3k^2} + \frac{3k}{3+\frac{k^2}{2}}$, donne pour la valeur de l'ordonnée lorsque k est infiniment petite, $\frac{2\omega k^3}{9} + k - \frac{1}{3}k^3$, & qu'ainsi cette courbe est d'abord en-dehors de celle dont l'ordonnée

eſt ATk, ou $k - \frac{1}{3}k^3$, &c. Donc puiſque la derniere ordonnée $2\omega k$ de cette courbe eſt infinie, il eſt clair que ſi elle coupe en un point la courbe dont l'ordonnée eſt ATk, elle le coupera en deux, & qu'au ſecond point de ſection la différence de $\frac{2\omega k^3 + 9k}{3k^2 + 9}$ ſera plus grande que la différence $\frac{dk}{1 + kk}$ de ATk.

3. Or il eſt aiſé de voir que dans la valeur de $d\left(\frac{2\omega k^3 + 9k}{3k^2 + 9}\right) - \frac{dk}{1 + kk}$, le dénominateur eſt poſitif, & que le premier terme du numérateur eſt $6\omega k^6$, les autres termes contenant k^4, k^2, avec ou ſans un terme conſtant.

4. Je dis maintenant que toute quantité de cette forme $Ak^6 + Bk^4 + Ck^2 + D$, qui ſera poſitive pour une certaine valeur de k, doit l'être ſi on augmente k; car cette quantité eſt toujours $= Ak^2(k^2 + E)^2 + G$, qui augmente quand k augmente. Donc après la ſeconde ſection, la courbe dont l'ordonnée eſt $\frac{2\omega k^3 - 9k}{3k^2 + 9}$ eſt toute entiere au-dehors de la courbe dont l'ordonnée eſt ATk. Donc il n'y a que deux ſphéroïdes elliptiques poſſibles, qui donnent l'équilibre dans le cas de l'homogénéité & de la rotation.

5. On peut remarquer en paſſant que toute quantité compoſée de termes de cette forme $Ak^q + Bk^{q-p} + Ck^{q-2p} + Dk^r + Fk^{r-s} + Hk^{r-2s}$, &c. & dans laquelle les coefficiens A, D ſont poſitifs de trois en trois

termes, & tous les expoſans poſitifs, augmente quand k augmente, puiſque les trois premiers termes, par exemple, ſont $Ak^{q-2p} \times (k^p + G)^2 + L$. Cette remarque peut être utile dans la recherche des racines des équations & de leurs limites.

6. A ces remarques purement géométriques, nous en ajouterons quelques autres ſur la figure actuelle de la Terre. Nous avons montré, tant par la théorie que par l'obſervation, dans la Préface du Tome III de nos *Recherches ſur le Syſtême du Monde*, qu'il paroiſſoit très-douteux que la Terre fût un ſolide de révolution, dont les méridiens fuſſent ſemblables. Or ſi en effet ces méridiens ne le ſont pas, la ſuppoſition qu'on fait ordinairement dans les calculs aſtronomiques, que l'équateur & les parallèles ſont des cercles, n'eſt pas rigoureuſement exacte; & en corrigeant cette ſuppoſition, il pourroit en réſulter auſſi, du moins en certains cas, quelques modifications dans les réſultats de ces calculs. Nous invitons les Géomètres à s'occuper de cette recherche, qui ne doit pas être fort difficile, mais qui pourra ſervir à perfectionner l'Aſtronomie. Nous en avons déja donné un eſſai dans le troiſiéme Volume de nos *Recherches ſur le Syſtême du Monde*, relativement à la meſure du degré, & à celle de la parallaxe. Obſervons encore que dans toutes les opérations qu'on fait pour la meſure du degré, on ſuppoſe que la ligne qu'on appelle verticale, & qui eſt déterminée par la direction de la peſanteur, eſt dans le plan du méridien; or ſi les

méridiens ne ſont pas ſemblables, comme il eſt fort naturel de le croire, cette ſuppoſition eſt pour le moins très-douteuſe, & il peut en réſulter quelques erreurs à corriger dans la meſure du degré. La recherche de ces erreurs eſt un objet aſſez délicat, & mérite d'autant plus l'attention des Géomètres, qu'il eſt peut-être aſſez difficile, ſi les méridiens ne ſont pas ſemblables, de déterminer la déviation de la ligne verticale d'avec le plan du méridien. Car la connoiſſance de cette déviation dépend de la figure (ſuppoſée non-circulaire) de l'équateur & des parallèles, figure qu'il n'eſt pas facile de déterminer. J'invite les Géomètres à cette recherche ; il ſe peut que l'erreur qui réſultera de cette déviation, ſoit aſſez petite pour être négligée, par la raiſon que le ſinus d'un angle infiniment peu différent d'un angle droit, ne diffère du ſinus total que d'une quantité infiniment petite du ſecond ordre. Mais c'eſt un point dont il faut au moins s'aſſurer par des calculs exacts, qui d'ailleurs ne ſont pas fort difficiles.

7. Concluons que la figure de la Terre étant inconnue dans l'hypothèſe de la diſſimilitude des méridiens, les corrections à faire aux obſervations aſtronomiques en conſéquence de cette diſſimilitude, ſeront incertaines, & peut-être même abſolument inconnues. Mais on pourroit eſtimer, du moins, juſqu'où ces corrections peuvent aller, & par conſéquent aſſigner au moins les limites des erreurs dans les obſervations ; erreurs qui ſeront

toujours peu considérables, puisque la Terre, quelque figure qu'elle ait, est certainement à peu-près sphérique.

8. Si les méridiens sont non-seulement dissemblables entr'eux, mais qu'ils ne soient pas semblables de chaque côté de l'axe, ce qui pourroit être encore, on pourroit demander comment en ce cas le mouvement de rotation de la Terre autour de son centre, paroît sensiblement uniforme, sur-tout la Terre étant composée de parties solides & fluides de différentes densités, & qui ne paroissent pas réguliérement distribuées, tant sur sa surface que dans son intérieur. Mais, 1°. tout solide, comme l'on sait, a trois axes naturels de rotation, & dans un sphéroïde qui differe peu d'une sphere, comme la Terre, un de ces axes est évidemment très-peu différent de l'axe commun de tous les méridiens ; les deux autres, dont il n'est pas question ici, étant aussi, par la même raison, sensiblement dans le plan de l'équateur ; 2°. la rotation de la Terre si sensiblement uniforme, doit faire juger que la disposition de ses parties est telle que son centre de gravité est sensiblement son centre de figure, & que son axe naturel de rotation, est au moins à très-peu-près, l'axe naturel des méridiens.

9. Il faut seulement supposer que l'impulsion primitive donnée à la Terre, & qui a dû ne point passer par son centre de gravité pour produire une rotation autour du centre, a été telle que le mouvement de rotation qui en a résulté, s'est fait, ou exactement, ou

à

à peu-près autour d'un des axes naturels de rotation de la maſſe terreſtre ; ſuppoſition néceſſaire pour que la rotation ſoit ou exactement, ou au moins ſenſiblement uniforme. Or cet effet aura lieu ſi l'impulſion primitive a été donnée ou exactement, ou à très-peu-près, dans le plan de l'équateur actuel. Au reſte, par les formules que nous avons données dans l'art. 362 du ſecond Volume de nos *Recherches ſur le Syſtême du Monde*, & par la théorie que nous avons expoſée dans le premier Mémoire du Tom. IV de nos *Opuſcules*, on peut réſoudre généralement la queſtion dont il s'agit, & trouver quelle doit être la direction de l'impulſion primitive, pour que la Terre conſerve toujours ſenſiblement le même axe & la même viteſſe de rotation. Cette recherche, dont tous les principes ſont ſuffiſamment connus, peut être digne d'exercer les Mathématiciens, & conduire à des réſultats curieux & utiles à l'Aſtronomie.

---

§. V.

Sur le paſſage des rayons à travers l'atmoſphere.

1. SOIT $CT=a$ (Fig. 53), le rayon de la terre; $TN=\zeta$ la hauteur de l'atmoſphere, qu'on ſuppoſe très-petite par rapport à a; l'arc NQ, concentrique à la

terre, la surface supérieure de l'atmosphere; QOT la courbe décrite par le rayon de lumiere; BTA une tangente à cette courbe en T, l'angle $ATC = \alpha$, g la vitesse du rayon de lumiere en T, $a + x$ le rayon variable CO de la courbe TOQ, & z l'angle correspondant TCO; soit enfin X la force centrale en O (a), on sait par la théorie des forces centrales que $dz =$

$$\frac{a\,dx\,\text{sin.}\,\alpha}{(a+x)^2\sqrt{\left(1-\frac{a^2\,\text{sin.}\,\alpha^2}{(a+x)^2}-\frac{2\int X dx}{gg}\right)}}.$$

2. Cela posé, puisque x est fort petite (*hyp.*) ainsi que $\int X dx$, on aura, dans le cas où sin. α différera beaucoup de l'unité, $1 - \frac{a^2\,\text{sin.}\,\alpha^2}{(a+x)^2}$ très-grand par rapport à $2\int\frac{X dx}{gg}$, & par conséquent z égal à très-peu-près à $\int\frac{a\,dx\,\text{sin.}\,\alpha}{(a+x)^2\sqrt{\left(1-\frac{a^2\,\text{sin.}\,\alpha^2}{(a+x)^2}\right)}} +$

$$\int\frac{a\,dx\,\text{sin.}\,\alpha\int\frac{X dx}{gg}}{(a+x)^2\left(1-\frac{a^2\,\text{sin.}\,\alpha^2}{(a+x)^2}\right)^{\frac{3}{2}}}.$$

3. Lorsque x devient β, il est aisé de voir que le premier terme de cette quantité est $=$ angl. TCB, puisque si $X = 0$, z est $= TCB$, lorsque $x = \beta$, & en effet ce premier terme est évidemment $=$ à α moins

(a) On entend ici par force centrale le résultat de toutes les forces qui causent la réfraction du rayon.

l'angle dont le ſinus eſt $\frac{a \text{ ſin. } \alpha}{a+x}$, ou $\frac{a \text{ ſin. } \alpha}{a+\beta}$, ou $\frac{CA}{CB}$, en menant CA perpendiculaire à TA; c'eſt-à-dire, $\alpha - TBC$ ou TCB.

4. Donc l'angle BCQ eſt égal à ce que devient le ſecond terme de cette quantité, lorſque $x = \alpha$. Or à cauſe de x très-petit par rapport à a, ce ſecond terme eſt à très-peu-près $\frac{a \text{ ſin. } \alpha}{\text{coſ. } \alpha^3} \times \int \frac{dx \int \frac{X dx}{gg}}{(a+x)^2}$; ſuppoſant donc que $\int \frac{dx \int \frac{X dx}{gg}}{(a+x)^2}$ devienne A lorſque $x = \beta$, on aura $BCQ = \frac{a \text{ ſin. } \alpha . A}{(\text{coſ. } \alpha)^{\frac{3}{2}}}$.

5. Soit à préſent l'angle $RQC = \alpha + \rho$, ρ étant très-petit par rapport à α, on ſait par la théorie des forces centrales, que les viteſſes en Q & en T ſont en raiſon inverſe des perpendiculaires CR, CA; donc $\frac{(a+\beta)^2 \text{ ſin. } (\alpha+\rho)^2}{a^2 \text{ ſin. } \alpha^2} = \frac{1}{1 - 2\int \frac{X dx}{gg}}$ = à très-peu-près $1 + \frac{2\int X dx}{gg}$; donc au point Q on aura à très-peu-près $\int \frac{X dx}{gg} = \frac{\beta}{a} + \frac{\rho \text{ coſ. } \alpha}{\text{ſin. } \alpha}$. Soit donc B = à ce que devient $\int \frac{X dx}{gg}$ lorſque $x = \beta$, on aura $\rho = \left(B - \frac{\beta}{a}\right) \times \frac{\text{ſin. } \alpha}{\text{coſ. } \alpha}$; & l'angle RQC ou $\alpha + \rho = \alpha - \frac{\beta \text{ ſin. } \alpha}{\text{coſ. } \alpha} +$

$\frac{B \text{ fin. } \alpha}{\text{cof. } \alpha}$. Or si B étoit $=0$, l'angle RQC feroit $=$ $TBC = \alpha - TCB$. Donc $\frac{6 \text{ fin. } \alpha}{\text{cof. } \alpha} = TCB$, ce qu'on peut voir d'ailleurs aisément ; & $\alpha + \rho = \alpha - TCB + \frac{B \text{ fin. } \alpha}{\text{cof. } \alpha} = RQC$. Donc l'angle RMT ou $RQC +$ $NCQ = \alpha - TCB + \frac{B \text{ fin. } \alpha}{\text{cof. } \alpha} + TCB + \frac{a \text{ fin. } \alpha . A}{(\text{cof. } \alpha)^3} =$ $\alpha + B$ tang. $\alpha + \frac{A a \text{ tang. } \alpha}{(\text{cof. } \alpha)^2}$; donc l'angle MKT ou $RMT - \alpha = \left(B + \frac{A a}{(\text{cof. } \alpha)^2}\right)$ tang. α (*a*).

6. Delà il est clair que si on connoît la réfraction MKT pour deux hauteurs données α, on aura la valeur de B & celle de A, & par conféquent la réfraction pour toutes les hauteurs α, qui ne différeront pas très-peu de 90°. D'habiles Géomètres ont déja donné des méthodes pour résoudre ce problême, mais il me semble qu'il n'a point encore été résolu d'une maniere si directe, si claire, & si simple.

7. Si la quantité Aa ou $\int \frac{dx}{a} \int \frac{X dx}{gg}$ étoit, comme il est vraisemblable, beaucoup plus petite que B ou $\int \frac{X dx}{gg}$, alors on auroit simplement $MKT = B$ tang. α,

(*a*) La quantité A est égale (art. 3) à ce que devient $\int \frac{dx \int X dx}{(a+x)^2 gg}$ lorsque $x = 6$; on peut mettre simplement ici $\int \frac{dx \int X dx}{gg aa}$ pour $\int \frac{dx \int X dx}{(a+x)^2 gg}$; mais dans le problême suivant, art. 7, il faudra conserver à A sa valeur rigoureuse.

& il ne faudroit qu'une seule réfraction observée pour avoir toutes les autres.

8. Au reste, cette théorie suppose deux choses, 1°. qu'on admette la théorie Newtonienne sur la réfraction ; 2°. qu'on fasse abstraction de la résistance que le rayon éprouve en passant à travers l'atmosphere, & qui peut être supposée à peu-près ξgg, ξ étant une fonction de x très-petite. En faisant entrer cette considération dans le calcul, ce qui peut-être ne le rendroit pas beaucoup plus difficile, on parviendroit à d'autres résultats qui seroient vraisemblablement encore plus conformes aux observations.

9. On sait, qu'abstraction faite de la réfraction des rayons dans l'atmosphere, & de la résistance qu'ils y éprouvent, la durée connue des crépuscules donne la hauteur de l'atmosphere d'environ 15 à 16 lieues. On pourroit aussi essayer de la chercher par la théorie précédente, mais le calcul deviendroit plus difficile, parce que sin. α étant alors $= 1$ & $\alpha = 90°$, il faudroit employer une méthode plus compliquée que celle dont on s'est servi ci-dessus. C'est pour les Géomètres un objet de recherche, qui paroît digne de les occuper. On se souviendra dans cette recherche, que l'angle z est ici de 9°, le crépuscule finissant & commençant lorsque le Soleil est à 18° au-dessous de l'horison. Cette valeur de z pourra contribuer à déterminer ζ ; on pourroit encore, ce me semble, sans supposer $\alpha = 90°$, déterminer la hauteur de l'atmosphere par le seul secours

des formules précédentes, en pouffant plus loin l'approximation. J'avois fait là-deffus un effai de calcul dont le réfultat donnoit la hauteur de l'atmofphere par le moyen de cinq obfervations de la réfraction à différentes hauteurs; mais ce réfultat fuppofoit que les obfervations fuffent très-exactes, une petite erreur pouvant en caufer une grande dans la hauteur de l'atmofphere. C'eft pour cela que je ne le donne point ici.

---

§. VI.

Sur les Fonctions difcontinues.

1. J'AI déja prouvé, ce me femble, dans plufieurs des Volumes précédens, entr'autres dans le Tome I des *Opufcules* (Ier Mém.), que les fonctions difcontinues ne fatisfont pas (au moins toujours) à l'intégration des équations aux différences partielles. Voici encore un exemple très-fimple qui me paroît le prouver.

2. Soit φz une fonction continue de z, laquelle devienne φa lorfque $z = a$. Suppofons enfuite que fi on prend $z > a$, φz devienne Δz, en forte néanmoins que φa & Δa foient toujours égales. Soit encore $d\varphi z = dz \Psi z$, & $d\Delta z = dz \Gamma z$, Ψz & Γz étant deux fonctions différentes de z. Il eft clair,

1°. Que fi on augmente a d'une quantité infiniment petite du, on aura $\varphi(a + du) = \varphi a + du \Gamma a$.

2°. Que si on diminue a d'une quantité infiniment petite du, on aura $\varphi(\mathrm{a}-du)=\varphi\mathrm{a}-du\Delta\mathrm{a}$; cela posé,

3. Dans l'équation $z=\varphi(ax-y)$, qu'on suppose être l'intégrale de l'équation $\frac{dz}{dx}+\frac{adz}{dy}=0$, soit $ax-y=\mathrm{a}$, & supposons que x devienne $x+dx$, on aura $z+dz=\varphi(ax-y)+adx\Gamma\mathrm{a}$; d'où $\frac{dz}{dx}=a\Gamma\mathrm{a}$; supposons ensuite que y devienne $y+dy$, on aura $z+dz=\varphi(ax-y)-dy\Delta\mathrm{a}$; d'où $\frac{dz}{dy}=-\Delta\mathrm{a}$.

4. Donc lorsque $ax-y=\mathrm{a}$, on n'a point $\frac{dz}{dx}=-\frac{adz}{dy}$.

5. Si l'équation étoit $\frac{dz}{dx}-\frac{adz}{dy}=0$, & $z=\varphi(ax+y)$, alors on trouveroit bien qu'en augmentant x de dx, & y de dy, les valeurs de $\frac{dz}{dx}$ & $\frac{adz}{dy}$ seroient égales, étant l'une & l'autre $a\Delta\mathrm{a}$; mais on verroit aisément qu'en supposant x augmenté de dx, & y diminué de dy, alors les deux valeurs de $\frac{dz}{dx}$ & $\frac{adz}{dy}$ ne seroient plus égales, la premiere étant $=a\Delta\mathrm{a}$, & la seconde $=a\Gamma\mathrm{a}$; la raison de cela est que si $ax+y=\mathrm{a}$, & qu'on suppose $ax+y$ devenir $ax+adx+y$, ou $ax+y+dy$, a augmente dans les deux

cas, en ſorte que la différence de φ a devient daΓa; au lieu que ſi l'on ſuppoſe que $ax+y$ devienne $ax+adx+y$, & $ax+y-dy$, alors a augmente dans le premier cas, & diminue dans le ſecond, de ſorte que la différence de φ a devient dans le premier cas $-d$aΔa, & dans le ſecond daΓa, quantités qui ne ſont pas égales. Or l'équation $\frac{dz}{dx} \pm \frac{adz}{dy}$, demande que la valeur de $z=\varphi(ax \mp y)$ ſatisfaſſe dans tous les cas à cette équation, 1°. en ſuppoſant que x devienne $x+dx$, & y, $y+dy$; 2°. que x devienne $x-dx$, & y, $y-dy$; 3°. que x devienne $x+dx$, & y, $y-dy$; 4°. que x devienne $x-dx$, & y, $y+dy$. Cette derniere condition paroît d'autant plus néceſſaire, qu'on la ſuppoſe toujours, au moins tacitement, dans les équations de cette eſpece. Par exemple, ſoit $\alpha dx+\beta dy$ une différentielle complette, on ſait que $\frac{d\alpha}{dy} = \frac{d\beta}{dx}$. Or cette derniere équation ſuppoſe que dy & dx ſont priſes indifféremment, ou toutes deux de même ſigne, ou chacune de ſigne différent.

6. L'équation $\frac{dz}{dx} + \frac{adz}{dy} = 0$, demande en effet, comme il eſt aiſé de le voir, que ſi on trace la ſurface courbe qui a pour coordonnées x, y, z, la ſoutangente dans le ſens des x, ſoit par-tout proportionnelle à la ſoutangente dans le ſens des y; or ſi l'on fait $z=\varphi(ax-y)$, on verra facilement que lorſque

z eſt $> a$, les quantités $\frac{dz}{dx}$ & $\frac{adz}{dy}$ ſont l'une & l'autre $a\Gamma a$; & qu'au contraire lorſque z eſt $< a$, les quantités $\frac{dz}{dx}$ & $\frac{adz}{dy}$ ſont l'une & l'autre $= a\Delta a$, en ſorte que cette proportion des ſoutangentes a lieu lorſque z eſt $> a$ & lorſque z eſt $< a$, le rapport des ſoutangentes étant $= a$ dans les deux cas. Mais ſi $z = a$, le rapport des ſoutangentes, ou plutôt des quantités $\frac{dz}{dx}$ & $\frac{dz}{dy}$ devient $a\Gamma a$ & Δa; en ſorte que dans tous les points où $z = a$, le rapport eſt $\frac{a\Gamma a}{\Delta a}$, & non pas a comme dans les deux autres cas de $z > a$ & de $z < a$.

7. Ainſi dans tous les points où z n'eſt pas $= a$, le rapport de $\frac{dz}{dx}$ à $\frac{dz}{dy}$ eſt $= a$, & conſtant; & dans les points où $z = a$, ce rapport eſt encore conſtant, mais non pas $= a$, puiſqu'il eſt $= \frac{a\Gamma a}{\Delta a}$.

8. Dans tous ces points où $z = a$, le plan mené par la ligne qui paſſe par le petit côté de la courbe correſpondant à $+dx$, & par la ligne qui paſſe par le petit côté correſpondant à $+dy$, n'eſt point tangent à la ſurface, comme il eſt aiſé de le voir; ainſi dans l'équation $\frac{dz}{dx} + \frac{adz}{dy} = 0$, le plan mené, comme on vient de le dire, n'eſt point *tangent* lorſque $z = a$, & la ren-

contre de ce plan avec la bafe n'eft pas parallèle à celle des plans vraiment tangens. C'eft de quoi l'on peut s'éclaircir aifément en traçant la furface courbe dont l'équation eft $z = \varphi(ax - y)$. On prendra d'abord fur le plan de projection de la furface les x & les y; les z feront perpendiculaires à ce plan; on tirera fur le plan de projection des lignes parallèles qui feront avec la ligne des x un angle déterminé par la conftante a; fur chacune de ces lignes parallèles (qui donneront des $ax - y$ égales entr'elles) on élevera des z qui feront toutes égales pour chaque ligne parallèle, comme il eft aifé de le voir, en forte que les extrêmités de toutes ces z formeront une ligne parallèle au plan; & dans le lieu où la valeur de $\varphi(ax - y)$ devient $\Delta(ax - y)$, la ligne parallèle au plan formera une efpece d'arrête avec angle fini, qui empêchera le plan dont nous venons de parler, d'être tangent à la furface courbe, parce que les lignes qui détermineront la pofition de ce plan, feront l'une d'un côté de l'arrête, & l'autre de l'autre.

9. Au refte, il y a des cas où la fonction, quoique difcontinue, fatisfait à l'équation. Par exemple, fi lorfque $z = a$, les quantités Ψz & Γz étoient égales, alors la difcontinuité de la fonction $\varphi(ax - y)$ ne l'empêcheroit pas de fatisfaire à l'équation différentielle propofée. Or il eft aifé de trouver une fonction de φz, qui devienne difcontinue au point où $z = a$, & dans laquelle cependant Ψz & Γz foient les mêmes en ce point. Car il n'y a qu'à tracer une courbe dont les or-

données ſoient d'abord φz, & enſuite une autre qui touche la premiere au point où $z = a$, & qui ſoit exprimée par une autre équation ; les ordonnées de cette nouvelle courbe pourront être ſuppoſées Δz, & cependant on aura Ψz & Γz égaux au point où $z = a$.

10. En général, on peut, je crois, établir la regle ſuivante ſur les fonctions diſcontinues qui peuvent entrer dans l'intégration des équations aux différences partielles. Soit l'équation de l'ordre n, & $\varphi(x, y)$, &c. la fonction diſcontinue qui entre dans l'intégrale, & qui devient ſucceſſivement $\Delta(x, y)$, $\Xi(x, y)$, &c; la fonction diſcontinue ne pourra entrer dans l'intégrale que dans le cas où pour toutes les valeurs poſſibles de z, l'équation différentielle aura rigoureuſement lieu, par exemple, ſoit $\frac{d^n x}{dx^n} = \frac{B d^n y}{dx^n}$; & ſoit la fonction diſcontinue $\varphi(Ax + Cy)$ qui ſatisfaſſe à cette équation, & qui devienne diſcontinue quand $z = a$; il faut que cette fonction ſoit telle que $\frac{d^n \varphi z}{dz^n}$ ſoit $= \frac{d^n \Delta z}{dz^n}$, lorſque $z = a$, & qu'il en ſoit de même de $\frac{d^{n-1} \varphi z}{dz^{n-1}}$, & de $\frac{d^{n-1} \Delta z}{dz^{n-1}}$, lorſque $z = a$, & ainſi de ſuite. Mais ſi $\frac{d^n \Delta z}{dz^n}$ & $\frac{d^n \varphi z}{dz^n}$ n'étoient pas égaux, alors la fonction $\varphi(Ax + Cy)$ ne ſatisferoit pas à l'équation.

11. On peut trouver aiſément des fonctions diſcon-

tinues φz, telles que $\frac{d^n \varphi z}{dz^n}$, $\frac{d^{n-1} \varphi z}{dz^{n-1}}$, &c. ne changent point lorsque $z = a$; pour cela, il n'y a qu'à prendre deux fonctions φz, Δz, telles, qu'en substituant $u + a$ au lieu de z, & supposant u infiniment petit, tous les termes qui contiendroient u, u^2, u^3,... jusqu'à u^n inclusivement, soient les mêmes au point où $z = a$, s'il falloit seulement que $\frac{d^n \varphi z}{dz^n}$ ne changeât point, il suffiroit que le terme qui renferme u^n fût le même de part & d'autre. Ce problême n'est pas difficile; il n'y a qu'à prendre, par exemple, $\varphi z = Az^n + Bz^m + Cz^p + Dz^q$, &c. & $\Delta z = A'z^n + B'z^m + C'z^p + D'z^q$, &c. & déterminer les coefficiens A, A', B, B', &c. pris en nombre suffisant, par les conditions dont il s'agit, en supposant $z = a$; & ainsi du reste.

---

§. VII.

Remarques sur quelques fonctions.

1. Soit proposé, comme dans le Tom. IV de nos *Opusc.* pag. 348 & 349, de trouver la quantité φx, telle que $\varphi(x + a) - \varphi x = 0$. Nous avons vu qu'en employant la méthode des séries, & en nommant φx, z, on pourroit supposer les équations $\frac{a\,dz}{dx} + \frac{a^2 d^2 z}{2\,dx^2}$

+ &c. = o. $\frac{Pad^2z}{dx^2}$ + $\frac{Pa^3dz}{2dx^3}$ + &c. = o. $\frac{Qad^3z}{dx^3}$ + &c. = o, P & Q étant des quantités quelconques, ſoit conſtantes, ſoit variables. Suppoſons qu'elles ſoient conſtantes, pour plus de ſimplicité, & ajoutons enſemble ces équations, il en réſultera l'équation $\frac{adz}{dx}$ + $\frac{Bddz}{dx^2}$ + $\frac{Cd^3z}{dx^3}$, &c. = o, B & C, &c. étant des conſtantes indéterminées, ainſi ſuppoſant $z = c^{fx}$, on auroit l'équation $af + Bff + Cf^3$ + &c. = o ; d'où f = à tout ce qu'on voudra, puiſque B & C, &c. ſont tout ce qu'on voudra. Or comme cette ſolution ſeroit fautive, on voit de nouveau par cet exemple, l'imperfection de la méthode des ſéries appliquée à la ſolution de ces ſortes de problêmes. On trouve en effet que cette équation ſeroit la même que celle-ci : $(1 + Pf + Qff + \&c.) \times \left(\frac{adz}{dx} + \frac{a^2d^2z}{2dx^2} + \frac{a^3dz^3}{2.3\,dx^3} + \&c.\right) = o$; ce qui donne non-ſeulement $\frac{adz}{dx} + \frac{a^2dz^2}{2dx^2} + \&c. = o$, ou $c^{af} - 1 = o$. Mais encore $1 + Pf + Qff$ &c. = o, P & Q étant tout ce qu'on voudra ; d'où f ſeroit une quantité quelconque.

2. Il eſt bon de réſoudre ici une difficulté qui pourroit arrêter quelques Mathématiciens. Nous avons fait voir ailleurs que le problême des cordes vibrantes ſe réduit à intégrer l'équation $\frac{ddq}{dx^2} - \frac{b^2ddq}{dz^2} = o$; &

nous avons trouvé que $q = A\varphi(t \pm bx)$. Or il femble qu'on pourroit fuppofer plus généralement $dq = Adx\varphi(x + Bt) + Fdt\varphi(x + Bt)$, en prenant $A - FBb^2 = 0$; en forte que F feroit $= \frac{A}{Bb^2}$, & que dq n'exprimeroit pas une différentielle complette. Mais il eft aifé de voir (*Mém. de l'Acad. de 1740*) que fi on a une équation $dq = pdx + rdt$, dans laquelle p & r ne renferment que x & t fans q, cette équation ne pourra être vraie, à moins que $pdx + rdt$ ne foit une différentielle complette. C'eft ce qui réfulte évidemment de l'équation de condition $\frac{d\vartheta}{dx} + \frac{\omega d\vartheta}{dz} = \frac{d\omega}{dy} + \frac{\vartheta d\omega}{dz}$, page 310 de ces Mémoires, laquelle devient $\frac{d\vartheta}{dx} = \frac{d\omega}{dy}$, fi ω & ϑ ne renferment point z; d'où il réfulte que dans l'équation fuppofée $dz = \omega dx + \vartheta dy$, $\omega dx + \vartheta dy$ eft une différentielle exacte.

§. VIII.

Sur les Courbes à courbure multiple.

1. Une courbe eft à double courbure lorfque tous fes points ne font pas dans un même plan ; c'eft-à-dire, lorfque trois petits côtés confécutifs de cette courbe ne font pas dans un même plan.

2. Soit une courbe quelconque à courbure ſimple ou double, projettée ſur un plan, & ſoient x, y les coordonnées de la projection, & z les ordonnées perpendiculaires à ce plan, qui déterminent la courbe dont il s'agit, on aura le plan de deux petits côtés correſpondans à trois ordonnées conſécutives z, z', z'' infiniment proches, en cherchant ſur le plan des x & des y, un axe tel que les y correſpondantes prolongées juſqu'à cet axe, ſoient en raiſon conſtante avec les z; or ſoit la poſition de cet axe déterminée par le prolongement $(h+x)g$ des ordonnées y, h étant conſtante & inconnue, & g conſtante & inconnue, on aura $\frac{z}{y+g(h+x)} = \frac{z+dz}{y+dy+g(h+x+dx)} = \frac{z+dz+ddz}{y+dy+ddy+g(h+x+dx+ddx)}$; ce qui donne $\frac{dz}{z} = \frac{dy+gdx}{y+g(h+x)}$; & $\frac{ddz}{z} = \frac{ddy+gddx}{y+g(h+x)}$; d'où l'on tirera g & h; leſquelles quantités ſerviront à déterminer le nouvel axe des x, ſavoir g l'endroit où cet axe coupe l'axe primitif des x, & h l'angle du nouvel axe avec le premier. On voit de plus que les coordonnées nouvelles font, ſur le plan des x & des y, un angle dont h eſt la cotangente.

3. Si le nouvel axe des x change de poſition à chaque inſtant, en ſorte qu'il forme une courbe, il eſt clair que la courbe propoſée ſera à double courbure, ou en général à courbure multiple. Il ſera facile en ce cas

de trouver la courbe que forment ſur le plan des x & des y les interſections de tous ces axes qui changent à chaque inſtant, par la variation de h & de g; & les droites qui joignent les différens points de cette courbe avec les points correſpondans de la courbe donnée, feront les communes ſections des deux plans infiniment proches où ſe trouvent les petits côtés conſécutifs de la courbe.

4. Si la courbe eſt à ſimple courbure dans une portion finie, elle le ſera dans tout le reſte de ſon cours; car alors la partie qui eſt à ſimple courbure peut être cenſée dans un plan, & avoir pour coordonnées deux ſeules indéterminées x & y, entre leſquelles il y a une équation. Or cette équation ſubſiſte, quelqu'étendue qu'on donne au plan. Donc, &c.

5. La courbe ſera ſimplement à double courbure, ſi la courbe perpendiculaire à la commune ſection des plans infiniment proches qui déterminent la poſition des côtés, eſt à ſimple courbure; ſinon elle ſera à courbure triple ou quadruple, ou multiple en général.

6. On voit aiſément par ces principes, comment on peut déterminer le degré de multiplicité de courbure dans une courbe donnée. Je ne me rappelle pas ſi les Géomètres ſe ſont occupés de cette recherche; mais il me ſemble qu'elle mérite de les exercer; parce qu'elle pourroit peut-être donner des réſultats aſſez ſimples pour déterminer le degré de multiplicité de la courbure d'une courbe propoſée.

7.

7. Sans entrer dans un plus long détail à ce sujet, je me contenterai d'observer que les deux équations de l'art. 2, donnent $\frac{dy+gdx}{dz} = \frac{ddy+gddx}{ddz}$; d'où l'on tire $g = \left(\frac{ddy}{ddz} - \frac{dy}{dz}\right) : \left(\frac{dx}{dz} - \frac{ddx}{ddz}\right) = \frac{dzddy - dyddz}{dxddz - dzdddx}$; & l'on aura h par l'équation $\frac{y+g(h+x)}{z} = \frac{dy+gdx}{dz}$; d'où $\frac{h+x}{z} = \frac{dy+gdx}{gdz} - \frac{y}{gz}$, & $\frac{h}{z} = \frac{dy+gdx}{gdz} - \frac{y}{gz} - \frac{gx}{gz}$; d'où $h = \frac{zdy+gzdx-ydz-gxdz}{gdz}$.

8. Ainsi, pour que la courbe soit à simple courbure, il faut que la valeur de g, & celle de h, après avoir mis pour g sa valeur, soient constantes. La valeur de g sera constante, si $dzddy - dyddz = A(dxddz - dzddx)$, A étant constant, c'est-à-dire, en divisant par dz^2, si $\frac{ddy}{dz} - \frac{dyddz}{dz^2} = A\left(\frac{dxddz}{dz^2} - \frac{ddx}{dz}\right)$; ce qui donne $d\left(\frac{dy}{dz}\right) = Bd\left(\frac{dx}{dz}\right)$, B étant constant. Et g étant constant, la valeur de h sera aussi constante, si $zdy + gzdx - ydz - gxdz = Cgdz$, C étant constant, ce qui donne $\frac{zdy - ydz}{zz} = \frac{Cgdz - gzdx + gxdz}{zz}$, ou $d\left(\frac{y}{z}\right) = Dd\left(\frac{1}{z}\right) - gd\left(\frac{x}{z}\right)$, D étant une constante.

9. Lorsque h & g sont variables, on aura le point

d'interſection des deux axes infiniment proches (art. 3) par l'équation $g(h+x)=(g+dg)(h+dh+x)$, ou $0=hdg+xdg+gdh$; ce qui donne la valeur de $x=-h-\frac{gdh}{dg}$. Delà on tirera, par un calcul plus long que difficile, la poſition de tous les plans où ſe trouvent les petits côtés de la courbe, & l'équation (rapportée aux plans des x & des y, des x & des z), & la courbe perpendiculaire à toutes ces communes ſections; courbe ſur laquelle on fera les mêmes opérations que ſur la précédente, pour juger ſi elle eſt à ſimple courbure ou non; & ainſi de ſuite.

---

§. IX.

Sur les Frottemens.

1. LA théorie des frottemens dans les machines, peut ſe réduire à trois cas, celui du plan incliné, du levier, & de la poulie.

2. Quant au plan incliné, la difficulté eſt peu de choſe. Soit p la peſanteur, h l'angle que le plan fait avec l'horiſon, on aura p ſin. h pour la force qui tend à accélérer le corps, p coſ. h pour la force comprimante, & pour le frottement $a+bp$ coſ. $h.\varphi u$, u étant la viteſſe, a & b des conſtantes, parce $u=0$ donne encore une force de frottement $=a$, que le frottement

eſt d'ailleurs proportionnel à la preſſion, & que la viteſſe y entre, au moins dans pluſieurs cas; de ſorte qu'on aura l'équation $(p \text{ ſin.} h - a - bp \text{ coſ.} h . \phi u) dt = du$, qui s'intégrera par les méthodes connues dès qu'on connoîtra ϕu.

3. On peut même, pour plus de ſimplicité & conformément à l'expérience, écrire au lieu de $a + bp$ coſ. $h . \phi u$ la quantité plus ſimple bp coſ. $h . (1 + \Delta u)$, en obſervant que $\Delta u = 0$ lorſque $u = 0$.

4. Le frottement ſur le levier, demande, ce me ſemble, un peu plus d'attention. Suppoſons d'abord que deux poids a, b, ſoient en équilibre ſur un levier horiſontal; abſtraction faite de tout frottement, ces poids ſont en raiſon inverſe des bras de levier, la force réſultante paſſe par le point d'appui, & elle eſt égale à la ſomme des poids, de ſorte que la preſſion ſur l'appui eſt égale à cette ſomme $a + b$, & le frottement proportionnel à cette preſſion, ſuivant la loi généralement admiſe.

5. Si on ajoute maintenant un poids c à l'un des poids, par exemple, au poids a, tous ceux, au moins que je ſache, qui ont juſqu'ici traité du frottement, croient que la preſſion ou charge de l'appui eſt $a + b + c$; or c'eſt ce qu'ils n'ont pas prouvé; il ſemble même d'abord que le levier étant ſuppoſé horiſontal, la charge de l'appui dans le cas préſent, demeure ſeulement $= a + b$.

6. En effet, ſuppoſons un levier horiſontal fixé par

un bout, & chargé à l'autre d'un poids c, il ne paroît pas que ce poids exerce aucune preſſion ſur l'appui, il n'a d'action que pour faire tourner le levier autour de ſon axe, & le frottement, ce ſemble, ne peut venir dans ce cas que de l'adhérence du levier à ſon axe, adhérence qui peut être augmentée par la preſſion, mais qui a une valeur indépendante de cette preſſion. Soit donc F la force de cette adhérence, α le rayon de l'axe du levier, & β celui du levier, on aura $F\alpha = c\beta$; d'où l'on tirera c.

7. Si le levier n'étoit pas horiſontal, alors le poids c auroit, ſuivant la longueur du bras de levier β, une action qui donneroit une preſſion ſur le point d'appui; ſoit h l'angle du levier avec l'horiſon, la preſſion ſur l'appui ſera c ſin. h, & il faudra faire $(F + c \text{ ſin. } h)\alpha = c\beta$.

8. Si le levier eſt en mouvement, & qu'il faille faire entrer la viteſſe dans l'évaluation du frottement, ſoit x l'angle parcouru par le levier, β étant pris pour l'unité, on aura l'équation $\left[c \text{ coſ. } (h - x) - \frac{ddx}{dt^2}\right]\beta = \alpha$ $[c \text{ ſin. } (h - x)]\,\varphi\left(\frac{\alpha dx}{\beta dt}\right) + F\alpha$; équation dont l'intégration donnera le mouvement du levier.

9. Ainſi dans le cas où les poids a, b, ſont en équilibre indépendamment du frottement, il réſulteroit de la théorie précédente qu'il faudroit ajouter $a + b$ à c coſ. $(h - x)$ pour avoir la preſſion ſur le point d'appui,

& achever de même le calcul, qui n'aura aucune nouvelle difficulté.

10. Cependant, en envisageant d'un autre côté la question dont il s'agit, la théorie précédente n'est pas sans quelque difficulté. Nous venons de voir que dans le cas du levier horisontal, la charge de l'appui est au moins $a+b$. Mais si l'on cherchoit la force résultante des forces ou poids a, b, c, nous aurions cette résultante $= a+b+c$, & passant par un autre point que le point d'appui, de sorte qu'il sembleroit, d'après ce que nous venons de dire d'un poids unique attaché à un levier, que le point d'appui ne souffriroit aucune pression. Nous venons pourtant de voir que la pression est au moins $a+b$ dans le cas dont il s'agit.

11. Il y a plus. Reprenons le cas d'un poids unique c attaché au levier, & imaginons une puissance infiniment petite p, qui placée à distance infinie sur le levier prolongé, fasse équilibre au poids c, il est clair que la résultante passera par le point d'appui, & que la charge sera pour lors $= C - p = C$. Or au lieu du poids c seul, imaginons à distance infinie deux puissances égales & contraires $+p, -p$, ce qui ne changera rien au cas proposé; alors la charge de l'appui paroît toujours devoir être $C-p$, puisque les puissances C, & $-p$ donnent $C-p$ pour la charge de l'appui, & que la puissance p est infiniment petite.

12. Il paroît donc que la charge de l'appui, lorsqu'il n'y a qu'un poids c, est $= C$, & qu'il n'y a que cette

ſuppoſition dans laquelle tous les réſultats s'accordent; autrement, comme on l'a vu plus haut, on trouveroit que la preſſion cauſée par les trois poids a, b, c, eſt tantôt $a+b$, tantôt $=0$. On peut conſidérer auſſi que ſi dans l'art. 11, on fait les puiſſances égales $+p$, $-p$ finies, on trouvera par la premiere méthode la preſſion $=C-p$, c'eſt-à-dire, variable, & par la ſeconde $=C-p+p$, c'eſt-à-dire, toujours $=C$.

13. Mais d'un autre côté, on ne voit pas clairement & d'une maniere directe, comment le poids c ſuppoſé ſeul, exerce ſur l'appui une preſſion $=C$, ni comment la preſſion des trois poids a, b, c, dont deux a, b, ſont en équilibre ſans frottement, eſt $=a+b+c$.

14. Pour lever cette difficulté, il faut, ce me ſemble, examiner la queſtion d'une maniere plus directe. Je ſuppoſe un poids c attaché à l'extrêmité d'un levier, & que ce levier doive tourner autour d'un axe. D'abord il eſt clair que s'il n'y avoit point de frottement, le poids c tourneroit avec toute ſa force, & qu'alors il ne ſeroit plus queſtion de la preſſion qu'il exerce ſur le point d'appui. Mais ſuppoſons que le frottement ſoit préciſément tel qu'il faut pour empêcher le levier de tourner; alors il faut imaginer qu'à tous les points de l'axe du levier, ou plutôt à tous les points du levier qui touchent à cet axe (néceſſairement circulaire pour la poſſibilité de la rotation) ſont attachées des forces, toutes égales, que j'appelle p, qui agiſſent perpendiculairement aux rayons de l'axe, & qui tiennent le poids c en équilibre.

Il eſt clair que dans ce cas la réſultante du poids c, & de toutes ces forces, paſſera par le point d'appui, & que la charge de l'appui ſera $=$ à cette réſultante. Or il eſt très-aiſé de voir que la réſultante des forces p eſt $=0$, car ſi on décompoſe les forces p en deux autres, parallèles & perpendiculaires à la direction du poids c, on verra évidemment que la ſomme des forces perpendiculaires ſera $=0$, & que la ſomme des forces parallèles ſera auſſi $=0$. Donc la réſultante du poids c & des forces p eſt $=C$. Donc dans le cas de l'équilibre cauſé par le frottement, la charge de l'appui eſt $=C$.

15. On aura donc, comme dans l'art. 6 ci-deſſus, $C\beta = \int p\alpha$, ou $C\beta = \alpha \int p$; & ſi la quantité $\int p$ qui indique la force du frottement, étoit ſuppoſée $= mC$, on auroit $\int p = mC$, & $m = \frac{\beta}{\alpha}$.

16. D'où l'on voit, pour le dire en paſſant, qu'ici la force du frottement n'eſt pas proportionnelle au poids; car alors m ſeroit conſtant, & pourvu que $\frac{\beta}{\alpha}$ fût $= m$, aucun poids, quelque grand qu'il fût, ne pourroit faire tourner le levier; ce qu'on ne ſauroit admettre.

17. C'eſt pourquoi on doit ici regarder la force $\int p$ comme conſtante & venant uniquement de l'adhérence des parties, en ſorte que cette adhérence étant connue, & nommée A, on auroit $C = \frac{A\alpha}{\beta}$, pour la valeur du

poids qui tiendra le levier en équilibre par le frottement ſeul.

18. Si le levier eſt ſuppoſé en mouvement, la queſtion ne ſera pas plus difficile. En appliquant ici notre principe de Dynamique, on trouvera toujours la valeur de la force réſultante des forces détruites, & cette force ſera la preſſion que ſouffrira l'appui. Le reſte n'eſt qu'une affaire de pur calcul.

19. On trouvera par une théorie à peu-près ſemblable, la preſſion des cordes ſur les poulies. D'abord il n'eſt pas difficile de voir que la puiſſance qui tend la corde ſur la poulie, & que je nomme p, exerce ſur chaque point perpendiculairement au rayon une preſſion $= \frac{pds}{r}$, s étant l'arc pris au ſommet de la poulie, & r le rayon, ou $pd\alpha$, en faiſant $\frac{ds}{r} = d\alpha$; de plus, on voit avec la même facilité que cette preſſion agit ſur l'appui avec une force $= pd\alpha$ coſ. α, dont l'intégrale eſt p ſin. α; de maniere que ſi $\alpha = 90°$, c'eſt-à-dire, ſi la poulie eſt à moitié embraſſée par la corde, la preſſion eſt $= p$; & que ſi α eſt > 0, la preſſion eſt p ſin. α, deux propoſitions qui ſe prouvent aiſément d'ailleurs par le principe du parallélogramme des forces.

20. On voit que ſi la corde fait pluſieurs tours & une fraction de tour, le centre ou appui de la poulie n'eſt pas plus preſſée que s'il n'y avoit que cette fraction de tour, puiſque le ſinus de $360° + \alpha$ eſt le même que

que celui de a. Cependant il y a ici une conſidération à faire. Il ſemble que les preſſions qui s'exercent, l'une de haut en bas dans la partie ſupérieure, & l'autre de bas en haut dans l'inférieure, ne ſe détruiſent pas, comme le calcul paroît le donner; parce que ces deux forces tendent à preſſer la poulie contre ſon centre ou appui, ce qui doit augmenter le frottement au lieu de le diminuer. Cette remarque ſeroit vraie, ſi la poulie n'étoit pas un cercle continu, dont la partie ſupérieure & l'inférieure ſont intimement unies, en ſorte que le mouvement donné à l'une pour la preſſer contre l'appui, éloigne l'autre de ce même appui. Soit, par exemple, un corps placé entre deux plans, iſolés tous deux, & ne tenant point l'un à l'autre; ſi on preſſe chacun des deux plans contre le corps, la preſſion ſera double, & le frottement augmenté, quoique les preſſions ſoient en ſens contraire. Mais ſi un cercle *continu* eſt poſé ſur un axe placé dans ſon centre, & qu'on preſſe, par exemple, la partie ſupérieure contre l'axe, on preſſera d'autant moins la partie inférieure contre ce même axe; en ſorte que ſi la partie inférieure eſt en même-temps preſſée par une force contraire, les effets des deux forces ſe détruiront. Peut-être, au reſte, faut-il encore diſtinguer ici la valeur de la preſſion, ſuivant la nature du frottement, c'eſt-à-dire, ſuivant celle des ſurfaces qui ſont preſſées; objet qui pourroit demander beaucoup d'examen. Car le frottement peut venir, ou de parties dures qui s'engrenent les unes dans les autres, ou de parties flexibles qui ſe plient &

ſe couchent pour ſe relever enſuite, ou de parties qui s'attachent par une adhérence dont la cauſe peut varier ſuivant les différens cas. Voyez les théories (quoique juſqu'ici très-imparfaites) que les meilleurs Phyſiciens ont données ſur ce ſujet.

21. Quant à l'action des forces pour faire tourner la poulie, ou à la tenſion de la corde, les théories connues la donnent $= p$, & on trouvera, comme ci-deſſus, pour le levier, que ſi $\alpha = 90^\circ$ de part & d'autre du ſommet de la poulie, & qu'à deux poids égaux a placés de part & d'autre, on en ajoute un troiſiéme c, la preſſion ſur l'appui ſera $= 2a + c$.

22. On peut voir dans les Mém. de Berlin, de 1762, les recherches de M. Euler ſur le frottement des cordes, recherches auxquelles je renvoye. Je me contenterai de dire, 1°. que ſi on nomme ω la force dont la tenſion de la corde eſt diminuée en un point quelconque par le frottement, cette force ſera $= P - \omega$, P étant la puiſſance tendante; 2°. que delà il en réſultera une preſſion ſur la poulie $= d\alpha (P - \omega)$; 3°. que le frottement $d\omega$ en ce point eſt proportionnel à la preſſion, ce qui donne $m d\alpha (P - \omega) = d\omega$; équation qui s'intégrera aiſément par les méthodes connues, & donnera pour chaque point la valeur de ω; donc $P - \omega$ ou la tenſion de la corde en chaque point $= Pc^{-\alpha}$, c étant le nombre dont le logarithme eſt l'unité, & α étant $= 0$ au point où la corde touche la poulie. Ce qui s'accorde avec le réſultat de M. Euler.

§. X.

Eclairciſſement ſur un endroit du Tome I de mes Opuſcules, pag. 244.

J'AI remarqué dans cet endroit que j'avois donné le premier en 1747, un théorême général ſur les équations différentielles qui appartiennent en même-temps à la ligne droite & à une ligne courbe. Je dois ajouter ici que M. Clairaut, dans les Mém. de l'Acad. de 1734, avoit déja trouvé des équations différentielles qui ſont dans ce cas, comme on le peut voir, pag. 212 & 213 de ces Mémoires. Mais il me ſemble qu'il n'avoit pas donné la forme générale de ces équations, que j'ai trouvée d'une maniere fort ſimple dans les Mém. de Berlin de 1748. Je crois devoir faire ici cette remarque, afin de rendre à chacun ce qui lui appartient. J'ajoute que cette théorie des équations différentielles qui appartiennent à-la-fois à une ligne droite & à une ligne courbe, eſt une branche de la théorie plus générale des équations différentielles qui ont des intégrales particulieres, & dont d'autres Géomètres ſe ſont occupés depuis. Mais j'avoue qu'en donnant le théorême dont il s'agit dans les Mém. de Berlin de 1748, je ne penſois point alors à la théorie des intégrales particulieres, dont

M. Clairaut paroît avoir eu en effet la premiere idée. La seule chose que je crois qui m'appartienne, c'est d'avoir donné dès 1747, la forme générale des équations différentielles du premier ordre, qui appartiennent à-la-fois à une ligne droite & à une ligne courbe.

---

§. XI.

Sur une question d'Optique.

1. DANS le premier volume de mes *Opuscules*, page 265 & suiv. j'ai prouvé qu'en admettant les dimensions de l'œil, données par MM. Petit & Jurin, un point qui envoye des rayons à l'œil, & qui n'est pas placé dans l'axe de l'œil, ne sauroit être vu dans l'endroit où il est. M. Dutour, dans le sixiéme Volume des *Savans Etrangers*, a combattu cette assertion, mais il suppose pour cela que la courbure du fond de l'œil ait son centre coincident avec celui de la cornée, & que le rapport de réfraction du crystallin dans l'humeur vitrée, soit différent de celui qui a été déterminé par les deux Auteurs nommés ci-dessus. C'est aux Physiciens à juger de la vérité de ces deux suppositions.

2. Selon M. Jurin, la distance du sommet de la cornée au fond de l'œil est 9 lig. $\frac{2}{5}$; selon M. Petit, le rayon de la cornée = 3 lig. $\frac{3}{4}$. Ainsi il faudroit, suivant la

théorie de M. Dutour, que le centre de la cornée (qui ſelon lui eſt auſſi celui du globe de l'œil) fût éloigné du fond de l'œil de 6 lig. $- \frac{7}{20} = 5$ lig. $\frac{13}{20}$.

3. M. Jurin ſuppoſe, ou plutôt trouve par obſervation, que le rapport de réfraction de l'humeur vitrée dans le cryſtallin, eſt $= \frac{13}{12}$, & M. Dutour trouve, non par obſervation, mais uniquement par ſa théorie & ſon calcul, que ce rapport doit être $= \frac{12,3004}{12}$, ce qui ne fait qu'une différence de $\frac{6196}{120000} =$ à très-peu-près $\frac{62}{1200}$ ou $\frac{31}{600}$, c'eſt-à-dire, un peu plus de $\frac{1}{20}$. Or delà il eſt aiſé de conclure que dans la ſuppoſition de M. Jurin, le rayon de courbure de l'œil ſera un peu plus grand que 5 lig. $\frac{13}{20}$; car le dernier rayon réfracté, dans la ſuppoſition de M. Jurin, doit faire avec l'axe de l'œil un angle un peu plus grand que dans la ſuppoſition de M. Dutour, en ſorte que ce rayon réfracté tombe dans le fond de l'œil ſur un point plus éloigné de l'axe dans la premiere ſuppoſition que dans la ſeconde ; ainſi le rayon mené de ce point parallèlement au rayon incident donnera le centre de la courbure de l'œil tant ſoit peu au-deſſus du centre de la cornée.

4. Je dois ajouter que le calcul fait par M. Dutour pour trouver le rapport de réfraction $= \frac{12,3804}{12}$, eſt fondé ſur la ſuppoſition que le rayon mené du centre de la cornée au point viſible, faſſe avec l'axe de l'œil

un angle de 5°, si on prenoit l'angle différent, en conservant d'ailleurs toutes les dimensions de l'œil, alors l'on trouveroit une autre valeur pour m', ce qui ne peut être supposé, & si on vouloit conserver la même valeur à m', alors il faudroit changer celle du rayon de la courbure de l'œil; ce qui est un autre inconvénient; en sorte que dans aucun cas les valeurs de ce rayon ou de la quantité m' ne resteront les mêmes, si on veut que le point visible soit toujours vu à sa véritable place.

5. On dira peut-être que le globe de l'œil doit changer un peu de forme selon la position du point visible, afin que l'image se trace exactement au fond. En ce cas, la supposition de la coincidence du centre de la cornée, & du centre de la courbure de l'œil devient encore plus précaire; & il restera toujours au moins très-vraisemblable, que le point visible placé hors de l'axe de l'œil n'est jamais vu exactement à sa véritable place.

6. En un mot il faut, ce me semble, pour la vision parfaite qu'un rayon parti d'un point *quelconque* d'un objet, *proche ou éloigné*, ayant été rompu par toutes les humeurs de l'œil, aboutisse en un tel point de l'œil, qu'en tirant par ce point une perpendiculaire à la surface de l'œil, cette perpendiculaire aboutisse toujours exactement, ou au moins très-sensiblement, au point d'où le rayon est parti. L'Optique donnera assez facilement les conditions nécessaires pour cet effet; les convexités des humeurs & leur situation étant données, ainsi que

le grand axe du globe de l'œil, on trouvera quelle doit être la figure du fond de l'œil, & le rapport des réfractions pour satisfaire à ce problême, qui, quoique peu difficile, mérite par son utilité d'occuper les Physiciens-Géomètres & Anatomistes.

---

§. XII.

Additions aux Recherches sur la cause des Vents.

JE supposerai, dans tout ce qu'on va lire, pour ne point répéter inutilement le discours & les figures, qu'on ait sous les yeux l'Ouvrage auquel se rapportent ces Additions.

1. J'ai donné dans ces *Recherches* (art. 12 & suiv.) une méthode exacte & rigoureuse pour déterminer l'oscillation de la mer dans le cas où l'astre attirant seroit en repos. La même méthode peut servir à déterminer cette oscillation, dans le cas où la résistance seroit comme la vitesse ; hypothèse qui rend l'oscillation plus facile à calculer, & que nous avons déja faite ailleurs pour calculer les oscillations des cordes vibrantes. En effet, nous avons fait voir que dans le cas de la résistance $= 0$, les oscillations seroient tautochrones, parce que la force accélératrice est toujours proportionnelle

à la diſtance du point de repos ; ſoit donc φ l'intenſité de cette force, on aura $ddx+\varphi x dt^2=0$, & ſi on ſuppoſe la réſiſtance proportionnelle à la viteſſe, les oſcillations dans ce même cas, ſeront auſſi tautochrones, comme le ſavent les Géomètres ; & l'équation ſera $ddx+\varphi x dt^2+\frac{gdx}{dt}\times dt^2=0$, g étant l'intenſité de la réſiſtance ; je mets $+\frac{gdx}{dt}$, & non $-\frac{gdx}{dt}$, parce que t croiſſant, x diminue ; or l'équation $ddx+\varphi x dt^2=0$, donne, comme l'on ſait, $x=A\,\text{coſ.}\,t\sqrt{\varphi}$; & on trouvera très-facilement par les méthodes connues, que l'équation $ddx+\varphi x dt^2+\frac{gdx}{dt}\times dt^2=0$, donne, en ſuppoſant, $x=Bc^{ft}$, l'équation $\varphi+ff+gf=0$, ou $f=-\frac{g}{2}\pm\sqrt{\left(\frac{gg}{4}-\varphi\right)}$, d'où réſulte $x=Ac^{-\frac{gt}{2}}\,\text{coſ.}\,t\sqrt{\left(\varphi-\frac{gg}{4}\right)}$, A étant (comme dans le cas de $g=0$) la plus grande diſtance au point de repos.

2. Si on nomme p la peſanteur, a la hauteur d'où un corps peſant tomberoit dans un temps donné θ, φ' la force accélératrice à la diſtance A, g' la réſiſtance à la viteſſe priſe à volonté $\sqrt{(2pa)}$, (laquelle viteſſe feroit parcourir uniformément l'eſpace $2a$ dans le temps θ) on aura $\varphi=\frac{2\varphi' a}{pA\theta^2}$, & $g=\frac{g'\times\theta}{2a}\times\frac{2a}{p\theta^2}=\frac{g'}{p\theta}$,

d'où

d'où l'on tire la valeur de x, exprimée en quantités toutes connues.

3. Si S eſt l'aſtre attirant, z la diſtance du point attiré à l'aſtre S, on aura $\varphi' = \frac{3S \sin. 2z}{2\delta^3}$, δ étant la diſtance de l'aſtre à la terre, & le rayon de la terre étant pris pour l'unité. On aura auſſi $p = T$, T étant la maſſe de la terre, & A (art. 7 & 15 de l'Ouvrage cité) $= \frac{3S \sin. 2z}{4 \times 3 \epsilon \delta'^3 p}$, ϵ étant la hauteur du fluide, ſuppoſée très-petite par rapport au rayon de la terre ; d'où il s'enſuit que $\frac{\varphi'}{A} = \frac{6 \epsilon p}{r^2}$, r étant le rayon de la terre.

4. Delà on déduira facilement la valeur de x, en ſubſtituant ces quantités dans l'expreſſion de x trouvée art. 2. Je remarquerai ici en paſſant que dans les calculs de l'Ouvrage cité, art. 15, j'ai mis par mégarde $4t$ au lieu de $2t$, ce qui ne change rien à la méthode ni au reſte du calcul.

5. Si $4\varphi = gg$, c'eſt-à-dire, en vertu des dénominations précédentes ſi $\frac{8\varphi' a}{Ap} = \frac{g'g'}{pp}$, ou $\frac{48 \epsilon app}{r^2} = g'g'$, on aura pour lors $x = Ac^{-\frac{gt}{2}} = Ac^{-\frac{g't}{2p\theta}}$.

6. Et ſi 4φ étoit $< gg$, alors la valeur de x renfermeroit deux quantités exponentielles ordinaires, dont l'une feroit $c^{-\frac{gt}{2} + t\sqrt{(\frac{gg}{4} - \varphi)}}$; & l'autre $c^{-\frac{gt}{2} - t\sqrt{(\frac{gg}{4} - \varphi)}}$, leſquelles ſont toutes deux de

la forme c^{-Bt}, parce que $\sqrt{\left(\frac{gg}{4}-\varphi\right)}-\frac{g}{2}$ eſt une quantité négative ; d'où l'on voit que cette quantité c^{-Bt} eſt toujours plus petite que l'unité, & qu'ainſi en ſuppoſant A très petit, x reſte toujours très-petite dans tous les cas.

7. Comme ϵ eſt ſuppoſé très-petit par rapport à r, & qu'en faiſant $\theta = 1$ ſeconde, & $a = 15$ pieds, la quantité $\frac{\epsilon a}{rr}$ eſt fort petite, il eſt très-poſſible que la réſiſtance g' faite à une viteſſe uniforme de $2a$ pieds ou 30 pieds par ſeconde, ſoit telle que $\frac{48\epsilon app}{r^2}$ ſoit $< g'g'$. Car il faut bien remarquer que dans ces ſortes de calculs, la réſiſtance g' ne doit pas être traitée comme très-petite, quand même les forces accélératrices le ſeroient d'ailleurs, parce que cette réſiſtance g' eſt une force à part, & dont la valeur eſt totalement indépendante de la valeur des forces accélératrices ; & comme la viteſſe qui éprouve (*hyp.*) la réſiſtance g' eſt ſuppoſée de 30 pieds par ſeconde, & par conſéquent très-conſidérable, on voit que cette réſiſtance g' eſt une quantité très-ſenſible, & vraiſemblablement très-comparable à la peſanteur, pour ne rien dire de plus. Ainſi $\frac{48\epsilon app}{r^2}$ pourroit très-bien être $< g'g'$. En effet, nous avons vu dans nos *Recherches ſur les Vents*, pag. 49, que $r =$ à peu-près 20,000,000 pieds ; & ſi nous ſuppoſons

$\varepsilon = 850 \times 32$ pieds, qui feroit la hauteur de l'air fuppofé homogène, ou $\varepsilon = 1200$ pieds, qui eft à peu-près la hauteur moyenne de la mer, & enfin $a = 15$ pieds, on voit que $\frac{48\varepsilon a}{rr}$ eft une quantité exceffivement petite, & qu'ainfi $\frac{48\varepsilon app}{rr}$ pourroit bien être plus petit que $g'g'$.

8. Quoi qu'il en foit, on voit que lorfque t eft très-grand, la valeur de x eft très-petite dans tous les cas, mais cependant n'eft jamais rigoureufement $= 0$, ce qui prouve que cette hypothèfe de réfiftance n'eft pas la vraie & rigoureufe hypothèfe de la nature, puifque l'expérience prouve que la réfiftance anéantit entiérement la viteffe au bout d'un certain temps fini.

9. La difficulté eft de trouver une hypothèfe de réfiftance ou de frottement, qui s'accorde parfaitement avec les phénomènes, c'eft-à-dire, qui donne au bout d'un certain temps fini, la viteffe $= 0$.

10. C'eft ce qu'on ne peut exprimer analytiquement d'une maniére rigoureufe; car il ne peut y avoir de fonction de la viteffe u en t, qui lorfque t a une certaine valeur finie, foit $= 0$, & qui continue d'être $= 0$, après cette valeur de t; car quelle que foit fa forme analytique, ou elle reftera pofitive après cette valeur de t, ou elle deviendra négative, ou enfin imaginaire.

11. Soit en général φu la fonction de la viteffe qui exprime la réfiftance, & fuppofons, fuivant les principes connus, $du = -\varphi u dt$, on remarquera d'abord

que si φu est telle que u supposé infiniment petit donne $\varphi u = u^n$, n étant $>$ ou $= 1$, on aura t infini, quand $u = 0$.

12. Si n est < 1, & de maniere qu'en supposant u infiniment petit, soit positif, soit négatif, u^n demeure réel, ainsi que toutes les puissances de u qui résultent du développement de φu, il y aura une valeur de t qui donnera $u = 0$, & une valeur de t plus grande donnera u réelle ou imaginaire, selon que $(A - t)^{\frac{1}{1-n}}$ sera réel ou imaginaire, A étant supposé $< t$.

13. Enfin, si n est plus petit que 1, & que u^n ou quelqu'une des puissances plus hautes de u dans le développement de φu devienne imaginaire en faisant u négatif, alors la vitesse u seroit $= 0$ pour une certaine valeur de t, & imaginaire si t est plus grand.

14. De ces différentes hypothèses, la premiere ne sauroit donner la vraie loi de la résistance, puisque le mouvement du corps ne finiroit pas, ce qui est contre l'expérience; la seconde ou la troisiéme peuvent absolument être admises pour exprimer cette loi, en observant néanmoins que le mouvement cesse absolument lorsque $u = 0$, quoique la formule donne u négatif ou imaginaire après l'instant où $u = 0$.

15. Au reste, cette disconvenance entre le calcul & l'observation ne doit point nous étonner; il y en a d'autres exemples, tel que celui de l'attraction d'un corps vers son centre, en raison inverse du quarré des

diſtances (Voyez le IVe Tom. de nos *Opuſc.* pag. 62). Mais il faut du moins prendre pour l'expreſſion de la réſiſtance une fonction de la viteſſe qui donne $u=0$ après un temps fini.

16. Nous ſuppoſons ici qu'il n'y a point de forces accélératrices. S'il y en avoit, le mouvement pourroit durer à l'infini, quelle que fût l'hypothèſe de la réſiſtance ; mais il eſt clair que la loi de la réſiſtance doit être la même, ſoit qu'il y ait des forces accélératrices, ſoit qu'il n'y en ait pas ; & qu'ainſi la réſiſtance ne ſauroit être ſuppoſée (au moins rigoureuſement) proportionnelle à la viteſſe.

17. Or il eſt viſible que ſi dans l'équation ci-deſſus $ddx + xdt^2 \times \varphi + \frac{gdx}{dt} dt^2 = 0$, on met, au lieu de $\frac{dx}{dt}$, une autre fonction de $\frac{dx}{dt}$, la ſolution deviendra beaucoup plus difficile, & le tautochroniſme n'aura plus lieu.

18. Il paroît néceſſaire de faire entrer une quantité conſtante dans l'évaluation de la réſiſtance qui réſulte du frottement. Car on ſait par l'expérience que ſi un corps eſt placé ſur un plan incliné, il ne tombera pas lorſque l'inclinaiſon ſera au-deſſous d'un certain angle α, d'où il réſulte que ſi on appelle p la peſanteur, la force du frottement ſera en ce cas $= p$ ſin. α, & que cette force ſera à la preſſion comme ſin. α eſt à coſ. α.

19. Si un corps peſant eſt poſé ſur la ſurface de la

terre, il est aisé de voir que la plus grande force de l'astre S pour le tirer horisontalement, est $\frac{3Sr}{2\delta^3}$, δ étant la distance de l'astre S à la terre, & r le rayon de la terre. Or cette force est à la pesanteur $\frac{T}{r^2}$, en supposant que S soit le Soleil, comme $\frac{3}{2.178.603}$: 1; & par conséquent comme insensible par rapport à la pesanteur. Voilà pourquoi les corps solides ne sont point mûs par l'action du Soleil, ni même par celle de la Lune qui n'est qu'environ trois à quatre fois plus grande.

20. Cette force cependant agit sur les eaux, quoique les eaux soient aussi pressées sur la surface de la terre; & cette différence entre l'action du Soleil & de la Lune sur les eaux & sur les corps solides, mérite d'être remarquée.

21. Elle le mérite d'autant plus, qu'il semble que la pression d'un fluide sur la surface de la terre, doit retarder beaucoup plus son mouvement que si le corps étoit solide; car la particule fluide qui touche la surface de la terre, est pressée par tout le poids de la colonne du fluide qui est au-dessus, & le poids de cette colonne (qui sera pM, en supposant p la pesanteur, & M la masse de la colonne) est infiniment plus grand que la force motrice $\frac{3Sr}{2\delta^3} \times G$ qui anime la particule G. Il n'en est pas de même quand le corps est solide,

parce que les particules de ce corps ne pouvant ſe mouvoir indépendamment les unes des autres, la force motrice eſt alors $\frac{3Sr}{2\delta} \times M$, M étant la maſſe totale du corps, & pM le poids ou la preſſion.

22. Mais il faut remarquer que les parties ſupérieures du fluide ſont moins preſſées que les inférieures, & d'autant moins preſſées, qu'elles ſont plus près de la ſurface ; & comme les parties du fluide, différentes en cela des parties d'un corps ſolide, peuvent ſe mouvoir indépendamment les unes des autres, ces parties ſupérieures entraînent les inférieures, qui doivent pourtant, ce me ſemble, ſe mouvoir moins vîte que les ſupérieures, parce que leur preſſion plus grande rend auſſi le frottement plus grand.

23. Ainſi dans l'hypothèſe du frottement des parties, il ſeroit bon, ce me ſemble, d'avoir égard à la preſſion, & de ſuppoſer le frottement proportionnel au produit d'une fraction de cette preſſion par une fonction de la viteſſe. Notre théorie donneroit encore dans ce cas-là les équations du mouvement du fluide, mais qui ſeroient beaucoup plus difficiles à intégrer.

24. Cependant, pour plus de facilité, nous ſuppoſerons toujours dans la ſuite de ces recherches que les eaux de la mer & les parties de l'atmoſphere aient, à une profondeur quelconque, la même viteſſe horiſontale, en vertu de l'action du Soleil & de la Lune, quoiqu'il y ait tout lieu de croire que cette viteſſe eſt

beaucoup moindre dans les parties inférieures que dans les ſupérieures; & que peut-être dans les parties inférieures elle eſt abſolument nulle, en ſorte que ſuivant cette hypothèſe, la mer ne ſeroit agitée par les forces attractives du Soleil & de la Lune, que juſqu'à une certaine profondeur au-deſſous de ſa ſurface.

25. Si dans la valeur de x trouvée ci-deſſus, art. 1, on ſuppoſe $\varphi > \frac{gg}{4}$, le fluide fera des oſcillations par rapport au point de repos, & s'abaiſſera & s'élevera ſucceſſivement au-deſſus de la ſurface où il ſeroit en équilibre. Mais ſi $\varphi =$ ou $< \frac{gg}{4}$, ce qui arrivera dans le cas de l'art. 7; alors il eſt aiſé de voir que le fluide s'approchera ſans ceſſe de l'état de repos, ſans jamais y arriver, & ſans faire d'oſcillations, & qu'il ira toujours s'approchant de la ſurface d'équilibre, ſans jamais y arriver non plus.

26. J'ai donné, dans ces mêmes *Recherches ſur la cauſe des Vents*, l'équation rigoureuſe du mouvement de l'air entre des montagnes; je ſuppoſe ici pour plus de ſimplicité, que les montagnes ſoient ſous l'équateur, & que l'aſtre attirant ſe meuve dans ce même cercle, enfin qu'au premier inſtant du mouvement $\Sigma = 0$, & $G = 0$ (voyez pag. 182 des *Recherches* citées). Ces ſuppoſitions de $G = 0$ & de $\Sigma = 0$ ſont légitimes, l'équateur étant naturellement circulaire, & la viteſſe G devant être nulle au commencement de l'action du corps S;

S; & j'aurai, d'après les formules de cet Ouvrage, $\varphi(t+s)+\Delta(t-s)=\frac{3S}{16kp\delta^3\epsilon}\times 2\,\text{cos.}(2t+2s)+\frac{3S}{16hp\delta^3\epsilon}\times 2\,\text{cos.}(2s-2t)$; & comme nous avons supposé que $\frac{\sqrt{(2a\epsilon)}}{\theta}=1$, a étant l'espace qu'un corps pesant parcourroit dans le temps θ, nous mettrons (pour l'homogénéité) $\frac{t\sqrt{(2a\epsilon)}}{\theta}$ au lieu de t. On remarquera aussi que $k=1+\frac{b}{\theta}$, ou plutôt $\frac{\sqrt{(2a\epsilon)}+b}{\theta}$, & $h=1-\frac{b}{\theta}$, ou $\frac{\sqrt{(2a\epsilon)}-b}{\theta}$.

27. Ainsi la vitesse de l'air sera à la vitesse angulaire $\frac{b}{\theta}$ de l'astre S pendant le temps θ, comme $\frac{3S\sqrt{(2a\epsilon)}}{8kp\delta^3\epsilon.\theta}\left[\text{cos.}\left(2s-\frac{2bt}{\theta}\right)-\text{cos.}\left(2s+\frac{2t\sqrt{(2a\epsilon)}}{\theta}\right)\right]-\frac{3S\sqrt{(2a\epsilon)}}{8hp\delta^3\epsilon\theta}\times\left[\text{cos.}\left(2s-\frac{2bt}{\theta}\right)-\text{cos.}\left(2s-\frac{2t\sqrt{(2a\epsilon)}}{\theta}\right)\right]$ est à $\frac{b}{\theta}$, le rayon de la terre étant pris pour l'unité.

28. On trouvera de même l'accroissement de hauteur $\alpha=\frac{3Sr}{8kp\delta^3}\times\left[\text{cos.}\left(2s-\frac{2bt}{\theta}\right)-\text{cos.}\left(2s-\frac{2t\sqrt{(2a\epsilon)}}{\theta}\right)\right]+\frac{3Sr}{8hp\delta^3}\times\left[\text{cos.}\left(2s-\frac{2bt}{\theta}\right)-\text{cos.}\left(2s-\frac{2t\sqrt{(2a\epsilon)}}{\theta}\right)\right]$.

29. Il est aisé de voir que la vitesse dépendra uniquement de la distance $2s - \frac{2bt}{\theta}$ à l'astre, si $2s \pm \frac{2t\sqrt{(2a\epsilon)}}{\theta}$ est $= 2s - \frac{2bt}{\theta} \pm \nu\pi$, π étant la demi-circonférence, & ν un nombre entier quelconque; car alors cos. $\left(2s - \frac{2bt}{\theta}\right)$ — cos. $\left(2s \pm \frac{2t\sqrt{(2a\epsilon)}}{\theta}\right)$ se transformera en cos. $\left(2s - \frac{2bt}{\theta}\right)$.

30. Soit donc $+\frac{2t\sqrt{(2a\epsilon)}}{\theta} = -\frac{2bt}{\theta} \pm \rho\pi$, & $-\frac{2t\sqrt{(2a\epsilon)}}{\theta} = -\frac{2bt}{\theta} \pm \sigma\pi$, ρ & σ étant deux nombres entiers, on aura d'abord,

$$2bt - 2t\sqrt{2a\epsilon} = \pm\sigma\theta\pi,$$

$$\& \ 2bt + 2t\sqrt{2a\epsilon} = \pm\rho\theta\pi,$$

d'où $\frac{b - \sqrt{(2a\epsilon)}}{b + \sqrt{(2a\epsilon)}} = \frac{\pm\sigma}{\pm\rho}$; & comme σ & ρ doivent être des nombres entiers (*hyp.*), il est clair que $\sqrt{(2a\epsilon)}$ doit être une quantité commensurable à b pour que le problême soit rigoureusement possible.

31. Supposons donc dans cette hypothèse de la commensurabilité de $\sqrt{(2a\epsilon)}$ & de b, que $\frac{b - \sqrt{(2a\epsilon)}}{b + \sqrt{(2a\epsilon)}} = \frac{p}{q}$, $\frac{p}{q}$ étant une fraction réduite à ses plus petits termes; si p est positif, il faudra que σ & ρ soient de même signe, & si p est négatif, que σ & ρ soient de signes differens; & on prendra $\rho = \pm\mu q$, μ étant un nombre entier quelconque, ce qui donnera $\sigma = \pm\mu p$.

32. Donc toutes les fois que t fera $= \pm \frac{\rho\pi\theta}{2b + 2\sqrt{2a\epsilon}}$, $\pm \rho$ étant $= \pm \mu q$; la viteſſe ne dépendra que de la diſtance au zénith.

33. On trouvera de même que dans ces hypothèſes la valeur de α ne dépendra que de la diſtance de l'aſtre au zénith.

34. Si $\sqrt{(2a\epsilon)}$ & b ſont incommenſurables, alors la viteſſe dépendra ſenſiblement de la diſtance au zénith au bout d'un certain temps, qu'on déterminera en prenant p & q pour des nombres entiers tels que $\frac{p}{q}$ ſoit à peu-près $= \frac{b - \sqrt{(2a\epsilon)}}{b + \sqrt{(2a\epsilon)}}$.

35. Si b étoit $= \sqrt{(2a\epsilon)}$, la viteſſe ſeroit infinie, & nos formules ne pourroient plus ſervir; le problême ſeroit alors plus compliqué, mais on pourroit toujours trouver par notre méthode, au moins les formules différentielles analytiques qui renferment la ſolution.

36. Il eſt clair auſſi par ces mêmes formules, que ſi on ſuppoſe le temps quelconque t augmenté ou diminué d'une quantité ϑ telle que $\frac{2\vartheta\sqrt{(2a\epsilon)}}{\theta r}$ ſoit $= \pm 2\mu\pi$, μ étant un nombre entier, la viteſſe du fluide ſera la même; d'où l'on tire $\vartheta = \frac{\theta\mu\varpi r}{\sqrt{(2a\epsilon)}}$.

37. On trouvera auſſi que la quantité α ſera la même dans ce même cas de $\vartheta = \frac{\theta\mu\pi r}{\sqrt{(2a\epsilon)}}$.

38. Ainsi le fluide auroit des balancemens égaux & périodiques, non à chaque révolution de l'astre, mais après chaque temps $\vartheta = \frac{\theta \mu \pi r}{\sqrt{(2 a \epsilon)}}$.

39. Si l'astre est supposé en repos, on aura $b = 0$, & $1 = k = h$, d'où la vitesse du fluide $= \varphi(t + s) + \Delta(t - s)$, ou $\varphi\left(s + \frac{t\sqrt{(2a\epsilon)}}{\theta}\right) + \Delta\left(\frac{t\sqrt{(2a\epsilon)}}{\theta} - s\right)$ $=$ (art. 27) $- \frac{3 S r}{8 p \delta^3 \epsilon} \times \left[\text{cos.}\left(2s + \frac{2t\sqrt{(2a\epsilon)}}{\theta}\right) - \text{cos.}\left(2s - \frac{2t\sqrt{(2a\epsilon)}}{\theta}\right)\right] = + \frac{3 S r}{2 p \delta^3 \epsilon} \times \text{sin.}\, 2s \times \text{sin.}\, \frac{2t\sqrt{(2a\epsilon)}}{\theta}$.

40. Si l'air est enfermé dans un certain espace hors duquel il ne puisse pas se mouvoir, en sorte que $s = \alpha'$, & $s = \alpha' + 6'$ doivent toujours donner la vitesse du fluide $= 0$, on trouvera de la maniere suivante cette vitesse dans les autres points; j'appelle cette vitesse k'.

41. Supposons d'abord, pour plus de simplicité, $\alpha' = 0$, & de plus $b = 0$, c'est-à-dire, l'astre en repos. On aura aux points où $s = 0$ & $s = 6'$, les équations $k' = \varphi(\alpha' + t) + \Delta(t - \alpha') = 0$, ou $\varphi t + \Delta t = 0$; d'où $\Delta t = - \varphi t$. On aura ensuite $\varphi(6' + t) + \Delta(t - 6') = 0$, ou $\varphi(t + 6') - \varphi(t - 6' = 0$; d'où en faisant $t - 6' = x$, la question se réduira à trouver φx telle que $\varphi(x + 2 6') - \varphi x = 0$: problême facile à résoudre par le moyen d'une courbe cycloïdale, ou trochoïdale; en sorte que, connoissant φx, la vitesse sera exprimée par $\varphi(t + s)$

$-\varphi(t-s)$. Mais comme il faut de plus (Voyez l'Ouvrage cité, pag. 183) que $\alpha=0$ lorſque $t=0$, on aura en ſuppoſant $\Sigma=0$, $\varepsilon\varphi(s)+\varepsilon\varphi(-s)+\frac{3S}{8p\delta^3}\times$ coſ. $2s=0$; d'où l'on tire $\varphi s=-\frac{3S}{8\varepsilon p\delta^3}\times$ coſ. $2s$; delà il eſt aiſé de conclure que $2\mathcal{C}'$ doit être $=0$, ou un multiple de la circonférence, d'où $\mathcal{C}'=0$, ou $\mathcal{C}'=180$. Dans le premier cas, il n'y aura qu'un obſtacle au mouvement de l'air; dans le ſecond, il y en aura deux, placés aux points diamétralement oppoſés.

42. En ſecond lieu, ſuppoſons toujours $b=0$, α' & $\mathcal{C}'$ étant données, & quelconques; & nous aurons $\Delta(t-\alpha')$ $=-\varphi(\alpha'+t)=-\varphi[2\alpha'+(t-\alpha')]$, d'où $\Delta(t-\alpha'-\mathcal{C}')$ $=-\varphi[2\alpha'+(t-\alpha'-\mathcal{C}')]$; mais on a de plus $\Delta(t-\alpha'-\mathcal{C}')+\varphi(t+\alpha'+\mathcal{C}')=0$; d'où $\varphi(t+\alpha'+\mathcal{C}')$ $-\varphi(2\alpha'+(t-\alpha'-\mathcal{C}')=0$. Faiſant donc $2\alpha'+t-\alpha'-\mathcal{C}'=x$, ou $t+\alpha'-\mathcal{C}'=x$, on aura $\varphi(2\mathcal{C}'+x)-\varphi x=0$; équation qui ſe réſout comme la précédente, & la viteſſe ſera exprimée par $\varphi(t+s)-\varphi(2\alpha'+t-s)$.

43. La condition de $\alpha=0$ donnera, comme dans le cas précédent, une équation qui ſervira à déterminer par les méthodes connues, la forme de la fonction φ. Mais alors la viteſſe initiale G ne ſera pas $=0$ dans tous les points du fluide, comme on le doit ſuppoſer naturellement.

44. Enfin, ne ſuppoſons plus $b=0$, & nous aurons à réſoudre les deux équations

$\varphi(\alpha+t)+\Delta(t-\alpha)+N\operatorname{cof.}\left(2\alpha-\frac{2bt}{\theta}\right)=0;$

$\varphi(t+\alpha+\beta)+\Delta(t-\alpha-\beta)+N\operatorname{cof.}\left(2\alpha+2\beta-\frac{2bt}{\theta}\right).$

45. Par la méthode de l'article précédent, on trouvera $\Delta(t-a)=-\varphi[2\alpha+(t-\alpha)]-N\operatorname{cof.}\left(2\alpha-\frac{2\beta\alpha}{\theta}-\frac{2b}{\theta}(t-\alpha)\right)$; & la queſtion ſe réduira à faire en ſorte que $\varphi(2\beta+x)-\varphi x=N\operatorname{cof.}\left(2\alpha+\frac{2\beta\alpha}{\theta}-\frac{2\beta x}{\theta}\right)-N\operatorname{cof.}\left(2\alpha+2\beta+\frac{2b\alpha}{\theta}-\frac{2b\beta}{\theta}-\frac{2bx}{\theta}\right)$. Voyez dans les *Mémoires de Turin*, Tom. III, la ſolution de ce Problême.

46. Cette ſolution ne paroît pas auſſi générale qu'elle le puiſſe être, comme nous l'avons déja remarqué Tome IV de nos *Opuſc.* pag. 342 & ſuiv. parce qu'elle ſuppoſe le développement de $\varphi(x+2\beta)$ en ſéries ; & il ne paroît pas facile de trouver une ſolution abſolument générale.

47. Si on ſuppoſe dans ce cas-ci $2\alpha+\frac{2b\alpha}{\theta}=A$, $A+2\beta-\frac{2b\beta}{\theta}=B$, on aura pour le ſecond membre de l'équation $N\operatorname{cof.}A\operatorname{cof.}\left(\frac{2bx}{\theta}\right)+N\operatorname{fin.}A\operatorname{fin.}\left(\frac{2bx}{\theta}\right)-N\operatorname{cof.}B\times\operatorname{cof.}\left(\frac{2bx}{\theta}\right)-N\operatorname{fin.}B\operatorname{fin.}$

$\left(\frac{2bx}{\theta}\right)$. Faisant donc $\varphi x = D$ cos. $\left(\frac{2bx}{\theta}\right) + E$ sin. $\left(\frac{2bx}{\theta}\right)$ (D & E sont des constantes indéterminées); on aura $\varphi(x+2\beta) = D$ cos. $\left(\frac{2bx}{\theta} + \frac{4b\beta}{\theta}\right) + E$ sin. $\left(\frac{2bx}{\theta} + \frac{4b\beta}{\theta}\right) = D$ cos. $\left(\frac{2bx}{\theta}\right)$ cos. $\left(\frac{4b\beta}{\theta}\right) -$ D sin. $\left(\frac{2bx}{\theta}\right)$ sin. $\left(\frac{4b\beta}{\theta}\right) + E$ sin. $\left(\frac{2bx}{\theta}\right)$ cos. $\left(\frac{4b\beta}{\theta}\right)$ $+ E$ cos. $\left(\frac{2bx}{\theta}\right)$ sin. $\left(\frac{4b\beta}{\theta}\right)$; d'où en faisant séparément égaux à zero les termes de l'équation multipliés par sin. $\left(\frac{2bx}{\theta}\right)$, & par cos. $\left(\frac{2bx}{\theta}\right)$; on aura la valeur de D & celle de E.

48. Cette solution, quoiqu'elle semble particuliere & hypothétique, paroît aussi générale qu'elle le puisse être pour ce cas particulier. Mais la vitesse initiale G ne sera point $= 0$, & peut-être même faudra-t-il supposer que α n'est pas $= 0$ lorsque $t = 0$, c'est-à-dire, que la hauteur initiale ε du fluide n'est pas constante. Nous ne faisons qu'indiquer aux Géomètres ces objets de recherche, ainsi que les suivans.

49. Puisqu'on a (Voyez l'Ouvrage cité) $\alpha = \varepsilon r + s' = \frac{\varepsilon dq}{ds} + s'$, & la vitesse $k' = \frac{dq}{dt}$, il est aisé de voir qu'on aura, en supposant pour plus de simplicité $\Sigma = 0$,

$s' = 0$, l'équation $-\frac{\epsilon ddq}{ds^2} = \frac{3S}{2p\delta^3} \times \text{fin.} \left(2s - \frac{2bt}{\theta}\right) - \frac{\theta\theta ddq}{2adt^2}$.

50. Et si on suppose que la force motrice soit altérée par une résistance $= \frac{gdq}{dt} + a$, on aura de même $-\frac{\epsilon ddq}{ds^2} = \frac{3S}{2pd^3} \text{fin.} \left(2s - \frac{2bt}{\theta}\right) - \frac{gdq}{pdt} - \frac{a}{p} - \frac{\theta\theta}{2a} \frac{ddq}{dt^2} = 0$; équation dans laquelle on peut mettre au lieu de fin. $\left(2s - \frac{2bt}{\theta}\right)$ sa valeur fin. $2s$ cos. $\left(\frac{2bt}{\theta}\right) -$ fin. $\left(\frac{2bt}{\theta}\right)$ cos. $2s$.

51. Ainsi la difficulté se réduira à intégrer l'équation $\frac{ddq}{ds^2} + \frac{bddq}{dt^2} + \frac{edq}{dt} + a + T.S + T'S' = 0$, b, e, a étant des constantes, & T, S, T', S', des fonctions connues de t & de s; ou plutôt $\frac{ddq}{ds^2} + \frac{6ddq}{dt^2} + \frac{edq}{dt} + a + M(c^{2(s+\alpha t)} + c^{2(-s-\alpha t)}) = 0$; équation qui peut s'intégrer par les méthodes connues, en supposant d'abord $a = 0$, & en faisant ensuite $q = u + Bt$, ce qui fera disparoître le terme a.

52. Si e étoit $= 0$, l'équation se réduiroit à une forme qui s'intégre par le Tome IV de nos *Opuscules*, page 250, art. 45.

53. Mais il est à craindre que le terme tout constant a,

a, quoiqu'il doive vraiſemblablement entrer (art. 18) dans l'expreſſion de la réſiſtance, n'introduiſe néceſſairement dans la valeur de q un terme de la forme Bt, qui rendroit la ſolution illuſoire, puiſque la preſſion de la viteſſe renfermeroit alors des arcs de cercle, & non, comme elle le doit, de ſimples ſinus & coſinus.

53. La même équation de l'art. 51, s'intégreroit ſi la diſtance δ de l'aſtre attirant au lieu d'être conſtante étoit variable, & le mouvement de l'aſtre quelconque, car l'équation ſe réduira à la forme $\frac{ddq}{ds^2} + \frac{bddq}{dt^2} + \Sigma = 0$, Σ étant une fonction connue de s & de t.

54. Dans le cas où le ſphéroïde eſt couvert d'un fluide, & où l'aſtre attirant ſe meut dans une ligne droite, on a δ variable, $\frac{d\alpha}{dt} = \frac{\varepsilon dr}{dt} \pm \frac{k' \operatorname{cof.} s}{\operatorname{fin.} s}$ (Voy. l'Ouvrage cité) $= \frac{\varepsilon dr}{dt} + \frac{dq}{dt} \times \frac{\operatorname{cof.} s}{\operatorname{fin.} s}$, ou $\alpha = \varepsilon r + \frac{q \operatorname{cof.} s}{\operatorname{fin.} s} + S'$. Donc l'équation ſe réduit à $\frac{ddq}{ds^2} + \frac{bddq}{dt^2} + \frac{d\left(\frac{q \operatorname{cof.} s}{\operatorname{fin.} s}\right)}{ds} + T \operatorname{fin.} 2s = 0$; T étant une fonction connue de t.

55. On peut intégrer cette équation par une méthode analogue à celles que j'ai données ailleurs, en ſuppoſant $q = \vartheta \operatorname{fin.} 2s$, ϑ étant une fonction de t, qu'on déterminera aiſément, & dont la valeur dépendra de la réſolution d'une équation de cette forme : $dd\vartheta$ +

$B\vartheta dt^2 + Tdt^2 = 0$; B étant une quantité conſtante.

56. Si la hauteur primitive ε n'étoit pas conſtante, mais $= \varepsilon + \sigma$, σ étant ſuppoſé comparable à ε, alors, dans le cas où le fluide ſe mouvroit dans un plan, comme nous l'avons ſuppoſé au commencement de ces recherches, on auroit au lieu de l'équation $\nu dt = \frac{\varepsilon dk}{ds} \times dt$, de nos *Recherches ſur les Vents*, pag. 181, l'équation $\nu dt - \frac{d\sigma}{ds} \times k dt = (\varepsilon + \sigma) \frac{dk}{ds} dt$, ou $\frac{d\alpha}{dt} - \frac{d\sigma}{ds} \times \frac{dq}{dt} = (\varepsilon + \sigma) \frac{ddq}{dsdt}$, ce qui donne $\alpha = \frac{d\sigma}{ds} q + (\varepsilon + \sigma) \frac{dq}{ds} + S'$; & $\frac{d\alpha}{ds} = \frac{dd\sigma}{ds^2} q + \frac{d\sigma dq}{ds^2} + \frac{d\sigma dq}{ds^2} + (\varepsilon + \sigma) \frac{ddq}{ds^2}$. Ainſi l'équation à réſoudre contiendra alors les termes $\frac{\sigma ddq}{ds^2}$ & $\frac{2 d\sigma dq}{ds^2}$, & il faudra, pour l'intégrer, y appliquer les méthodes connues. Voyez le Tome IV de nos *Opuſcules*, pag. 244.

57. On voit auſſi que la même méthode peut être employée pour déterminer le mouvement de l'air forcé de ſe mouvoir ſur un parallèle quelconque, l'aſtre attirant ſe mouvant de telle maniere qu'on voudra.

58. La même méthode s'appliqueroit encore au mouvement de l'air forcé de ſe mouvoir ſur un méridien, & la queſtion ne ſeroit pas même beaucoup plus difficile, ſi on ſuppoſoit que l'air ſe mût dans une chaîne

de montagnes dirigée comme on voudroit ſuivant une courbe quelconque. Car appellant s la longueur variable des différentes parties de la chaîne, le calcul ſera le même que dans les autres cas, à l'exception que la force motrice, proportionnelle au ſinus du double de la diſtance de l'aſtre au zénith multipliée par le ſinus de l'angle que fait la direction de cette force avec la chaîne de montagnes en chacun de ſes points, aura une expreſſion plus compliquée, mais toujours dépendante de s & de t; & l'équation à réſoudre ſera toujours de la même forme que celle de l'art. 53.

59. Nous ne devons pas oublier d'obſerver ici que ſi la réſiſtance n'eſt pas ſimplement comme la viteſſe, alors en décompoſant la viteſſe du fluide en deux autres, il ne faut pas prendre la réſiſtance à chacune de ces viteſſes, mais la réſiſtance à la viteſſe abſolue, & décompoſer enſuite, ſi on le veut, cette réſiſtance abſolue dans le ſens des viteſſes compoſantes. Autrement le réſultat ſeroit très-fautif, comme le ſavent depuis long-temps les Géomètres.

60. Si l'on vouloit avoir égard, comme il ſeroit peut-être néceſſaire, à la loi du frottement ſuppoſée différente à différentes profondeurs, alors comme les viteſſes des couches du fluide à ces différentes profondeurs ne pourroient plus être ſuppoſées les mêmes, il faudroit introduire une nouvelle condition pour déterminer ce mouvement, & cette condition ſeroit qu'en vertu du frottement, une couche quelconque infiniment petite

doit être autant accélérée ou retardée par la couche ſupérieure, que retardée ou accélérée par l'inférieure. Voyez notre *Traité des Fluides*, art. 376, pag. 405.

61. En appellant x les diſtances des couches de l'atmoſphere à la ſurface de la terre, on trouvera facilement par les principes que nous avons donnés dans l'*Appendice* de notre *Eſſai ſur la réſiſtance des Fluides*, & dans nos *Recherches ſur les Vents*, pag. 132 & ſuiv. la loi des ellipticités de différentes couches dans le cas de l'équilibre & dans celui du mouvement; il faudra ſeulement obſerver que l'ellipticité doit être $=0$ lorſque $x=0$.

62. Nous ſuppoſons dans ces recherches que la quantité α dont la hauteur ε ou $\varepsilon+\sigma$ du fluide croît ou décroît à chaque inſtant, eſt très-petite par rapport à ε ou à $\varepsilon+\sigma$, car ſi elle ne l'étoit pas, le problême deviendroit plus difficile, & l'on auroit, en faiſant même $\sigma=0$, l'équation $\frac{d\alpha}{dt}=(\varepsilon+\alpha)\frac{ddq}{ds\,dt}$ dans la ſuppoſition même que le fluide ſe meuve dans un plan, ce qui rendroit l'équation du problême beaucoup plus compliquée.

63. Ce cas arriveroit, par exemple, ſi la hauteur ε étoit comparable à la différence $\frac{\varphi r}{2p}$ des axes que doit produire la force attirante. Voyez nos *Recherches ſur les Vents*, pag. 13 & ſuiv.

64. Nous avons donné dans les *Recherches* citées

la méthode pour trouver le mouvement du fluide par la rotation de la terre, en ſuppoſant que le mouvement de rotation ſoit commun à la terre & au fluide. Mais ſi on vouloit ſuppoſer que le fluide n'acquît qu'au bout d'un certain temps cette viteſſe commune de rotation, en ſorte que la viteſſe de rotation du fluide fût variable, & dépendante du temps t, alors la force qui éleve les eaux, & qui dépend de la force centrifuge φ, ſeroit variable, & dépendante du temps t, mais le problême pourroit toujours ſe réſoudre par les méthodes expliquées ci-deſſus; en ſuppoſant pourtant que la hauteur du fluide, toujours très-petite par rapport au rayon, eſt cependant beaucoup plus grande que la $\frac{1}{2.289^e}$ partie de ce même rayon, parce qu'ici $\frac{\varphi}{p} = \frac{1}{289}$.

65. Nous avons auſſi ſuppoſé dans nos *Recherches ſur les Vents*, que lorſque le Soleil, ou en général l'aſtre attirant, eſt dans l'équateur, le fluide près de l'équateur ſe meut ſenſiblement à chaque inſtant dans le plan du vertical qui paſſe en cet inſtant par l'aſtre attirant; ce qui nous a donné le moyen d'expliquer par la ſeule attraction du Soleil & de la Lune, le vent d'eſt qui ſouffle continuellement ſous l'équateur.

66. Cette ſuppoſition de la direction du fluide dans le plan vertical, très-près de l'équateur, eſt fondée ſur ce que la force qui tendroit à écarter le fluide de cette

direction étant très-petite par rapport à la force de l'astre attirant, laquelle est déja elle-même excessivement petite par rapport à la pesanteur, nous avons cru pouvoir regarder cette force comme détruite par le frottement & la tenacité des particules du fluide; & ce qui nous a déterminés à nous en tenir à cette supposition, c'est le résultat conforme aux phénomènes qu'elle avoit produits. Je sais qu'on a voulu expliquer par l'effet de la chaleur du Soleil, le vent d'est qui souffle continuellement en pleine mer sous l'équateur; mais comme l'explication assez vague qu'on donne ordinairement de cet effet, ne m'avoit pas paru & ne me paroît pas encore démonstrative, j'avois préféré d'adopter une hypothèse qui expliquât ce phénomène dans le système seul de l'attraction.

67. J'avoue cependant, & j'en ai même fait la remarque, que d'autres hypothèses aussi vraisemblables pourroient donner d'autres résultats; par exemple, on pourroit supposer aussi que les particules du fluide qui sont près de l'équateur se mûssent parallèlement à l'équateur, par la même raison que la force qui tendroit à les en écarter étant aussi très-petite, pourroit être censée de nul effet, à cause du frottement, & pour lors les formules de nos *Recherches sur les Vents*, pag. 182, s'appliqueroient ici. Mais si on vouloit alors trouver le vent d'est de l'équateur, il faudroit nécessairement supposer que la vitesse initiale du fluide n'eût pas été nulle.

68. En effet, il eſt aiſé de voir que dans la formule de l'art. 27 ci-deſſus, la viteſſe ne ſauroit être toujours poſitive, puiſque l'expreſſion de cette viteſſe peut ſe réduire à la formule A coſ. $2s$ coſ. $2\lambda t + B$ coſ. $2s$ coſ. $2kt + C$ ſin. $2s$ ſin. $2\lambda t + E$ ſin. $2s$ ſin. $2kt =$ coſ. $2s(A$ coſ. $2\lambda t + B$ coſ. $2kt) +$ ſin. $2s \times (C$ ſin. $2\lambda t + E$ ſin. $2kt)$ quantité qui, pour répondre aux phénomènes, devroit toujours être poſitive, quels que fuſſent s & t; or il eſt aiſé de voir que cela eſt impoſſible, puiſque s & t ſont indépendans l'un de l'autre, & qu'il faudroit qu'on eût toujours coſ. $2s$ & A coſ. $2\lambda t +$ B coſ. $2kt$ de même ſigne, ainſi que ſin. $2s$ & C ſin. $2\lambda t + E$ ſin. $2kt$; ce qui n'a pas beſoin d'une plus grande explication pour qu'on en voie l'impoſſibilité. Voyez d'ailleurs nos *Recherches ſur la cauſe des Vents*, art. 51 & 52.

69. Au reſte, comme le temps où le Soleil & la Lune ont commencé d'agir ſur la mer eſt abſolument indéterminé, & comme nous ignorons d'ailleurs quel étoit l'état de la terre & de la mer dans ce premier inſtant, il eſt permis d'en conclure que la conſidération de la viteſſe initiale du fluide eſt ici fort peu néceſſaire; & dans ce cas on trouveroit que la viteſſe du fluide dans le ſeul plan de l'équateur eſt ſimplement proportionnelle au quarré du ſinus de la diſtance au zénith, la conſtante K (art. 50 des *Recherches* citées) pouvant être ici négligée, puiſqu'aucune condition ne la détermine. Ainſi dans le cas de l'art. 50, & dans celui de

l'art. 47 on aura également le vent d'eſt ſous l'équateur; & il y a lieu de croire que dans pluſieurs autres ſuppoſitions, on auroit encore ce même vent d'eſt. Au reſte, on peut voir ſur ces différens objets les ſavantes recherches de M. de la Place dans les Mém. de l'Acad. de 1775, & dans les volumes ſuivans. Nous ne propoſons ici que des vues générales & hypothétiques ſur cet objet, & nous les ſoumettons au jugement des Mathématiciens. Nous les prions ſeulement de ſe ſouvenir que nous avons donné les premiers, il y a plus de trente années, la véritable méthode de réſoudre ce genre de queſtions, méthode que les Géomètres avoient juſqu'alors inutilement cherchée, & qu'ils ont bien voulu honorer des ſuffrages les plus flatteurs. Depuis ce temps, ayant été occupé par d'autres recherches, je me propoſois il y a trois ou quatre ans de perfectionner mon ancien travail ſur cet important objet, lorſque M. de la Place a préſenté le ſien à l'Académie, dans lequel il a entrepris de réſoudre ces problêmes avec toute la généralité & l'exactitude dont ils ſont ſuſceptibles, eu égard à l'état actuel de l'analyſe, & aux progrès qu'elle a faits depuis mes *Recherches ſur la cauſe des Vents;* progrès auxquels M. de la Place a contribué lui-même avec MM. Euler, de la Grange, de Condorcet, Monge, & d'autres Mathématiciens, parmi leſquels je crois pouvoir me nommer. Quoique les raiſons apportées dans la Préface du VIIe Volume ne m'aient pas permis de ſuivre les recherches de M. de la Place ſur ce ſujet;

j'y

j'y prens d'autant plus d'intérêt, qu'il me feroit aujourd'hui impoſſible par ces mêmes raiſons, de me livrer à l'analyſe profonde & délicate que ces recherches exigent.

APPENDICE

Contenant quelques Remarques relatives à différens endroits de ce VIIIe Volume.

Remarque sur la démonstration donnée pag. 6 (art. 6, n°. 3) du résultat toujours le même de la différentiation, en quelqu'ordre qu'on différentie.

CETTE démonstration pourroit servir à prouver d'une maniere très-simple, une proposition que la plûpart des Auteurs élémentaires négligent de prouver, savoir, qu'en quelqu'ordre qu'on multiplie tant de quantités a, b, c, d, e, &c. qu'on voudra, les unes par les autres, le résultat est toujours le même. On le démontre bien pour les produits ab & ba de deux quantités, mais on néglige souvent de le prouver pour les produits d'un plus grand nombre de quantités, quoique la chose ne soit pas évidente par elle-même. C'est un avis qu'on donne ici aux Auteurs d'Elémens, afin qu'ils y fassent attention à l'avenir.

Remarque sur le LVIe Mémoire, §. I, art. 37.

Il seroit bon d'examiner si dans le cas de la discontinuité des fonctions, il suffit que $\frac{dR}{dx} = \frac{dQ}{dy}$, pour que l'équilibre subsiste *à la rigueur*. En effet, nous avons vu (art. 3 & suiv.) qu'afin qu'un canal rectangle infiniment petit soit en équilibre, il faut que non-seulement $\frac{dR}{dy} = \frac{dQ}{dx}$, mais que les différences partielles à l'infini, dérivées de ces deux-là, soient égales entr'elles. Or cette derniere condition peut-elle avoir lieu si R & Q ne sont pas des fonctions continues? Il faut pourtant avouer que dans le cas même où elle n'auroit pas lieu, l'équilibre ne seroit rompu qu'à une quantité près infiniment petite, & ne le seroit même que dans les petits canaux rectangles qui seroient en partie dans la portion *abc*, en partie dans la portion *adc*. Or peut-on dire que l'équilibre ne subsiste pas, lorsqu'il ne s'en faut que d'une quantité infiniment petite qu'il n'ait rigoureusement lieu?

Remarque sur le même §. I du LVIe Mémoire, art. 50.

1. Supposons un solide sphérique recouvert par un fluide, & attiré par un astre quelconque; il est clair que l'action de l'astre attirant tend à mouvoir le fluide le long de la surface du solide; d'où il paroît s'ensuivre, en regardant le fluide comme composé de couches de différente densité, que ces couches ne seront pas de niveau dans le cas de l'équilibre, puisqu'à la surface

du ſolide, la différence de poids de deux colonnes verticales infiniment petites ne ſauroit être égale à l'effort du fluide qui couvre la ſurface de ce ſolide dans une étendue de 90°. Mais il eſt aiſé de voir que l'équilibre ne peut ſubſiſter ſans le niveau des couches. En effet, ſuppoſons d'abord qu'il n'y ait que deux fluides dont la denſité ſoit très-différente, il eſt aiſé de voir, & M. Clairaut l'a très-bien démontré, que la couche qui les ſépare, doit être de niveau pour qu'il y ait équilibre.

2. Suppoſons maintenant que le fluide inférieur ait très-peu d'épaiſſeur, le niveau de la couche n'en devra pas moins ſubſiſter pour l'équilibre mutuel, & par la même raiſon; ainſi il ſeroit impoſſible, dans le cas de l'équilibre, que la couche qui ſépare les deux fluides ne fût pas de niveau; & il en ſera de même de toutes les couches, s'il y a plus de deux fluides de denſités différentes.

3. Il eſt vrai qu'on peut ſuppoſer que les couches de différente denſité ſeront de niveau, en s'arrangeant de maniere que les couches inférieures aboutiroient à différens points de la ſurface ſphérique ſolide, en ſorte que les points de cette ſurface, qui dans l'état du repos contenoient tous des particules fluides de la même denſité, contiendroient dans ce nouvel état des particules de denſité différente. Mais en ce cas, on conçoit, ce me ſemble, difficilement, comment les couches du fluide, d'abord ſphériques, s'arrangeront entr'elles par l'attraction de l'aſtre; un peu de réflexion le fera ſentir.

Il suffira pour cela de supposer deux fluides seulement de différentes densités, dont l'inférieur ait une épaisseur excessivement petite, & telle que si ce fluide étoit seul, l'attraction de l'astre laissât à nud une partie de la surface sphérique qu'il recouvre. Voyez nos *Recherches sur la cause des Vents*, art. 4 & 5.

4. Il en seroit de même si le fluide étoit composé de couches infiniment petites, de différente densité à l'infini ; il est certain, comme il résulte de ce que nous avons démontré ailleurs (Tom. V, *Opusc.* Ier Mém.), que ces couches doivent être de niveau pour l'équilibre ; & que par conséquent les premieres couches, celles qui sont les plus voisines du solide, lesquelles couches (*hyp.*) étoient d'abord sphériques, s'amonceleront les unes sur les autres, en aboutissant à différens points de la surface, en sorte qu'il ne seroit peut-être pas aussi aisé que dans le cas du fluide entiérement homogène, de déterminer les oscillations de ces couches de fluide ; oscillations qui seroient fort grandes, puisque la couche infiniment petite, la plus inférieure, par exemple, devroit s'amonceler en un très-petit espace au-dessous de l'astre attirant.

Remarque sur le LVIe Mémoire, §. I, art 65.

L'observation que nous faisons ici sur la graduation des baromètres de mercure, devroit avoir lieu à plus forte raison, si on faisoit des baromètres d'eau, qui auroient plus de 32 pieds de hauteur. Ces baromètres feroient d'un ufage moins commode que ceux de mercure, mais ils marqueroient les variations de l'atmofphere d'une maniere bien plus fenfible, & pour ainfi dire, à chaque inftant. Sans defirer qu'ils fuffent très-communs, il feroit peut-être à fouhaiter que du moins on en fît quelqu'ufage.

Remarque fur le §. II du LVIe Mémoire, art. 15 & fuiv.

Depuis l'impreffion de cet article, M. Meunier, Correfpondant de l'Académie des Sciences, à qui il a donné des preuves de fes talens en Géométrie, m'a dit (à la fin de Mars 1780) avoir examiné la queftion que je propofe ici fur l'équilibre d'un corps traverfé par un fil, & fe propofe de foumettre au jugement de l'Académie fes recherches fur ce fujet.

Remarque fur le LVIe Mémoire, §. III, art. 2.

1. Il femble d'abord qu'il y ait une efpece de contradiction dans le réfultat de cet article 2; car ayant fuppofé dans l'article précédent que ω eft le denier pour une année entiere, & fuppofant ici que le denier pour $\frac{1}{k}$ année eft $\frac{\omega}{k}$, on trouve que la fomme due à la fin de l'année eft $\left(1+\frac{\omega}{k}\right)^k$, en faifant $m=1$. Or

$\left(1+\frac{\omega}{k}\right)^k$ eſt évidemment $> 1+\omega$; ainſi $1+\omega$ ne ſeroit pas la ſomme due à la fin de la premiere année, ni par conſéquent ω le denier.

2. Tout cela eſt vrai, & ne demande qu'un mot d'explication. C'eſt que les ſuppoſitions du denier ω pour une année, & du denier $\frac{\omega}{k}$ pour $\frac{1}{k}$ année, ſont ici indépendantes l'une de l'autre, & que nous avons même voulu prouver que dans le cas de l'intérêt compoſé, ces deux ſuppoſitions ne peuvent ſubſiſter enſemble, comme il ſeroit d'abord naturel de le penſer.

Remarque ſur le LVIe Mémoire, §. III, art. 8.

1. Ainſi dans le cas de l'*intérêt compoſé*, il y a de l'avantage pour l'emprunteur à payer par fractions d'année, puiſqu'il aura moins à payer pour s'acquitter. J'ai déja fait une remarque analogue à celle-ci dans l'*Encyclopédie*, aux mots *Arrérages* & *Intérêt*; & je répéterai ici que ſi les loix ne permettent, comme on l'aſſure, que l'*intérêt ſimple* (ce qui rend le ſort du prêteur & celui de l'emprunteur abſolument égal dans tous les cas, ſoit qu'on paye par portion d'années, ſoit par années entieres accumulées ou non), il me ſemble (au moins mathématiquement parlant) qu'elles font une eſpece de tort à tous deux; au créancier, ſi on ne paye que par années entieres, & au débiteur, ſi l'on paye par portions d'années. En effet, quand je prête une

ſomme a avec l'intérêt ω, pour une année, la ſomme qui m'eſt due à la fin de la premiere année, eſt évidemment $a(1+\omega)$. Si l'on me paye l'intérêt ωa, on ne me doit plus que la ſomme a, & à la fin de la ſeconde année, la ſomme $a(1+\omega)$, & ainſi de ſuite; de maniere qu'en payant exactement chaque année l'intérêt ωa, c'eſt comme ſi on me rendoit chaque année la ſomme $a(1+\omega)$ qu'on me doit, & que je reprêtaſſe la ſomme a. Mais ſi à la fin de la premiere année on ne me rend point la ſomme ωa, & qu'on ne me rende rien du tout, ou qu'on me rende ſimplement la ſomme $b<\omega a$, il eſt clair, & c'eſt en effet ce qu'on ſuppoſe dans la théorie & dans la pratique des *annuités*, que $a+\omega a-b$ eſt la ſomme dûe à la fin de la premiere année, & qu'ainſi $(a+\omega a-b)(1+\omega)$ eſt la ſomme dûe à la fin de la ſeconde année, & ainſi de ſuite. Donc ſi $b=0$, c'eſt-à-dire, ſi on ne m'a rien payé à la fin de la premiere année, la ſomme que je devrai à la fin de l'année ſera évidemment $a(1+\omega)(1+\omega)=a(1+\omega)^2>a+2a\omega$, qui ſeroit dûe ſuivant la loi. Ainſi dans ce cas la loi eſt déſavorable au créancier. Au contraire, ſi le débiteur veut payer, par exemple, & ſe racquitter en tout ou en partie, au milieu de la ſeconde année, il eſt évident, par la même raiſon, que devant $a(1+\omega)^2$ au bout de deux ans, il devra au bout de $\frac{1}{2}$ année $(a+\omega)^{\frac{1}{2}}$ $>a+\frac{a\omega}{2}$, qu'il devroit ſuivant la loi. Donc en ce cas la loi eſt déſavorable au débiteur.

2.

2. Il eſt évident que dans tous les cas l'annuité b eſt $>$ que l'intérêt $a\omega$, ou $\frac{a\omega}{k}$, ou $a(1+\omega)^{\frac{1}{k}}-a$, qu'on doit recevoir au bout de 1 année ou de $\frac{1}{k}$ année; ce qui ſe voit d'ailleurs ſans calcul, puiſqu'autrement les annuités ne pourroient parvenir à abſorber le principal.

3. Si on ne vouloit point avoir d'égard à l'intérêt compoſé, & qu'on ſupposât qu'au bout de m années, la ſomme dûe ſeroit $a(1+m\omega)$, & non $a(1+\omega)^m$, l'emprunteur ſeroit évidemment léſé. Car l'annuité b étant (*hyp.*) $>$ que l'intérêt $a\omega$ de la premiere année, il eſt clair qu'à la fin de cette premiere année, l'emprunteur devroit une ſomme moindre que a, & par conſéquent un intérêt moindre que $a\omega$ au bout de la ſeconde année; & ainſi de ſuite. Et ſi on faiſoit $b<a\omega$, alors, comme on vient de le dire, jamais la dette ne ſeroit acquittée, & s'augmenteroit même chaque année de la quantité $\omega-b$; ce qui ſeroit très-dommageable pour le prêteur.

4. Concluons encore une fois qu'il n'y a de conſéquent dans tous les cas, que l'hypothèſe de l'*intérêt compoſé*; celle de l'*intérêt ſimple* impliquant contradiction dans le réſultat des calculs.

Remarque ſur le LVIe Mémoire, §. III, art. 19.

Dans le cas où la ſomme kmb eſt $\frac{am\omega}{1-c^{-m\omega}}$, l'emprunteur a moins d'avantage, comme nous l'avons dit, que dans le cas où cette somme est $\frac{a[(1+\omega)^{\frac{1}{k}}-1]km}{1-\frac{1}{(1+\omega)^m}}$; & il a plus d'avantage que dans le cas où la somme kmb est $\frac{am\omega}{1-\frac{1}{(1+\omega)^m}}$. Mais ce dernier cas, où la somme totale à payer seroit $\frac{am\omega}{1-c^{-m\omega}}$, seroit, comme nous l'avons aussi observé il n'y a qu'un moment, un cas purement hypothétique & précaire, puisqu'on y suppose que le denier étant ω pour une année entiere, est $1+\frac{\omega}{k}$ pour $\frac{1}{k}$ année, & $\left(1+\frac{\omega}{k}\right)^{km}$ pour m années, au lieu qu'on peut & qu'on doit même naturellement supposer que ω étant le denier pour une année entiere, $a(1+\omega)^{\frac{1}{k}}$ est la somme due au bout de $\frac{1}{k}$ année, & $a(1+\omega)^{\frac{1}{k}\times km}$, ou $a(1+\omega)^m$ la somme due au bout de m années.

Remarque sur §. VII du LVIe Mémoire, art. 1 & suiv.

1. Dans un vase dont l'axe est vertical, & dont les parois sont courbes, il est aisé de voir que si on fait abstraction de la ténacité des parties, les particules des deux surfaces qui touchent les parois, doivent avoir au

premier inſtant un mouvement nul ; car autrement, la force détruite en ces points-là ne pourroit pas, comme il eſt néceſſaire, être perpendiculaire à la ſurface.

Ainſi, puiſqu'à la ſurface ſupérieure, les particules qui touchent les parois devroient être ſans mouvement au premier inſtant, il eſt clair qu'à cette ſurface ſupérieure, les parties ne peuvent pas avoir une viteſſe égale, c'eſt donc uniquement à cauſe de l'adhérence des parties que cette ſurface deſcend parallèlement à elle-même.

2. N'oublions pas d'obſerver ici que les conſidérations qui ont été faites dans ce §. VII, ſur le mouvement du fluide, depuis l'article 1 juſqu'à l'article 14, ſont plutôt des vues générales ſur ce mouvement, que des déterminations rigoureuſes & préciſes. Telles qu'elles ſont, elles nous ont paru dignes d'être propoſées aux Géomètres, & peut-être d'être approfondies & perfectionnées par eux.

3. Il n'eſt pas facile de démontrer rigoureuſement qu'à l'ouverture même *OF*, la viteſſe aille en augmentant de *O* en *F*. Il eſt au moins certain que cette loi a lieu très-près de l'ouverture ; & il eſt clair d'ailleurs par le §. II de ce Mémoire, que la force accélératrice à tous les points de l'ouverture, doit être au premier inſtant plus grande que la peſanteur, puiſque les tuyaux fictifs dans leſquels on peut ſuppoſer que les différentes particules du fluide ſe meuvent en cet inſtant, vont néceſſairement en diminuant de largeur

depuis la ſurface ſupérieure juſqu'à l'inférieure.

4. Suppoſons (Fig. 47, n°. 2) of parallèle & infiniment près de l'ouverture OF, & ſoit $\varphi - p$ la force détruite en O, & agiſſant ſuivant Oo, & $\varphi' - p$ la force détruite en K, & agiſſant ſuivant Kk; ſoit auſſi π la force détruite & horiſontale qui agit en k ſuivant kF, il eſt clair qu'on aura Oo ou $Kk \times (\varphi' - \varphi) =$ à la ſomme des forces π qui agiſſent de o vers f dans le canal ok; d'où l'on voit que ſi cette ſomme de forces eſt $= ok \times \rho$, ρ étant une quantité infiniment petite du premier ordre, & ok étant finie, $\varphi' - \varphi$ ſera finie, & par conſéquent $\varphi' > \varphi$; mais il eſt viſible que dans aucun cas φ' ne ſera $< \varphi$, au moins en faiſant abſtraction de la ténacité des parties.

5. Ainſi, pour ſavoir ſi φ' eſt φ, c'eſt-à-dire, ſi la viteſſe du fluide au premier inſtant va en augmentant de O vers F, la queſtion ſe réduit à ſavoir ſi ρ eſt une quantité infiniment petite *du premier ordre*; c'eſt-à-dire, ſi la courbure des filets du fluide en ok eſt finie ou infiniment petite; car il eſt aiſé de voir que la viteſſe horiſontale en k eſt $= \frac{\varphi' \times kK}{R}$, R étant le rayon oſculateur du filet en k; d'où il ſuit que ſi on nomme du les parties de ok, la ſomme des forces horiſontales détruites & agiſſantes ſuivant ok ſera $\int \frac{du \times \varphi' \times kK}{R}$; d'où l'on peut conclure aiſément que ſi R eſt finie, $ok \times \rho$ ſera infiniment petite du premier ordre; & qu'au con-

traire ſi R eſt infinie, $ok \times \rho$ ſera infiniment petite du ſecond ordre.

6. Or on ſait par notre théorie que le filet qui paſſe par k, devient en OF une ligne droite verticale; ainſi la queſtion ſe réduit à ſavoir ſi un moment avant de dégénérer en ligne droite, ce filet a une courbure infiniment petite, ou une courbure finie. Ce qu'il ne paroît pas facile de déterminer.

Remarque ſur le LVIIe Mémoire, §. VII, art. 14 & ſuiv.

1. Si on veut réduire une équation donnée $\Delta(x, y) = 0$, à l'équation $\varphi(x + y\sqrt{-1}) - \varphi(x - y\sqrt{-1}) = 2M\sqrt{(-1)}$; on fera ſucceſſivement diſparoître de l'équation $\Delta(x, y) = 0$, toutes les conſtantes a, b, &c. qu'elle peut renfermer, en ſuppoſant cette équation changée ſucceſſivement en $\Delta'(x, y) = a$, $\Delta''(x, y) = b$, &c. & s'il y a une de ces conſtantes a, b, &c. par exemple, a, qui ne doive point ſe trouver dans $\varphi(x + y\sqrt{-1})$, ou plus ſimplement dans φx, alors en différentiant l'une des équations $\Delta'(x, y) = a$, &c. ainſi que l'équation $\varphi(x + y\sqrt{-1}) - \varphi(x - y\sqrt{-1}) = 2M\sqrt{-1}$, on aura une équation finie identique, de laquelle on tirera, s'il eſt poſſible, $\varphi' x$, ou plutôt $\varphi'(x \pm y\sqrt{-1})$, en la différentiant ſucceſſivement par x & par y. Voyez le §. VII du LVIIe Mém. art. 19 & 23.

2. Mais ſi φx eſt telle qu'elle doive contenir toutes les conſtantes a, b, alors l'équation ne ſera plus iden-

tique, & le problême deviendra encore plus difficile.

3. Si l'on veut trouver ΔV par l'équation $\Delta V = B\Delta(V-A)$, on verra qu'il faut chercher une courbe, dont les abſciſſes étant ſuppoſées V, les ordonnées correſpondantes, diſtantes de la quantité A, ſoient en raiſon conſtante. C'eſt à quoi on ſatisfera en prenant $c^{\lambda V} = \Delta V$; d'où $c^{\lambda A} = B$, $\lambda A = \log. B$, & $\lambda = \frac{\log. B}{A}$; & pour rendre la ſolution plus générale, on obſervera que $\log. B = \lambda' + (2\nu + 1)\pi\sqrt{-1}$, ou $\lambda' + 2\nu\pi\sqrt{-1}$, ν étant un nombre entier quelconque poſitif ou négatif, en y comprenant zero, π l'angle de 180°, λ' le logarithme réel de B, en ſuppoſant B poſitif, la premiere formule ſervant pour le cas où B eſt négatif, & la ſeconde pour le cas où B eſt poſitif.

4. Donc ſi on avoit l'équation $\Delta' V - B\Delta'(V-A) = E$, on auroit (en ſuppoſant $\Delta' V = \int dV \Delta V = \int dV c^{\lambda V} = \frac{c^{\lambda V}}{\lambda} + D$) l'équation $\frac{c^{\lambda V}}{\lambda} + D - B\left(\frac{c^{\lambda V - \lambda A}}{\lambda} + D\right) = E$, ou $\frac{c^{\lambda V}}{\lambda} + D - c^{\lambda A}\left(\frac{c^{\lambda V - \lambda A}}{\lambda} + D\right) = E$; ce qui donne $D - c^{\lambda A} D = E$, & $D = \frac{E}{1 - c^{\lambda A}} = \frac{E}{1-B}$.

5. Suppoſons donc qu'on ait $\varphi(x + y\sqrt{-1}) - \varphi(x - y\sqrt{-1}) = 2M\sqrt{-1}$; on fera $x + y\sqrt{-1} = u$, $x - y\sqrt{-1} = u'$, & on aura $x = \frac{u+u'}{2}$, $y = \frac{u-u'}{2\sqrt{-1}}$;

suppoſons enſuite $y=f+hx$, & nous aurons $\frac{u-u'}{2\sqrt{-1}}$ $=f+h\left(\frac{u+u'}{2}\right)$; ou $u-u'=2f\sqrt{-1}+h\sqrt{-1}$ $(u+u')$; ou $u(1-h\sqrt{-1})-u'(1+h\sqrt{-1})=$ $2f\sqrt{-1}$, ou enfin $u-u'\left(\frac{1+h\sqrt{-1}}{1-h\sqrt{-1}}\right)=\frac{2f\sqrt{-1}}{1-h\sqrt{-1}}$. Or ſuppoſant $\varphi(x+y\sqrt{-1})$, ou $\varphi u=V$, on aura $u=\Delta' V$, & par la même raiſon $u'=\Delta' V'$, & comme $V-V'=2M\sqrt{-1}$, donc $V'=V-2M\sqrt{-1}$, donc en ſubſtituant, on aura $\Delta' V-\left(\frac{1+h\sqrt{-1}}{1-h\sqrt{-1}}\right)\Delta'(V-$ $2M\sqrt{-1})=\frac{2f\sqrt{-1}}{1-h\sqrt{-1}}$; donc en différentiant cette équation, on aura $\Delta V-\left(\frac{1+h\sqrt{-1}}{1-h\sqrt{-1}}\right)\Delta(V-$ $2M\sqrt{-1})=0$. Donc $2M\sqrt{-1}=A$, $\frac{1+h\sqrt{-1}}{1-h\sqrt{-1}}=B$. Or log. $\left(\frac{1+h\sqrt{-1}}{1-h\sqrt{-1}}\right)=2\sqrt{-1}\times\omega$, ω étant l'angle dont la tangente eſt h; de ſorte que ſi on prend ω' pour le plus petit angle dont la tangente eſt h, on aura $\omega=\omega'+\mu\pi$, μ étant un nombre entier poſitif, ainſi $\lambda=\frac{2\sqrt{-1}(\omega'+\mu\pi)}{2M\sqrt{-1}}=\frac{\omega'+\mu\pi}{M}$. Maintenant puiſque $\Delta' V=\int dV\Delta V$, on aura $\Delta' V=\int dV c^{\lambda V}=$ $\frac{c^{\lambda V}}{\lambda}D$, & l'équation à réſoudre ſera $\frac{c^{\lambda V}}{\lambda}+D-$ $\left(\frac{1+h\sqrt{-1}}{1-h\sqrt{-1}}\right)\times\left(\frac{c^{\lambda(V-2M\sqrt{-1})}}{\lambda}+D\right)=\frac{2f\sqrt{-1}}{1-h\sqrt{-1}}$;

ou $\frac{c^{\lambda V}}{\lambda} + D - c^{2\lambda MV-1}\left(\frac{c^{\lambda V - 2\lambda MV - 1}}{\lambda} + D\right) = \frac{2f\sqrt{-1}}{1 - h\sqrt{-1}}$, ce qui donne $D = \frac{2f\sqrt{-1}}{1 - h\sqrt{-1}}$ divisé par $1 - \frac{1 + h\sqrt{-1}}{1 - h\sqrt{-1}}$; ou $\frac{2f\sqrt{-1}}{-2h\sqrt{-1}} = -\frac{f}{h}$, donc $\Delta' V = \frac{c^{\lambda V}}{\lambda} - \frac{f}{h}$, ou $u = \frac{c^{\lambda V}}{\lambda} - \frac{f}{h}$; donc $u + \frac{f}{h} = \frac{c^{\lambda V}}{\lambda}$, ou $\lambda\left(u + \frac{f}{h}\right) = c^{\lambda V}$; donc $\lambda V = \log.$ $\left[\lambda\left(u + \frac{f}{h}\right)\right]$, & $V = \frac{\log.\left(u + \frac{f}{h}\right)}{\lambda} + \frac{\log. \lambda}{\lambda}$.

6. Cette solution, quoiqu'elle paroiſſe générale, ne l'eſt pourtant pas autant que celle qu'on trouve du même problême dans les Mémoires de Turin, 1762—1765; quoique cette derniere ſolution elle-même ne ſoit peut-être pas auſſi générale qu'on peut le deſirer.

7. Cette imperfection vient ſans doute de ce que la ſuppoſition de $\Delta V = c^{\lambda V}$ n'eſt pas auſſi générale qu'il eſt poſſible, pour ſatisfaire à l'équation $\Delta V - B[\Delta(V - A)] = 0$. Cependant, ſi on ſuppoſoit $\Delta V = z$, on auroit $z - B\left(z - \frac{A\,dz}{dV} + \frac{A^2\,ddz}{2\,dV^2} - \frac{A^3\,d^3z}{2.3\,dV^3}\ \&c.\right) = 0$, & faiſant $z = c^{\lambda V}$, on auroit encore $1 - B(c^{-\lambda A}) = 0$; d'où $c^{\lambda A} = B$ comme ci-deſſus; ce qui prouve encore que la réduction en ſéries ne donne pas une ſolution complette.

8. La suppoſition de $\Delta V = c^{\lambda V}$ eſt plus générale que celle de l'équation $\frac{\Delta V}{\Delta(V-A)} = B$; car cette derniere donne ſeulement en progreſſion géométrique les ordonnées diſtantes de A, au lieu que $\Delta V = c^{\lambda V}$, donne toutes les ordonnées équidiſtantes en progreſſion géométrique.

9. Si au lieu de ſuppoſer $\Delta V - B\Delta(V-A) = 0$, on ſuppoſoit, ce qui revient au même, $\Delta\left(V' + \frac{A}{2}\right) - B\Delta\left(V' - \frac{A}{2}\right) = 0$, en faiſant $V - \frac{A}{2} = V'$, on auroit $c^{\frac{\lambda A}{2}} - Bc^{\frac{-\lambda A}{2}} = 0$, & $c^{\lambda A} = B$, comme ci-deſſus; ainſi la ſolution ne ſeroit pas plus générale.

10. Ce qui prouve encore que la ſuppoſition de $\Delta V = c^{\lambda V}$, pour réſoudre l'équation $\Delta V - B\Delta(V-A) = 0$ n'eſt pas générale, c'eſt que ſi on avoit $B = 1$, on auroit $\lambda = 0$, & ΔV conſtante; cependant on ſait que l'équation $\Delta V = \Delta(V-A)$ ſe réſout par une courbe cycloïdale, & non pas ſeulement par une ligne droite parallèle à l'axe des V, comme le donneroit l'équation $\Delta V =$ conſt.

11. En général on peut réſoudre l'équation $\Delta V - B\Delta(V-A) = 0$, par le moyen d'une courbe, qui ne ſoit pas même continue. Car ſoient $AB = A$, AC, BD (Fig. 54) deux lignes conſtantes quelconques élevées perpendiculairement à l'extrêmité de A & B; & prenant $BP' = AP$, ſoit $P'M' : BD :: PM : CA$, il

eſt viſible que la courbe CM tracée à volonté, donnera la courbe DM', & ainſi de ſuite à l'infini à droite & à gauche de AB.

12. Si l'on veut que l'angle en D, des deux courbes DM', CD ſoit infiniment obtus, ce qui le rendra infiniment obtus pour toutes les autres courbes, on ſuppoſera $AP = x$, & l'ordonnée $PM = y = a + mx + \varphi x$, a étant $= cA$, & φx une fonction telle que ſa différence ſoit $= 0$ lorſque $x = 0$, & ne le ſoit pas lorſque $x = A$; on fera enſuite $\frac{a + m dx}{a} = \frac{a + ma + \varphi A + dx\varphi' A + m dx}{a + ma + \varphi A}$; ce qui donne $\frac{m}{a} = \frac{m + \varphi' A}{a + ma + \varphi A}$, & par conſéquent m.

13. Si on avoit $\Delta V - B[\Delta(V - A) = 0$, il faudroit remarquer que les abſciſſes $V + A - V = A$; d'où il eſt aiſé de voir qu'en faiſant $AC = \frac{AB}{2}$, les ordonnées à égale diſtance de C de part & d'autre, devroient être en raiſon de 1 à B; or comme les ordonnées au point C, ou, ce qui revient au même, infiniment proches de C de part & d'autre, ſont égales, il eſt clair que B doit être $= 1$, pour que la ſolution ſoit poſſible; & pour lors elle n'a aucune difficulté.

14. C'eſt ce qu'on peut prouver encore en donnant à l'équation cette forme, $\Delta\left(\frac{A}{2} + V\right) - B\Delta\left(\frac{A}{2} - V'\right)$, & en ſuppoſant V infiniment petit,

ce qui donnera $\Delta A + V'\Delta' A = B\Delta A - BV'\Delta' A$; d'où l'on voit que B doit être $= 1$ pour que l'équation puiſſe avoir lieu.

15. Elle auroit pourtant lieu encore ſi A & ΔA étoient telles que ΔA fût $= 0$; mais cette condition même demande encore que B ſoit $= 1$; en effet, prenant l'origine en C (Fig. 55), & ſuppoſant $CP = x$, on auroit alors l'ordonnée en $P = ax^m$, x étant infiniment petit; & faiſant $CP' = CP$, l'équation $\Delta\left(\frac{A}{2} + V\right) - B\Delta\left(\frac{A}{2} - V\right) = 0$, donneroit $CP^m - B.CP'^m = 0$; équation qui ne peut appartenir à une courbe continue, à moins que B ne ſoit $= \pm 1$; car ſoit $y = ax^m$, lorſque x eſt infiniment petit & poſitif, il eſt clair que prenant x négatif, on aura $y = \pm ax^m$. Donc, &c.

16. Il en ſeroit de même ſi on avoit $\Delta(D + V) - B\Delta(D + \mu V) = 0$; car en prenant $AC = D$, & ſuppoſant l'origine des V en C, les ordonnées répondantes aux abſciſſes $D + V$ & $D + \mu V$ devroient être en raiſon de 1 à B. Or lorſque $V = 0$, les ordonnées ſont égales; donc $B = 1$.

17. Donc il en ſera de même (en faiſant $D + V = V'$) de l'équation $\Delta V' - B \times \Delta[D + \mu(V' - D)] = 0$, ou $\Delta V' - B\Delta(K + \mu V) = 0$.

18. Si au lieu de l'équation $\Delta V - B\Delta(V - A) = 0$, on avoit $\Delta V - B\Delta(V + k + hV) = \Gamma V$, Γ étant une fonction donnée de V, & Δ une fonction incon-

nue, on pourroit employer la méthode de M. de la Grange dans les Mémoires de Turin déja cités; ce qui donneroit une solution beaucoup plus générale.

19. J'ai donné dans les mêmes Mémoires de Turin, la solution de l'équation $a\varphi(\alpha x+\beta y\sqrt{-1})+a'\varphi(\alpha' x+\beta' y\sqrt{-1})=2M+2N\sqrt{-1}$, en supposant $y=f+hx$; or soit $\alpha x+\beta y\sqrt{-1}=u$, $\alpha' x+\beta' y\sqrt{-1}=u'$, on aura $a\varphi u+a'\varphi u'=2M+2N\sqrt{-1}$, & en supposant $\varphi u=V$, $aV+a'V'=2M+2N\sqrt{-1}$; or l'équation $y=f+hx$ donne $K+Fu+F'u'=0$; donc à cause de $u=\Delta V$, & $u'=\Delta V'$, on aura $K+F\Delta V+F'\Delta(N+DV)=0$; donc dans cette équation on peut trouver la valeur de ΔV par les méthodes ci-dessus.

Remarque sur le LVIIe Mémoire, §. VII, art. 30.

1. Soit un vase dont les parois soient courbes, & terminé en-haut & en-bas par deux vases, dont les parois soient des lignes droites parallèles; il est aisé de voir que l'équation $\varphi(x+y\sqrt{-1})-\varphi(x-y\sqrt{-1})=2A\sqrt{-1}$, ne peut appartenir à-la-fois à la partie curviligne de ce vase, & à sa partie rectiligne, tant supérieure qu'inférieure.

2. Delà il s'ensuit que dans la différentielle $Pdx+Qdy$, les fonctions P & Q ne doivent pas nécessairement être des fonctions continues; & cette conclusion est d'autant plus naturelle qu'on a vu ci-dessus que

dans le cas de l'équilibre d'une masse fluide, les fonctions P & Q qui représentent les forces agissantes sur cette masse, peuvent être discontinues. Donc elles peuvent l'être aussi dans le cas du mouvement de ce même fluide.

3. En supposant donc P & Q des fonctions discontinues, mais telles cependant que le canal quelconque infiniment petit $P\,dx + Q\,dy$ soit en équilibre, on aura (*Résist. des Fluides*, art. 42 & 44) $-\frac{q\,dq}{dx} - \frac{p\,dq}{dy} = P$, & $-\frac{p\,dp}{dy} - \frac{q\,dp}{dx} = Q$. On aura de même dans l'instant suivant P' & Q' en p' & en q'; de plus (pag. 50, *ibid.*) on a $\frac{p'-p}{dy} + \frac{q'-q}{dx} = 0$. Ces équations renferment les loix générales du mouvement du fluide.

4. Quand on cherche le mouvement d'un fluide qui décrit des courbes rentrantes, il est nécessaire, pour bien déterminer ce mouvement, d'avoir égard à la loi qui veut que non-seulement $P\,dx + Q\,dy$ soit une différentielle complette (P & Q étant les forces détruites), mais encore que dans un canal rentrant & fermé, pris dans toute son étendue, la somme des forces qui se font équilibre, soit $= 0$, en sorte qu'il n'en résulte aucun mouvement dans ce canal.

5. L'équation $\varphi(x + y\sqrt{-1}) - \varphi(x - y\sqrt{-1}) = 2M\sqrt{-1}$, ne peut convenir aux vases symmétriques, si les deux courbes qui forment les parois sont liées

par la loi de continuité, à moins que M ne ſoit $= 0$. En effet, dans cette équation développée, y eſt impaire à tous les termes. Donc l'équation ne peut convenir à-la-fois à $+y$ & à $-y$, à moins que le ſecond membre ne ſoit $= 0$; ce qui permettra de diviſer tous les termes par y, & de n'avoir plus que des puiſſances paires de l'ordonnée. Mais cette loi de continuité entre les deux courbes, n'eſt pas néceſſaire. Car ſuppoſant que l'axe du vaſe repréſente un des parois, le mouvement du fluide ſe trouvera par nos formules; & il reſtera évidemment le même, en appliquant un ſecond vaſe à côté de l'autre, & en détruiſant l'axe commun.

Remarque ſur le LVIIe Mémoire, §. VII, à la fin.

On trouve dans le troiſiéme Tome des Mémoires de Turin, les valeurs de φx pour le cas où $y = a$, & pour celui où $y = b + fx$, c'eſt-à-dire, pour le cas d'un vaſe rectangle & d'un vaſe triangulaire. Si donc on a un vaſe qui ſoit rectangle dans ſa partie ſupérieure, & triangulaire dans l'inférieure, on pourroit, en combinant les ſolutions de ces deux problêmes, eſſayer de trouver la valeur de φx pour un tel vaſe; ce qui donneroit le mouvement du fluide au premier inſtant.

Remarque sur le §. X du LVIIe Mémoire, art. 15 & suiv.

1. En général, soit un vase convergent dont les surfaces supérieure & inférieure soient a & ω, & h la hauteur du fluide; la force accélératrice de la surface a au premier instant sera $\frac{ph}{\int\frac{a\,dx}{y}}$, & celle de la surface inférieure ω sera $\frac{ph}{\int\frac{a\,dx}{y}} \times \frac{a}{\omega}$. Le mouvement du centre de gravité, qui dans l'état libre seroit représenté par p, sera dans le vase, égal à la moitié de la somme de ces deux forces. Donc p sera $\substack{<\\=\\>}$ que $\frac{ph}{2\int\frac{a\,dx}{y}} \times \left(1 + \frac{a}{\omega}\right)$ selon que $h + \frac{ah}{\omega}$ sera $\substack{<\\=\\>}$ que $2\int\frac{a\,dx}{y}$. Or on peut très-aisément imaginer une loi dans les y, telle que $h + \frac{ah}{\omega}$ soit en rapport quelconque avec $2\int\frac{a\,dx}{y}$. Par exemple, si on fait $\frac{a}{y} = 1 + \frac{\left(\frac{a}{\omega} - 1\right)x}{h}$, il est clair qu'on aura $y = a$ quand $x = 0$, & $y = \omega$ quand $x = h$, & que de plus $2\int\frac{a\,dx}{y}$ sera $= 2h + \left(\frac{a}{\omega} - 1\right)h = h + \frac{ha}{\omega}$.

2. Donc si on veut que $2\int\frac{a\,dx}{y}$ soit $>$ ou $< h + \frac{ha}{\omega}$, il n'y a qu'à prendre $\frac{a}{y} = 1 + \frac{\left(\frac{a}{\omega}-1\right)x}{h} \pm X$; X étant une quantité qui soit $=0$, quand $x=0$, & quand $x=h$, & qui d'ailleurs soit toujours positive. Ainsi le mouvement du centre de gravité du fluide sera $>$ ou $<$ dans le vase, que dans l'état libre.

3. Pour rendre $X=0$, lorsque $x=0$ & $x=h$, il n'y a qu'à faire $X=\alpha\xi(x^p)(h-x)^q$, ou $\alpha\xi(x^p)(x-h)^q$, ξ étant une fonction quelconque de x, qui ne soit jamais infinie, p & q étant des nombres positifs quelconques, & α un coefficient constant. L'usage de ce coefficient est de faire en sorte que $\frac{a}{y}$ aille toujours en augmentant, c'est-à-dire, que $\frac{\left(\frac{a}{\omega}-1\right)dx}{h} \pm dX$ soit toujours positif. Car il n'y a qu'à prendre α assez petit pour satisfaire à cette condition.

Remarque sur le LVIIe Mémoire, §. XIII, art. 3.

1. Nous remarquerons ici en passant que cette méthode de différentier, en faisant successivement constantes les deux variables, peut servir à résoudre bien des problêmes sur les fonctions. Nous en avons déja donné des exemples, Tome VI de nos *Opuscules*, page

399

399 & ailleurs ; & pour nous en tenir ici à la queſtion préſente, ſoit propoſé de trouver la fonction φ, telle que $X\varphi(h, x) = \varphi h$, X étant une fonction donnée de x, & (h, x) une fonction auſſi donnée de h & de x. On aura, en faiſant varier x, $\frac{dX}{dx}\varphi(h, x) + \frac{Xd\varphi(h, x)}{dX}$ $= o$, & en faiſant varier h, on aura, $\frac{Xd\varphi(h, x)}{dh} =$ $\frac{d\varphi(h)}{dh}$; or ſoit $d(h, x) = Bdh + Cdx$, B & C étant des fonctions connues de x, on aura $\frac{d\varphi(h, x)}{dh} =$ $B\varphi''(h, x)$, & $\frac{d\varphi(h, x)}{dx} = C\varphi''(h, x)$. On aura donc les trois équations,

$$X\varphi(h, x) = \varphi h \ldots\ldots (1),$$

$$\frac{dX}{dx}\varphi(h, x) + XC\varphi''(h, x) = o, \ldots\ldots (2).$$

$$XB\varphi''(h, x) = \frac{d(\varphi h)}{dh} \ldots\ldots (3),$$

d'où l'on tire, en mettant dans la ſeconde équation au lieu de $\varphi''(h, x)$ ſa valeur $\frac{d\varphi(h)}{BXdh}$, les deux équations ſuivantes $X\varphi(h, x) = \varphi(h)$; & $\frac{dX}{dx}\varphi(h, x) +$ $\frac{Cd\varphi(h)}{Bdh} = o$, ou $\frac{dX\varphi(h)}{Xdx} + \frac{Cd\varphi(h)}{Bdh} = o$. Soit donc $\varphi h = H$, on aura $\frac{HdX}{Xdx} + \frac{CdH}{Bdh} = o$; & $\frac{dH}{Hdh} +$

$\frac{BdX}{CXdx}=0$; or comme la fonction H (*hyp.*) ne doit contenir que h, & la fonction X que x, il eſt clair par cette équation, qu'on aura $\frac{B}{C}=\frac{\xi}{h'}$, ξ étant une fonction de x, & h' une fonction de h, & qu'ainſi la différence $Bdh+Cdx$ de la fonction donnée (h, x) doit être de la forme $A\xi dh+Ah'dx$, A étant une fonction quelconque de x & de h; or comme ξ eſt connue, & $=\frac{dX}{Xdx}$; & que B & C ſont auſſi connues, il s'enſuit qu'on aura la valeur de $h'=\frac{C\xi}{B}$, & l'équation $h'=-\frac{dH}{Hdh}$, donnera la valeur de H en h, & par conſéquent la ſolution du problême.

2. A l'occaſion de ce même problême, en voici quelques autres ſur les fonctions, qui ſe réſolvent de même par la différentiation.

3. Soit propoſé de trouver une fonction φx, telle que $\varphi(x+a)\pm\varphi(x-a)=b$, a & b étant des conſtantes; en différentiant cette équation, on aura $\varphi'(x+a)\pm\varphi'(x-a)=0$. Or cette équation ſe réſout, lorſqu'il y a le ſigne $+$, par le moyen d'une trochoïde, ou plutôt en général d'une courbe trochoïdale, & lorſqu'il y a le ſigne $-$, par celui d'une courbe cycloïdale, les ordonnées dans l'un & l'autre cas étant diſtantes l'une de l'autre de la quantité $2a$. Maintenant $\varphi'(x+a)$ étant connue, ainſi que $\varphi'(x-a)$, on aura

$\varphi(x+a)=\int dx\varphi'(x+a)\pm C$; d'où l'on voit que le problême propoſé ſe réſoudra par le moyen des aires de la courbe trochoïdale ou cycloïdale répondantes aux abſciſſes $x+a$.

4. Donc ſi on veut trouver une quantité φx, telle que $\varphi(x+a)+\varphi(x-a)=b$, il faut tracer une trochoïde, ou en général une courbe trochoïdale compoſée de branches ſymmétriques au-deſſus & au-deſſous de l'axe, & ſuppoſer enſuite un autre axe qui ne coupe pas cette trochoïde par le milieu, mais qui ſoit à la diſtance $\frac{b}{2}$ de l'axe qui la coupe ainſi.

5. Et ſi l'on veut que $\varphi(x+a)-\varphi(x-a)=b$, il faut tracer une courbe dont les ordonnées ſoient égales aux aires de la cycloïde, ou d'une courbe cycloïdale; car entre deux ordonnées diſtantes de la quantité b, ſuppoſée $=$ à la circonférence du cercle générateur, ou de la courbe génératrice, l'aire eſt conſtante. Donc, &c.

6. On peut remarquer en paſſant que dans le cas où il y a $-$, le problême peut auſſi être réſolu par le moyen d'une courbe trochoïdale; car ſi les ordonnées d'une courbe trochoïdale diſtantes de $2a$ ſont égales & de ſigne contraire, les ordonnées de la même courbe diſtantes de $4a$ ſont égales & de même ſigne. Donc, &c.

7. En général, ſi on a $\varphi(x+a)\pm\varphi(x+b)=X$, X étant une fonction de x rationnelle & ſans diviſeur,

on aura en différentiant ſucceſſivement cette équation, juſqu'à ce que $d^n X = 0$, l'équation $\varphi'(x+a) \pm \varphi'(x+b) = 0$; d'où l'on voit que la difficulté ſe réduit à chercher une courbe dans laquelle la ſomme ou la différence de deux ordonnées diſtantes de la quantité $b-a$ ou $a-b$ ſoit $=0$; ce qui ſe fait aiſément par le moyen d'une courbe trochoïdale dans le premier cas, & d'une courbe cycloïdale dans le ſecond; après quoi on trouvera ſucceſſivement par des intégrations très-ſimples, toutes les fonctions dont $\varphi'(x+a)$ eſt la n^e différence.

8. Si on propoſe de trouver une fonction φ, telle que $\varphi(x+a) + A\varphi(x+b) = X$, X étant toujours une fonction de x rationnelle & ſans diviſeur, on réduira de même la queſtion à réſoudre l'équation $\varphi'(x+a) + A\varphi'(x+b) = 0$, A étant une quantité conſtante poſitive ou négative. De cette équation l'on tire $\frac{\varphi'(x+a)}{\varphi'(x+b)} = A$; c'eſt-à-dire, que les ordonnées diſtantes de la quantité $b-a$, ou $a-b$ doivent être en raiſon conſtante, A étant l'expoſant de cette raiſon, réel ou imaginaire, ou mixte imaginaire; d'où il eſt aiſé par les théories connues des logarithmes réels ou imaginaires, de déduire la ſolution du problême.

9. Si l'équation propoſée étoit $\varphi(a+x) \pm \varphi(b-x) = X$, on obſerveroit que la ſomme des abſciſſes $a+x$, $b-x$ eſt $= a+b$, & qu'ainſi il faudroit trouver une courbe dans laquelle on eût $\varphi'(a+x) \pm \varphi'(b-x) = 0$;

or la différence des abſciſſes $x+a$ & $b-x$ (priſes toutes deux, comme elles le doivent être, à l'origine des x) eſt $a-b+2x$; d'où il eſt clair que la ſomme ou la différence de deux ordonnées priſes à la diſtance $a-b+2x$, doit être $=0$; & comme x eſt indéterminée & quelconque, il s'enſuit que $a-b-2x$ eſt auſſi indéterminée & quelconque; d'où la ſomme ou la différence des ordonnées diſtantes l'une de l'autre d'une diſtance quelconque, doit être $=0$; & par conſéquent chaque ordonnée eſt $=0$, ou conſtante, quelle que ſoit x. Donc $\varphi'(x+a)=0$, ou conſtant, ainſi que $\varphi'(b-x)$. On feroit le même raiſonnement ſi l'on avoit à trouver φx, telle que $\varphi(a+bx)\pm\varphi(c+ex)$ fût $=0$, dans le cas où e & b ne feroient pas égaux & de même ſigne. Car dans tous ces cas on trouveroit que la ſomme ou la différence des ordonnées priſes à la diſtance quelconque $M+Nx$, M & N étant des conſtantes, feroit $=0$. Donc, &c.

10. Ainſi dans tous ces problêmes, on trouvera la valeur de $\varphi'(a+x)$ qui répond à $d^n X=0$; enſuite, on aura par les intégrations la valeur de $\int dx\varphi'(a+x)$, $\int dx\int dx\varphi'(a+x)$, &c. qui renfermeront des conſtantes, toutes arbitraires, mais qui doivent cependant être telles que la valeur de $\varphi(a+x)$ qui en réſultera, combinée ſuivant les conditions du problême, avec $\varphi(x\pm b)$, ou $\varphi(b-x)$, s'accorde avec la fonction donnée X.

11. Quand x eſt une fonction quelconque, alors la

ſolution n'eſt pas auſſi ſimple. M. de la Grange en a donné une très-ſavante dans les Mémoires de Turin, pour les années 1762 & 1765 ; mais je ne ſais ſi cette ſolution eſt auſſi générale qu'elle peut être, parce qu'elle eſt fondée ſur la réſolution de $\varphi(x+a)$ en ſérie, & que nous avons propoſé là-deſſus quelques doutes dans le Tome IV de nos *Opuſcules*, pag. 191 & 343. Au reſte, que nos remarques là-deſſus ſoient fondées ou non, perſonne n'eſt plus en état que M. de la Grange, de donner à la ſolution de ce problême, toute la généralité dont elle eſt ſuſceptible.

12. La méthode donnée par M. de la Grange dans les Mémoires de Turin déja cités, pag. 201, pour intégrer une autre équation de fonctions, où l'inconnue t n'eſt qu'au premier degré, peut s'appliquer aux équations $\varphi(x+a)+A\varphi(a'x+b)+A'\varphi(b'x+c)+$ &c. $=X$, pourvu qu'en ſuppoſant $x+a=t+$ a$(h+kt)$, les autres quantités $a'x+b$, $b'x+c$ puiſſent être ſuppoſées $t+b(h+kt)$, $t+c'(h+kt)$, &c.

13. Au reſte, ſi la quantité X renferme les quantités a, b, alors la ſolution générale eſt facile ; car il n'y a qu'à différentier $\varphi(x+a)\pm\varphi(x+b)$, ou même plus généralement $A\varphi(x+a)+B\varphi(x+b)=X$, ($A$ & B étant des conſtantes), en faiſant varier ſucceſſivement x, a & b, & on aura deux équations qui auront pour inconnues $\varphi'(x+a)$ & $\varphi'(x+b)$, venues par la différentiation ; équations d'où l'on tirera aiſément ce que l'on cherche.

14. Il en seroit de même si l'on avoit en général $\Delta(x,y)+\varphi(x',y')+$&c.$=\Gamma(x,y)$, Δ & φ étant des fonctions inconnues, & (x,y), (x',y') des fonctions connues de x & de y, ainsi que $\Gamma(x,y)$. Car il n'y aura qu'à différentier en faisant varier successivement x & y, & on aura deux équations dont les inconnues seront $\Delta'(x,y)$ & $\varphi'(x',y')$ venues par la différentiation. Donc, &c.

15. Il faut bien remarquer qu'on suppose ici les équations identiques, c'est-à-dire, qu'il n'y a point d'équation entre x & y, donnée par l'équation supposée, autrement la méthode proposée ne pourroit avoir lieu.

16. On peut encore résoudre en cette sorte le problême proposé, art. 14. Soit $(x,y)=u$, $(x',y')=u'$, on aura la valeur de x & celle de y, en u & u'; & par conséquent l'équation proposée se changera en $\Delta u+\varphi u'=\Gamma(u,u')$, Γ étant une fonction connue, & Δ, φ, des fonctions inconnues. Or comme cette équation (*hyp.*) est identique, différentions en faisant varier u seulement, on aura $\Delta' u=\Gamma'(u,u')$, d'où il est clair qu'afin que le problême soit possible, il faut que u' disparoisse dans $\Gamma'(u,u')$. On aura de même en différentiant par rapport à u' seulement, $\varphi' u'=\Gamma''(u,u')$, d'où il est clair que u doit disparoître dans $\Gamma''(u,u')$; & qu'ainsi $\Gamma(u,u')$ doit avoir la forme $V+V'$ pour que le problême soit possible, V étant une fonction de u seulement, & V' une fonction de u'.

Remarque sur le §. XIII du LVIIe Mémoire, art. 9 & 10.

1. On pourroit objecter ici, d'après ce que nous avons démontré, Tom. V des *Opusc.* pag. 85 & suiv. qu'en faisant abstraction de la tenacité du fluide & de la pesanteur, il seroit possible que le fluide se séparât dans les endroits où $yddy$ est $> dy^2$ (*), y étant la largeur de chaque tranche infiniment petite. A cela je réponds, 1°. que $yddy > dy^2$ ne donne pas nécessairement la séparation, comme nous l'avons fait voir, pag. 86 du Volume cité, art. 5. 2°. Que comme l'expérience prouve que le fluide, après s'être accéléré auprès du corps, se ralentit ensuite, sans néanmoins que le fluide se sépare, il s'ensuit nécessairement que dans les petits canaux où le fluide est supposé se mouvoir, les y vont en augmentant vers la partie postérieure du corps, & qu'ainsi quand même $yddy$ seroit en quelques endroits $> dy^2$, la séparation du fluide n'en est pas une suite nécessaire. 3°. Qu'il est très-possible que quoique les y aillent en augmentant, $yddy$ soit par-tout $< dy^2$. 4°. Enfin que si on attribue à la tenacité du fluide la raison pour laquelle il ne se sépare pas à la partie postérieure du corps, en ce cas la même raison fera qu'il ne

(*) A la page 86 de l'Ouvrage cité, il faut lire (lig. 5) $\frac{d^2y}{y}$ au lieu de $\frac{dy^2}{y}$; c'est une faute d'impression.

ne se séparera pas dans les petits canaux supposés, quoique y aille en augmentant, quand même $yddy$ seroit $> dy^2$.

2°. Quoi qu'il en soit, ces dernieres réflexions, & la théorie exposée dans les art. 9 & 10 du §. XIII dont il est question ici, sont tout ce qui s'est présenté à mon esprit de plus satisfaisant pour résoudre la difficulté proposée. J'invite ceux qui ne seroient pas contens de notre solution, à en chercher une meilleure.

3. Nous ajouterons une nouvelle réflexion. Il est certain que les ddy finissent par être négatifs, même lorsque les y vont encore en augmentant, puisque le filet finit par tourner sa concavité vers l'axe avant de lui devenir parallèle; ainsi, au moins dans la derniere portion de la partie postérieure du canal, le fluide ne se sépare pas. Or dans la tranche supérieure de cette portion, qui ne se sépare pas, la vitesse va en diminuant, puisqu'elle se change en celle de la tranche suivante (ce qui est nécessaire pour la continuité), & que y va en augmentant; donc la tranche qui est immédiatement au-dessus de cette tranche supérieure, doit aussi diminuer de vitesse, comme l'exige la loi connue sous le nom de *loi de continuité*; donc elle ne sauroit conserver sa vitesse telle qu'elle étoit, ce qui seroit pourtant nécessaire pour la séparation. Il me paroît donc que dans toutes les hypothèses, le fluide ne doit pas se séparer.

4. Indépendamment de la théorie donnée, pag. 84

& ſuiv. du Tome V de nos *Opuſcules* déja cité, on peut prouver de la maniere ſuivante que le fluide ne ſe ſéparera pas, ſi $yddy =$ ou $< dy^2$, ydx étant conſtant.

5. Soient ydx, $y'dx'$, $y''dx''$, trois tranches égales & conſécutives, & ſoient v, v', v'' leurs viteſſes. Pour que le fluide ſe ſépare, il faut, 1°. que y venant en y', & y' en y'', elles conſervent leurs viteſſes v, v'; 2°. que le temps $\frac{dx'}{v}$, employé à parcourir dx' avec la viteſſe v, ſoit $=$ ou $<$ que le temps $\frac{dx''}{v'}$ employé à parcourir dx'' avec la viteſſe v'. Donc $\frac{dx'}{v} =$ ou $<$ $\frac{dx''}{v'}$, c'eſt-à-dire, $\frac{dx'}{dx''} =$ ou $< \frac{v}{v'}$; donc à cauſe de $vy = v'y'$ & $y'dx' = y''dx''$ (ce qui donne $\frac{v'}{v} = \frac{y}{y'}$, & $\frac{dx'}{dx''} = \frac{y''}{y'}$) on aura $y''y =$ ou $< y'y'$; donc à cauſe de $y' = y + dy$, & $y'' = y + 2dy + ddy$, on aura $yddy =$ ou $< dy^2$.

6. Pour exprimer autrement cette condition, ſoit $dx = Ydy$, Y étant donné par la nature de la courbe, donc $ydx = yYdy$, & à cauſe de ydx conſtant, $ddy = -\frac{dyd(yY)}{yY}$; donc $yddy =$ ou $< dy^2$ deviendra $-\frac{dyd(Yy)}{Y} =$ ou $< dy^2$, c'eſt-à-dire, $-d(Yy) =$ ou $< Ydy$.

Remarque pour le §. XIII du LVIIe Mémoire, à la fin.

Depuis que ces recherches ſur la réſiſtance des Fluides ont été écrites, M. l'Abbé Boſſut a publié des expériences relatives à cette matiere, & faites avec le plus grand ſoin & le plus grand détail. Nous y renvoyons le Lecteur, ainſi qu'aux conſéquences intéreſſantes qu'il en a tirées ſur la loi de la réſiſtance des fluides; conſéquences dont il a lu le réſultat à l'Aſſemblée publique d'après la S. Martin 1779, & qu'il ſe propoſe de publier inceſſamment avec pluſieurs autres recherches curieuſes, tant mathématiques qu'expérimentales, ſur le mouvement, le choc & la réſiſtance des fluides.

Remarque générale ſur le §. I du LVIIIe Mémoire, concernant les perturbations & le mouvement des Comètes.

1. M. de la Grange, dans la Piece qui a remporté le prix de l'Académie en cette année 1780, a donné une méthode analytique très-utile pour calculer les perturbations des Comètes. Ses ſavantes recherches ſur ce ſujet, jointes à celles que MM. *Clairaut*, *Euler*, *pere & fils*, *Fuſſ* & moi, avons déja faites relativement à la même queſtion, ſuffiront aux Mathématiciens pour appliquer le calcul à la Comète de 1661,

dont on attend le retour vers 1790; ainſi que pour les autres Comètes dont la période pourra être connue par la ſuite.

2. Un ſeul objet, juſqu'ici négligé, mérite encore l'attention des Géomètres dans la ſolution de ce problême; c'eſt d'avoir égard, s'il eſt poſſible, à la maſſe de la Comète, ou plutôt, (cette maſſe étant inconnue) d'examiner l'influence qu'elle peut avoir pour rendre la ſolution plus ou moins exacte.

3. Cette recherche, conſidérée analytiquement, n'eſt pas fort difficile, mais pourroit cependant être de quelqu'utilité; pour cela il faudroit ſur-tout avoir égard aux cas où la Comète & la Planète perturbatrice ſe trouvent aſſez près l'une de l'autre. Nous avons fait voir que dans ces cas la Comète peut être regardée pendant quelque temps comme un ſatellite de la Planète; on pourroit donc ſuppoſer à la maſſe de cette Comète, une valeur indéterminée, & chercher d'après les réſultats des formules analytiques, les effets qui réſulteroient de cette ſuppoſition dans deux cas extrêmes, celui de la maſſe de la Comète ſuppoſée très-petite, & celui de cette maſſe ſuppoſée égale à celle de Jupiter, la plus groſſe de toutes les Planètes. Cette queſtion nous paroît digne d'être propoſée par quelque Académie.

4. Je dois remarquer encore, que lorſqu'on connoît à-peu-près le temps de la révolution d'une Comète, par les obſervations de ſon retour, il ſeroit peut-être

possible, avec de bonnes observations, de déterminer assez exactement dans chaque révolution, son ellipse primitive, c'est-à-dire, celle qu'elle auroit décrite indépendamment de la perturbation; recherche qui n'est pas indifférente pour déterminer les vraies altérations du mouvement de la Comète. En effet, soit *A* le temps écoulé entre le passage de la Comète à son périhélie dans deux révolutions successives; qu'on recueille les observations les plus exactes faites à la premiere & à la seconde de ces deux révolutions, avant & depuis le passage au périhélie jusqu'au temps où la Comète a cessé d'être vue; il est assez permis de supposer, que durant cet espace de temps, toujours peu considérable par rapport à la révolution entiere de la Comète, l'action des Planètes n'a produit qu'une altération peu sensible, & qu'ainsi la courbe que la Comète a décrite avant & depuis le périhélie, est à-peu-près son ellipse primitive. On cherchera donc parmi toutes les ellipses dont l'axe donneroit à-peu-près la révolution *A*, celle qui quadreroit le mieux avec les observations de la Comète; & on prendroit cette ellipse pour l'ellipse primitive, ce qui donnera le moyen de calculer plus exactement les perturbations, sur-tout dans la partie supérieure, où leur effet est très-sensible.

Remarque sur le §. IV du LVIIIe Mémoire.

1. J'ai déja observé dans le Tome VI de ces *Opusc-*

cules, pag. 230, que l'hypothèſe elliptique ne ſuffiſant pas pour concilier les obſervations du pendule & celle des degrés, il faut voir ſi on ne pourroit pas concilier ces obſervations, en ſe ſervant de la méthode que j'ai donnée pour déterminer la figure de la terre dans d'autres hypothèſes, qui ne lui donneroient pas une forme elliptique. Cette recherche, dont tous les principes ſe trouvent dans la théorie que j'ai donnée il y a long-temps ſur ce ſujet, eſt d'autant plus eſſentielle, qu'indépendamment même de la meſure du pendule, la figure elliptique ne paroît pas pouvoir ſe concilier avec les ſeules meſures du degré, faites à différentes latitudes & ſous différens méridiens. Car il paroît par toutes ces meſures, 1°. que les méridiens ne ſont pas des ellipſes; 2°. qu'ils ne ſont pas tous ſemblables entre eux, & que par conſéquent la terre n'eſt point un ſolide de révolution. Ainſi non-ſeulement il ſeroit bon de ſuppoſer à la terre une autre figure que l'elliptique, mais encore une autre que celle d'un ſphéroïde de révolution.

2. Dans cette derniere hypothèſe, il eſt clair que la ligne verticale ſuivant laquelle la peſanteur ſe dirige, non-ſeulement ne tendroit pas au centre de la terre, mais même ne ſe trouveroit pas dans l'axe, & il ſeroit bon d'examiner, ce qu'il ſemble qu'on n'a pas encore fait, quel changement cette *déviation* de la verticale apporteroit à la meſure de la parallaxe, & quelle influence elle auroit auſſi pour corriger certaines ob-

ſervations & calculs aſtronomiques, fondés ſur l'hypothèſe que la verticale ou ligne du zénith paſſe par le centre de la terre, ou du moins par ſon axe.

3. J'ai démontré dans mes *Recherches ſur la préceſſion des Equinoxes*, pag. 95 & ſuiv. que les obſervations de la préceſſion des équinoxes ne pouvoient ſe concilier avec l'hypothèſe où la terre feroit ſuppoſée un ſolide elliptique de révolution. J'avois cru qu'on pouvoit concilier ces deux hypothèſes, en ſuppoſant la terre, non pas totalement ſolide, mais couverte d'un fluide, par la raiſon que le mouvement réel & actuel de la partie fluide n'a point d'influence ſur la partie ſolide; mais pour mettre cette aſſertion hors de doute, il faudroit examiner de plus l'effet de la preſſion de cette partie fluide ſur la ſurface de la partie ſolide, & par conſéquent ſur l'axe, ce que je n'avois pas fait. M. de la Place, dans les Mémoires de l'Académie de 1776, trouve, par l'analyſe, que dans cette hypothèſe de la terre en partie fluide, la difficulté de la conciliation reſte la même que ſi la terre étoit entiérement ſolide. Si ce réſultat, qui mérite toute l'attention des Géomètres, eſt exact, il en naîtroit une nouvelle difficulté dans la théorie de la figure de la terre pour concilier les obſervations de la préceſſion avec cette figure. Il faudroit alors ſuppoſer les méridiens diſſemblables & non elliptiques. J'ai donné dans les Mémoires de l'Académie de 1754, la ſolution du problême de la préceſſion & de la nutation dans cette derniere hypo-

thèſe, en regardant la terre comme ſolide; il reſteroit à le réſoudre encore dans la même hypothèſe, en la regardant comme recouverte d'un fluide, & à chercher les moyens d'accorder à-la-fois les phénomènes de la préceſſion & de la nutation, la meſure des degrés, & celle du pendule.

4. J'ajouterai, à l'occaſion de ce Problême de la préceſſion, qu'en expoſant dans le Tome V de mes *Opuſcules*, pag. 282, & dans le Tome VI, pag. 335, les objections nombreuſes & ſans réplique dont eſt ſuſceptible la ſolution que M. Simpſon a donnée de ce problême, je crois avoir mis les Géomètres à portée d'apprécier une autre ſolution, qu'un ſavant Géomètre, depuis peu enlevé aux ſciences & à l'Académie, a donnée dans les Mémoires de 1759, & par laquelle il trouve la préceſſion produite par le Soleil, différente de celle que j'ai trouvée par la véritable méthode pour réſoudre ce problême, méthode confirmée, ſi elle en avoit beſoin, par les ſolutions exactes que MM. Euler, de la Grange, & d'autres ſavans Géomètres ont trouvées depuis du même problême. Pluſieurs des objections que j'ai faites à M. Simpſon peuvent s'appliquer à la ſolution dont je parle ici, & en faire connoître l'imperfection; mais l'Auteur n'exiſtant plus, je ne crois pas en devoir dire ici davantage.

Remarque

Remarque sur le §. V du LVIIIe Mémoire.

1. La théorie Newtonienne sur laquelle est appuyée celle que nous donnons ici de la réfraction des rayons dans l'atmosphere, suppose que ces rayons augmentent de vitesse en la traversant, & qu'ainsi ils arrivent à l'œil avec cette vitesse augmentée. Il est vrai que comme la réfraction est peu considérable, cette augmentation, par la théorie Newtonienne, doit être peu considérable aussi; mais d'un autre côté, la lumiere éprouve en traversant l'atmosphere, une diminution de vitesse par la résistance du fluide, en sorte qu'elle arrive à nos yeux avec une vitesse différente de celle qu'elle a en partant des astres qui nous l'envoyent. On peut encore supposer, il est vrai, que cette altération est peu considérable, à cause du peu de densité de l'atmosphere.

2. Il n'en est pas de même, ce me semble, au moins d'après la théorie Newtonienne, lorsque la lumiere traverse une lunette. Il est certain, d'après cette théorie que les rayons qui traversent un verre optique, doivent avoir sensiblement plus de vitesse qu'avant de le traverser. Ainsi dans ce cas la lumiere aura une vitesse différente de celle qu'elle a en partant de l'astre. Or on sait que la quantité de l'aberration des astres est dépendante de la vitesse de la lumiere. S'ensuivroit-il delà que la quantité de l'aberration seroit différente si on l'observoit avec une lunette, & si on l'observoit à l'œil nu? On peut ré-

pondre que si la vitesse augmente en entrant dans le verre, elle diminue d'autant lorsqu'elle en sort, & qu'ainsi son altération est nulle. Mais il paroît au moins, toujours d'après la théorie Newtonienne, qu'attendu la réfraction & la disposition des humeurs de l'œil, la lumiere arrive au fond de l'œil avec une vitesse sensiblement différente de celle qu'elle a en y entrant, & qu'ainsi c'est cette vitesse altérée, & non la vitesse de la lumiere en sortant de l'astre, qui régle la quantité de l'aberration. Il paroît aussi que la quantité de l'aberration pour un plongeur, s'il pouvoit l'observer, seroit différente de celle qu'observent les autres hommes.

3. Je pourrois renouveller ici plusieurs autres questions que j'ai déja proposées dans les volumes précédens sur la théorie Newtonienne de la réfraction de la lumiere, mais je me contente de renvoyer à ces questions. Voyez Tom. III, *Opusc.* pag. 345 & suiv. & pag. 395 & suiv.; voyez aussi Tom. V, pag. 452 & suiv.

Remarque sur le §. *XII du LVIII*[e] *Mémoire, art.* 1 *& suiv.*

A l'occasion de la théorie que j'ai donnée des oscillations d'un fluide, qui, d'abord sphérique dans son état de repos, passe successivement par différentes ellipses, & fait des oscillations isochrones, j'observerai,

1°. que puisque dans la Fig. 3 de mes *Recherches sur la cause des Vents* (que je suppose qu'on ait ici sous les yeux), on a Gg (pag. 13 de cet Ouvrage) $= \frac{\varphi r}{3p}$, & que l'ellipticité ωd est $= \frac{\varphi r}{2p}$ (*ibid.*), il s'ensuit que si en général on nomme l'ellipticité α, & qu'on la suppose très-petite, on aura $Gg = \frac{2\alpha}{3}$, & $Dd = \frac{\alpha}{3}$; 2°. qu'en prenant PME, & GND, état primitif du fluide, pour des ellipses peu différentes du cercle, les calculs des pages 13 — 27 de l'Ouvrage cité subsisteront en leur entier, pourvu que (pag. 17) la quantité $\frac{\alpha}{3\epsilon}$ représentée par $\frac{\varphi r}{6\epsilon p}$ soit très-petite.

Or delà on peut conclure, que si un solide elliptique de l'ellipticité α' est recouvert d'un fluide de la profondeur ϵ & de l'ellipticité α très-petite par rapport à 3ϵ, ce fluide, supposé d'abord en équilibre, & dérangé ensuite de cet état, *de maniere que sa figure soit elliptique*, & que son ellipticité soit très-petite par rapport à 3ϵ, fera des oscillations très-petites pour se remettre à l'état d'équilibre, pourvu que 5Δ soit $> 3\delta$, Δ étant la densité du noyau solide, & δ celle du fluide, α & α' étant d'ailleurs l'un & l'autre de tels signes qu'on voudroit. Voyez mes *Opuscules*, Tom. I, pag. 246 — 252, & Tom. VI, pag. 68 — 76. C'est-là tout ce qui résulte de ma théorie, & que j'ai prétendu en tirer dans les Ouvrages cités. Mais il ne s'ensuit pas, comme M. de la Place l'a remarqué, que dans d'autres hypothèses l'équilibre se rétablit de lui-même. On peut voir ses recherches sur ce sujet dans les Mémoires de l'Académie de 1776. Il observe avec raison que pour l'équilibre ferme, la figure du fluide doit rester elliptique pendant tout le mouvement. On peut trouver synthétiquement, par notre théorie, les cas où cela doit arriver. Il est au moins certain, par les démonstrations de M. de la Place, & par les miennes, que si 5Δ est $< 3\delta$, l'équilibre ne sera jamais ferme, quelle que soit la figure du noyau & celle du sphéroïde; & qu'ainsi c'est le rapport des densités du fluide & du noyau, & non la figure du noyau & celle du sphéroïde qui déterminent la fermeté de l'équilibre.

Remarque sur le §. XII du LVIIIe Mémoire, art. 18.

Cette supposition d'une quantité constante dans la force qui vient du frottement, n'a peut-être lieu que lorsque le corps mu est pressé contre la surface sur laquelle il se meut, par quelque force comme la pesanteur. Peut-être dans les autres cas n'est-il pas nécessaire d'admettre dans la force du frottement cette quantité constante. En effet, si on l'admettoit, par exemple, dans le problême des cordes vibrantes, on auroit pour l'équation du mouvement de ces cordes $\frac{ddy}{dt^2} = \frac{ddy}{dx^2}$

$-a$, ou $\frac{ddy}{dt^2} = \frac{ddy}{dx^2} - \frac{bdy}{dx} - a$, & il ne feroit peut-être pas facile de trouver dans ce cas une valeur de y qui donnât toujours, quel que soit t, $y = 0$ pour $x = 0$, & pour une autre valeur de x, comme il eſt néceſſaire dans la ſolution de ce Problême.

Remarque ſur le §. XII du LVIIIe Mémoire, à la fin.

M. Maclaurin a remarqué le premier que l'inégale viteſſe des parties ſolides de la terre, devoit contribuer à altérer le mouvement de la mer dans le flux & reflux. Je dois avouer que je n'ai point eu d'égard à cette conſidération dans les formules que j'ai données de ce mouvement, parce que j'ai ſuppoſé que le mouvement de rotation de chaque partie de la terre, ſe communique toujours au fluide qui eſt au-deſſus, ſuppoſition qui n'eſt peut-être pas fort éloignée de la vérité, attendu le frottement des eaux contre la ſurface de la terre, & le peu de hauteur de la mer. Mais on peut, ſi l'on veut, avoir égard à la remarque de M. Maclaurin; il n'eſt pas difficile d'en faire entrer le réſultat dans les formules; pour cela il ſuffit de chercher quelle variation ſouffre à chaque inſtant le mouvement en latitude & en longitude, en ſuppoſant qu'une particule du fluide ſe meuve le long d'un grand cercle oblique aux méridiens & aux parallèles.

On peut aussi voir là-dessus les calculs de M. de la Place, dans sa *Théorie du Flux & Reflux*, à laquelle nous renvoyons les Géomètres.

Fin du huitieme Volume.

Fautes à corriger dans le huitiéme Volume.

PAGE 10, *ligne* 14, au lieu de $Q = \Psi(x, y, A)$, lisez $Q' = Q + \Psi(x, y, A)$.

Page 104, *ligne* 12, au lieu de $\int dq$, lisez $s\,dq$.

Page 117, *ligne* 4 *à compter d'en-bas, au lieu de* constrution, *lisez* contraction.

Page 161, *ligne derniere, & page* 162, *ligne* 4, au lieu de $\int \frac{G'd\sigma'}{dt}$, lisez $\frac{\int \frac{G'd\sigma'}{dt}}{M}$.

Page 173, *ligne* 3, *au lieu de* le retrécir, *lisez* se retrécir.

Page 173, *ligne* 5, *avant ces mots:* une viteſſe finie verticale, *mettez*, ou en continuant à paſſer de l'état ſupérieur à l'état inférieur,

Page 180, *ligne* 10, *à compter d'en-bas, après le mot* corps, *ajoutez* mous.

Page 293, *ligne* 11, au lieu de $Ak^2(k^2+E)^2+G$, mettez $Ak^2[(k^2+E)^2+G]+D$.

Page 294, *ligne* 3, au lieu de $(k^p+G)^2+L$, lisez $[(k^p+G)^2+L]$.

Page 317 *& ſuiv.* au lieu de C, mettez par-tout c.

Page 360, *lignes* 2 *&* 3, *à compter d'en-bas*, au lieu de $(a+\omega)^{\frac{1}{2}} > a+\frac{a\omega}{2}$, liſez $a(1+\omega)^{\frac{1}{2}} < a+\frac{a\omega}{2}$.

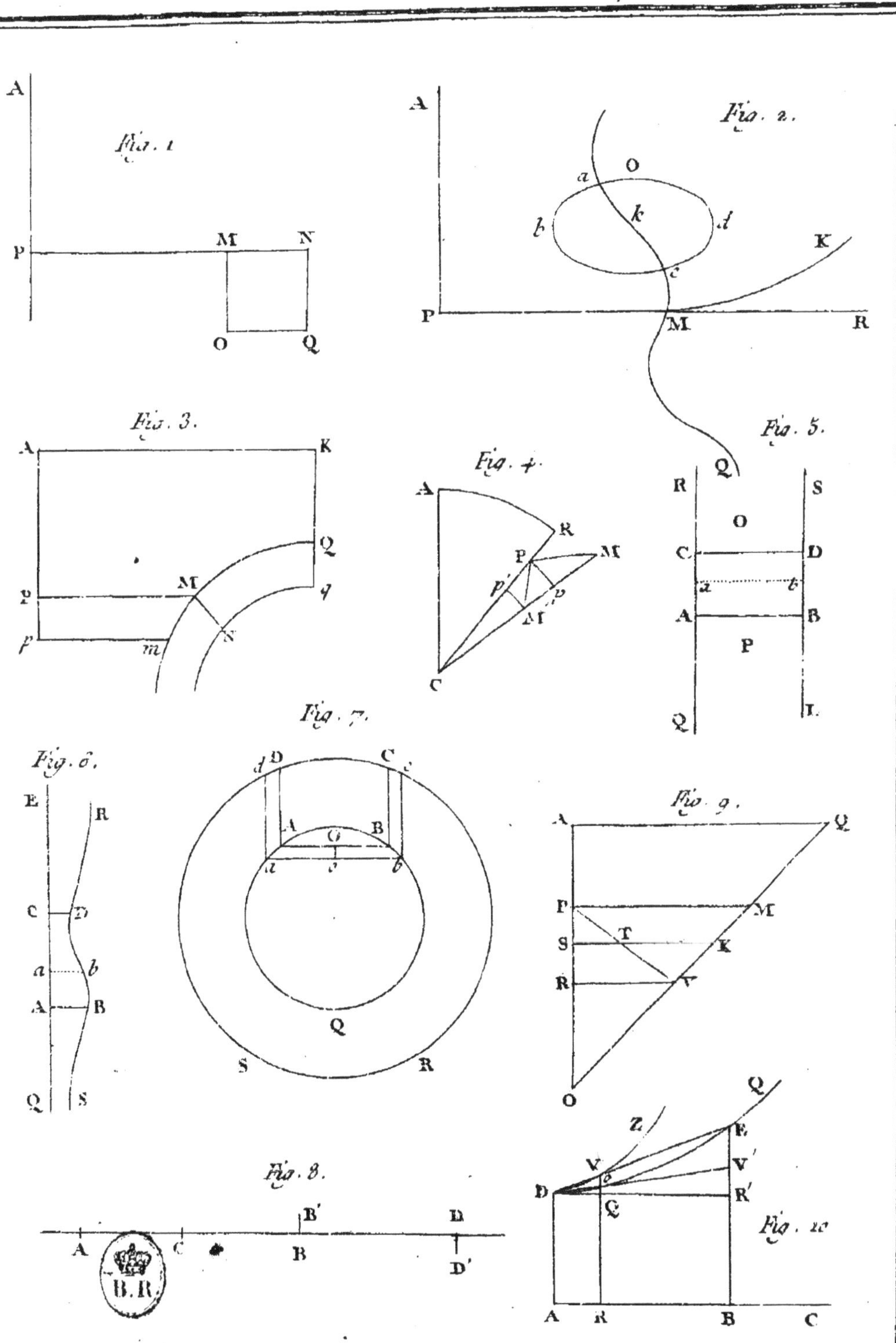
Fig. 1.
A
P
M
N
O
Q
Fig. 2.
A
O
a
b
k
d
c
K
P
M
R
Q
Fig. 3.
A
K
Q
P
M
q
p
m
N
Fig. 4.
A
R
P
M
p′
p
M′
C
Fig. 5.
R
S
O
C
D
a
b
A
B
P
Q
L
Fig. 6.
E
R
C
D
a
b
A
B
Q
S
Fig. 7.
d
D
C
c
A
G
B
a
g
b
Q
S
R
Fig. 9.
A
Q
P
M
S
T
K
R
V
O
Fig. 8.
B′
D
A
C
B
D′
Z
Q
E
V
V′
D
R′
Q
Fig. 10
A
R
B
C

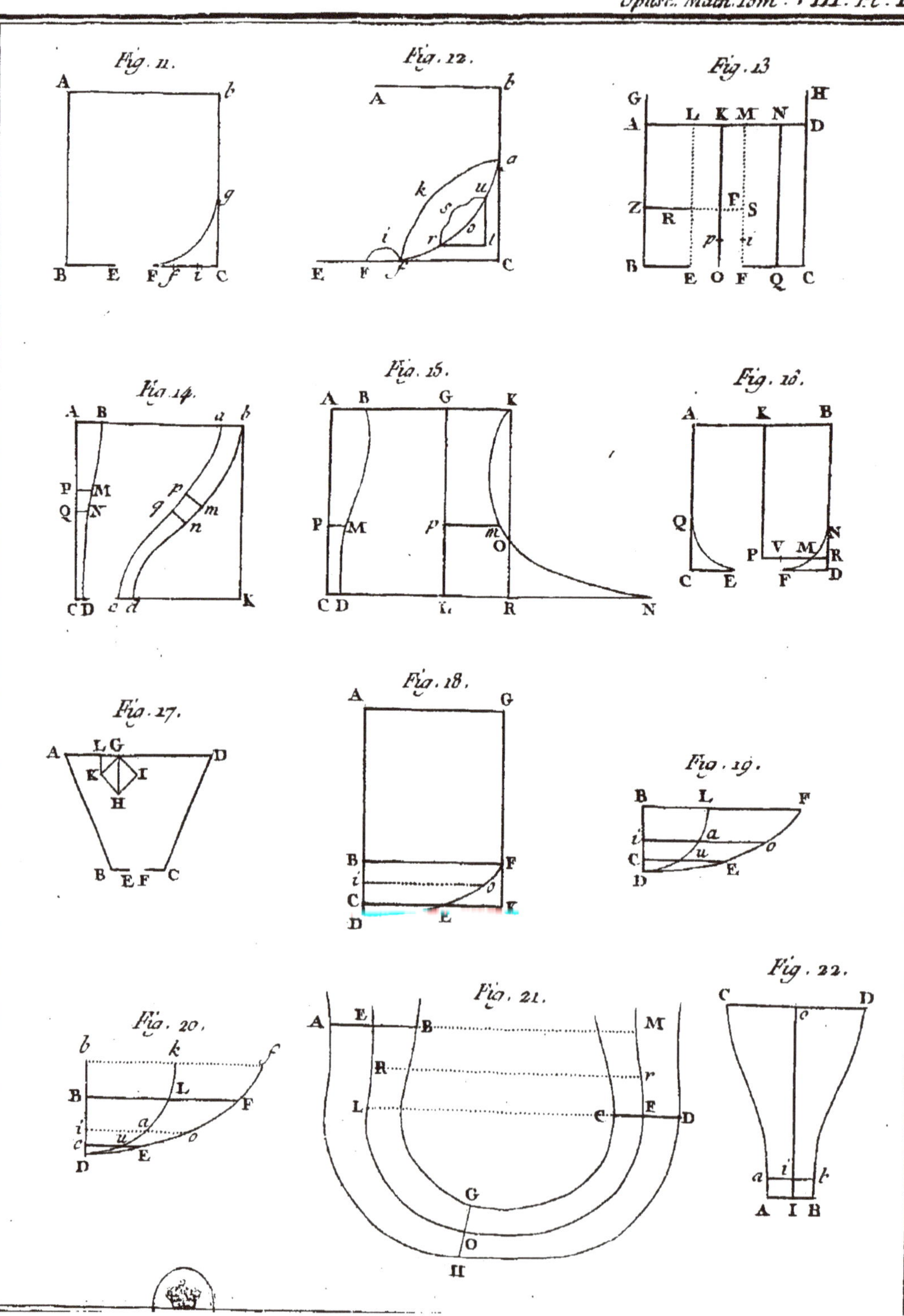
Fig. 11.
Fig. 12.
Fig. 13
Fig. 14.
Fig. 15.
Fig. 16.
Fig. 17.
Fig. 18.
Fig. 19.
Fig. 20.
Fig. 21.
Fig. 22.

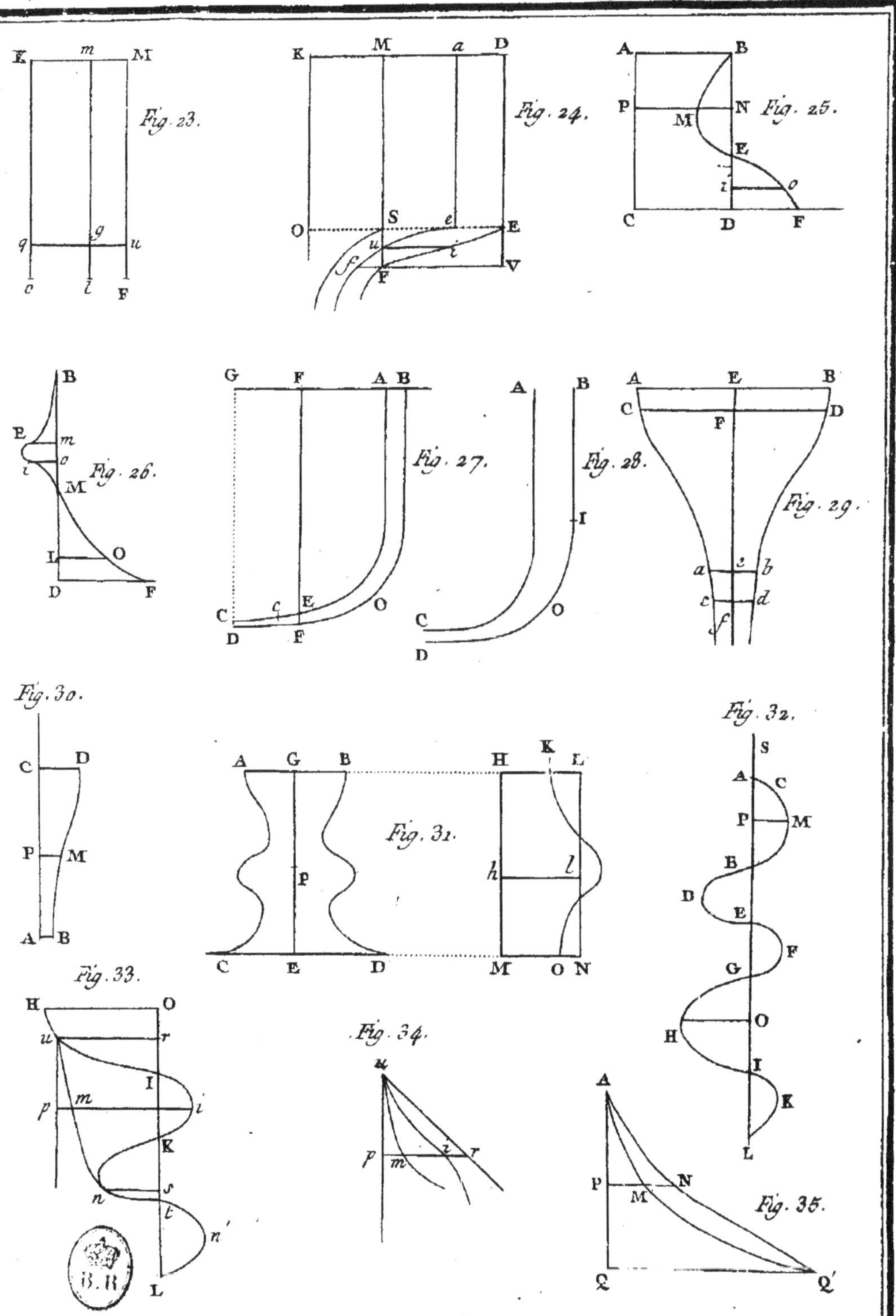
Fig. 23.
Fig. 24.
Fig. 25.
Fig. 26.
Fig. 27.
Fig. 28.
Fig. 29.
Fig. 30.
Fig. 31.
Fig. 32.
Fig. 33.
Fig. 34.
Fig. 35.

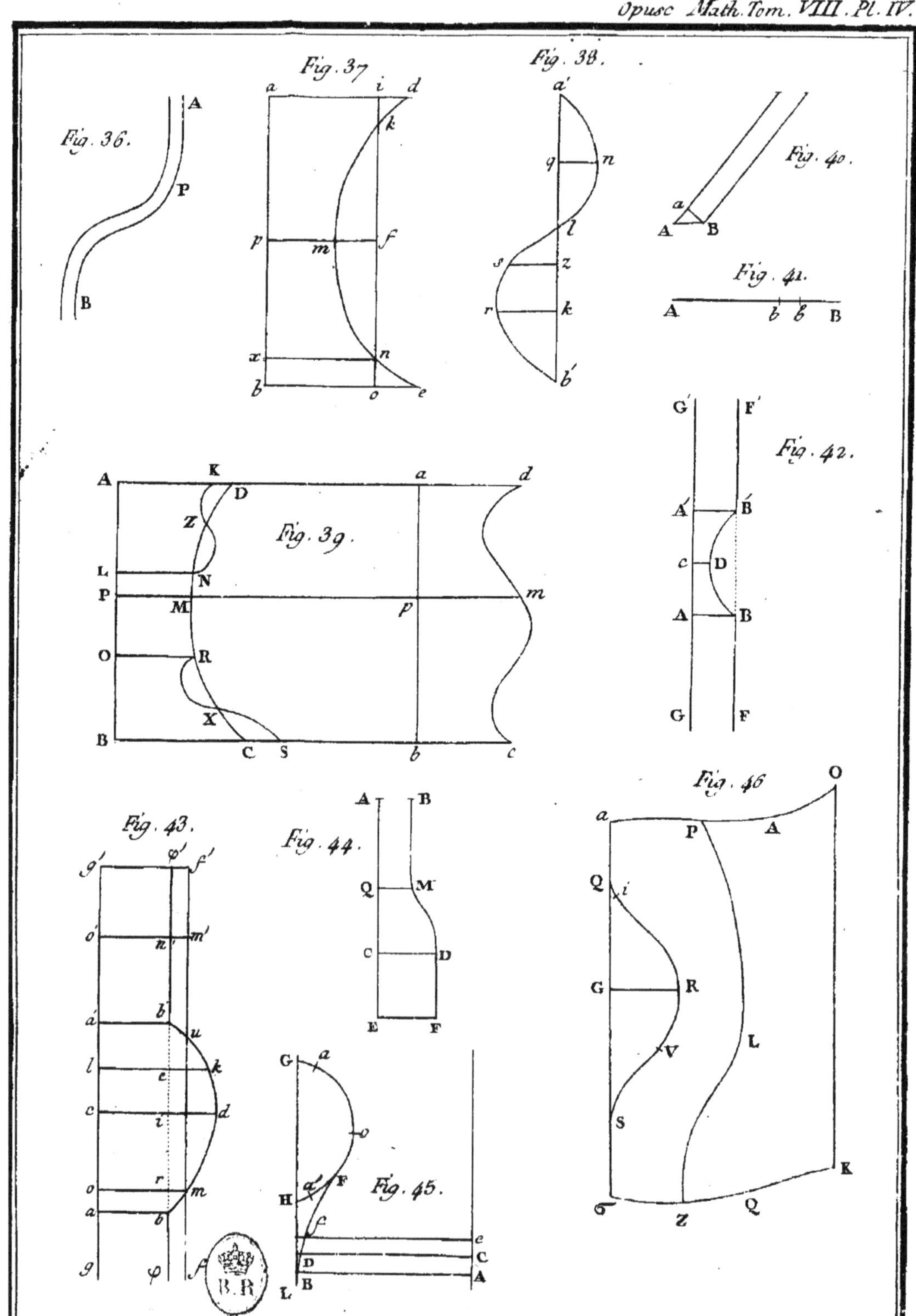

Fig. 36.
Fig. 37
Fig. 38.
Fig. 39.
Fig. 40.
Fig. 41.
Fig. 42.
Fig. 43.
Fig. 44.
Fig. 45.
Fig. 46

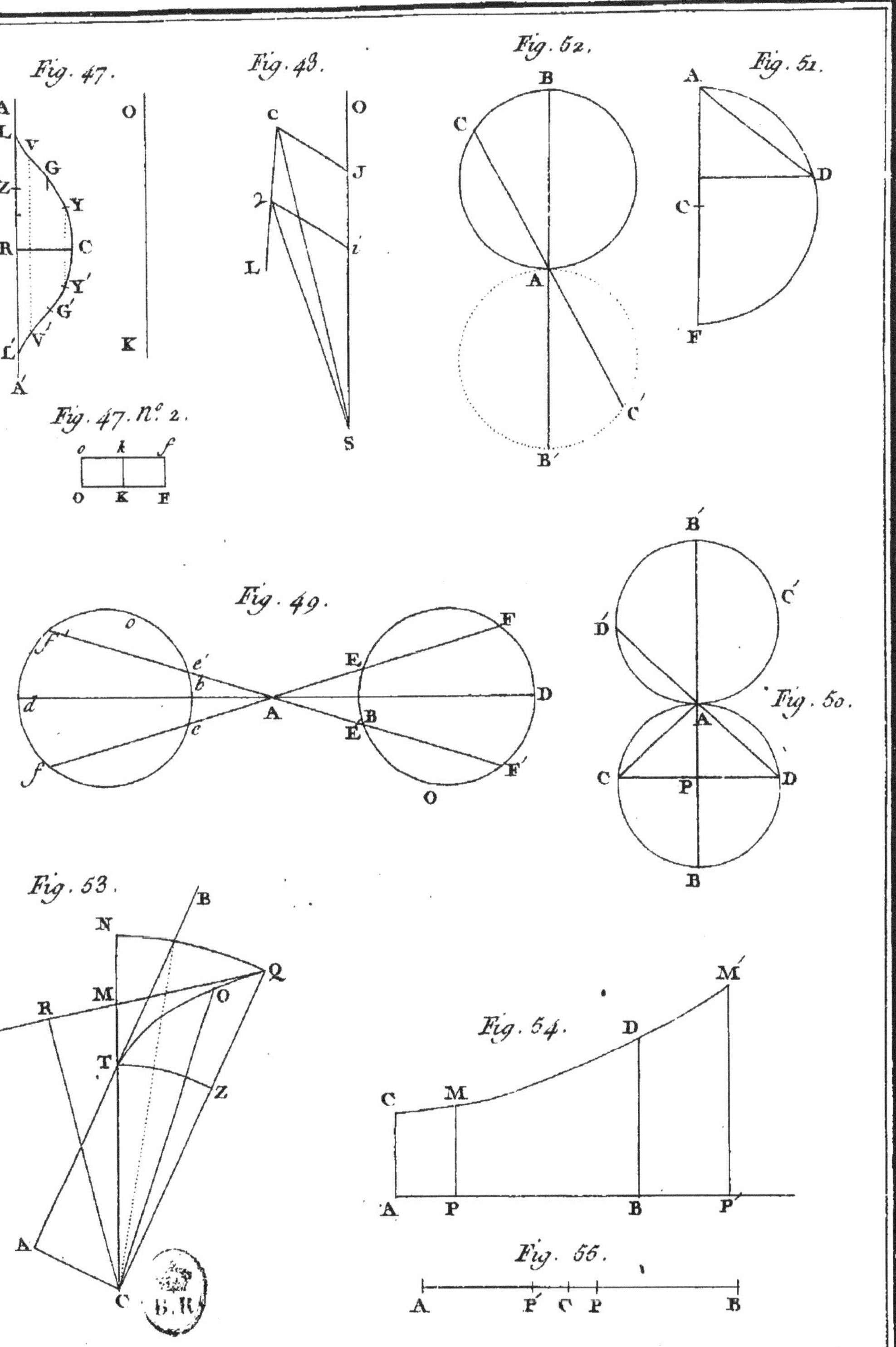
Fig. 47.
A
L
V
G
Z
Y
R
C
Y'
G'
V'
L'
A'
O
K
Fig. 47. n°. 2.
o
k
f
O
K
F
Fig. 48.
c
O
J
2
i
L
S
Fig. 52.
B
C
A
C'
B'
Fig. 51.
A
D
C
F
Fig. 49.
o
f'
e'
b
d
c
f
A
E
F
D
E'
B
F'
O
B'
C'
D'
Fig. 50.
A
C
P
D
B
Fig. 53.
B
N
Q
M
R
O
T
Z
A
C
Fig. 54.
M'
D
C
M
A
P
B
P'
Fig. 55.
A
P'
C
P
B

www.ingramcontent.com/pod-product-compliance
Ingram Content Group UK Ltd.
Pitfield, Milton Keynes, MK11 3LW, UK
UKHW020154250726
13967UKWH00003B/1048